龙马高新教育

U0038751

网页设计 与网站设计

从入门到精通

北京大学出版社
PEKING UNIVERSITY PRESS

内 容 提 要

本书通过精选案例引导读者深入学习，系统地介绍网站建设的相关知识和应用方法。

全书分为 7 篇，共 26 章。第 1 篇"网页知识普及篇"主要介绍读懂网站代码、精通网站样式、精通网站色彩、精通网站技术术语与盈利模式等；第 2 篇"网站规划篇"主要介绍网站定位分析、网站空间申请、网站域名申请、网站备案等；第 3 篇"页面制作与布局篇"主要介绍搭建网站建设平台、网站风格及框架规划、网站 Logo 与 Banner 的规划与制作、创建网站首页等；第 4 篇"数据库篇"主要介绍数据库基础知识、SQL 语法等；第 5 篇"网站后台系统构建篇"主要介绍制作会员关联系统、制作在线购物系统、制作网站后台管理系统等；第 6 篇"网站优化与管理"主要介绍网站发布与 SEO、网站营销推广、网站安全维护与数据采集等；第 7 篇"网站开发实战篇"主要介绍商业门户网站开发实战、电子商务网站开发实战、娱乐休闲类网站开发实战、制作团购商业类网页、手机移动网页开发等。

本书既适合网站建设初、中级用户学习，也可以作为各类院校相关专业学生和电脑培训班学员的教材或辅导用书。

图书在版编目（C I P）数据

网页设计与网站建设从入门到精通 / 龙马高新教育编著 . — 北京：北京大学出版社，2017.12
ISBN 978-7-301-28715-6

Ⅰ . ①网… Ⅱ . ①龙… Ⅲ . ①网页制作工具 Ⅳ . ① TP393.092

中国版本图书馆 CIP 数据核字 (2017) 第 219081 号

书　　　名	网页设计与网站建设从入门到精通
	WANGYE SHEJI YU WANGZHAN JIANSHE CONG RUMEN DAO JINGTONG
著作责任者	龙马高新教育　编著
责 任 编 辑	尹 毅
标 准 书 号	ISBN 978-7-301-28715-6
出 版 发 行	北京大学出版社
地　　　址	北京市海淀区成府路 205 号　100871
网　　　址	http://www.pup.cn　新浪微博：@ 北京大学出版社
电 子 信 箱	pup7@ pup.cn
电　　　话	邮购部 010-62752015　发行部 010-62750672　编辑部 010-62570390
印 刷 者	北京鑫海金澳胶印有限公司
经 销 者	新华书店
	787 毫米 ×1092 毫米　16 开本　22.75 印张　656 千字
	2017 年 12 月第 1 版　2022 年 6 月第 5 次印刷
印　　　数	7501—9500 册
定　　　价	59.00 元

前言

网站建设很神秘吗?

不神秘!

学习网站建设难吗?

不难!

阅读本书能掌握网站建设的方法吗?

能!

为什么要阅读本书

随着社会信息化的发展,与网页设计和网站建设相关的各项技术越来越受到广大 IT 从业人员的重视,与此相关的各类学习资料也层出不穷。然而,很多资料在注重知识全面性、系统性的同时,却忽视了内容的实用性,导致很多读者在学习完基础知识后,不能马上适应开发工作。我们从实用的角度出发,结合实际应用案例,让广大读者能够真正掌握网页设计与网站建设的相关知识,具备解决实际问题的能力。

本书内容导读

本书分为 7 篇,共 26 章,内容如下。

第 0 章 共 3 段教学录像,主要介绍网页设计与网站建设的最佳学习方法,读者可以在正式阅读本书之前对网页设计与网站建设有一个初步了解。

第 1 篇(第 1 ~ 4 章)为网页知识普及篇,共 15 段教学录像,主要介绍网页设计基础知识。通过对本篇内容的学习,读者可以学习读懂网站代码、精通网站样式、精通网站色彩、精通网站技术术语与盈利模式等操作。

第 2 篇(第 5 ~ 8 章)为网站规划篇,共 19 段教学录像,主要介绍网站规划。通过对本篇内容的学习,读者可以掌握网站定位分析、网站空间申请、网站域名申请、网站备案等。

第 3 篇(第 9 ~ 12 章)为页面制作与布局篇,共 20 段教学录像,主要介绍页面制作与布局。通过对本篇内容的学习,读者可以掌握搭建网站建设平台、网站风格及框架规划、网站 Logo 与 Banner 的规划与制作、创建网站首页等。

第 4 篇(第 13 ~ 14 章)为数据库篇,共 10 段教学录像,主要介绍数据库的相关知识。通过对本篇内容的学习,读者可以学习数据库基础知识、SQL 语法等。

第 5 篇（第 15 ~ 17 章）为网站后台系统构建篇，共 8 段教学录像，主要介绍后台系统构建的相关知识。通过对本篇内容的学习，读者可以掌握制作会员关联系统、制作在线购物系统、制作网站后台管理系统等。

第 6 篇（第 18 ~ 20 章）为网站优化与管理篇，共 15 段教学录像，主要介绍网站优化与管理的相关知识。通过对本篇内容的学习，读者可以掌握网站发布与 SEO、网站营销推广、网站安全维护与数据采集等。

第 7 篇（第 21 ~ 25 章）为网站开发实战篇，共 26 段教学录像，主要介绍网站开发实战。通过对本篇内容的学习，读者可以掌握商业门户网站开发实战、电子商务网站开发实战、娱乐休闲类网站开发实战、制作团购商业类网页、手机移动网页开发等。

📖 选择本书的 N 个理由

❶ 简单易学，案例为主

以案例为主线贯穿知识点，实操性强，与读者需求紧密配合，模拟真实的工作学习环境，帮助读者解决在工作中遇到的问题。

❷ 高手支招，高效实用

每章最后提供一定质量的实用技巧，满足读者的阅读需求，也能解决在工作学习中一些常见的问题。

❸ 举一反三，巩固提高

每章案例讲述完后，提供一个与本章知识点或类型相似的综合案例，帮助读者巩固和提高所学内容。

❹ 海量资源，实用至上

配套资源中，赠送大量实用的模板、实用技巧及学习辅助资料等，便于读者结合配套资料学习。

☢ 配套资源

❶ 12 小时名师视频指导

教学录像涵盖本书所有知识点，详细讲解每个实例及实战案例的操作过程和关键点。读者可轻松掌握网页设计与网站建设的方法和技巧，而且扩展性讲解部分可使读者获得更多的知识。

❷ 超多、超值资源大奉送

随书奉送 Dreamweaver 常用快捷键速查表、HTML 标签速查表、JavaScript 实用案例集锦、

颜色代码查询表、网页配色方案速查表、颜色英文名称速查表、精彩网站配色方案赏析电子书、网页设计、布局与美化疑难解答电子书、Photoshop 常用快捷键查询手册、Photoshop 常用技巧查询手册、12 小时 Photoshop CC 视频教学录像、通过互联网获取学习资源和解题方法、《手机办公 10 招就够》手册、《QQ 高手技巧随身查》手册及《微信高手技巧随身查》手册等超值资源，方便读者扩展学习。

配套资源下载

❶ 下载地址

本书配套资源已传至百度网盘，供读者下载。请读者关注封底"博雅读书社"微信公众号，找到"资源下载"栏目，输入图书 77 页的资源下载码，根据提示即可获取。

❷ 使用方法

下载配套资源到电脑端，打开相应的文件夹即可查看对应的资源。

本书读者对象

1．没有任何网页设计与网站建设基础的初学者。
2．有一定应用基础，想精通网页设计与网站建设的人员。
3．有一定应用基础，没有实战经验的人员。
4．大专院校及培训学校的教师和学生。

创作者说

本书由龙马高新教育编著，左琨任主编，李震、赵源源任副主编，为您精心呈现。您学完本书后，会惊奇地发现"我已经是网页设计与网站建设达人了"，这也是让编者最欣慰的结果。

本书编写过程中，我们竭尽所能地为您呈现最好、最全的实用功能，但仍难免有疏漏和不妥之处，敬请广大读者不吝指正。若您在学习过程中产生疑问，或有任何建议，可以通过 E-mail 与我们联系。

投稿信箱：pup7@pup.cn
读者信箱：2751801073@qq.com

目录
CONTENTS

第0章　快速上手——网页设计与网站建设技能

第1篇　网页知识普及篇

第1章　读懂网站代码

本章5段教学录像

要想自己动手建立网站，掌握一门网页编程语言是必须的。我们知道，无论多么绚丽的网页都要由语言编程去实现。本章主要为大家介绍常见的几种网页语言，重点介绍 HTML 和 ASP 语言网页编程常用知识点。

高手支招

第2章　精通网站样式

本章4段教学录像

DIV+CSS 是 WEB 设计标准，它是一种网页的布局方法。与传统中通过表格（table）布局定位的方式不同，它可以实现网页页面内容与表现相分离。本章节将重点学习

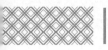
使用 DIV+CSS 设置网页样式的技术。

第 3 章 精通网站色彩

本章 3 段教学录像

　　网页浏览者第一眼看到的网站，不是优美的版式或者是美丽的图片，而是网页的色彩。可见网页色彩对于网页设计多么重要，本章节重点学习网页色彩设计与搭配的技术。

第 4 章 精通网站技术术语与盈利模式

本章 3 段教学录像

　　在制作网页时，经常会接触到很多和网络有关的概念，如万维网、浏览器、URL、FTP、IP 地址及域名等。理解与网页相关的概念，对制作网页会有一定的帮助。另外，创建的网站往往需要获取一定的利润才能长期发展，所以网站管理员要知道网站常见的盈利模式。

第 2 篇 网站规划篇

第 5 章 网站定位分析

本章 4 段教学录像

　　规划对于达成事情预期效果起到决定性的作用，网站制作也不例外。规划网站主要包括项目可行性分析、企业网站定位分析、网站定位的具体操作和确定网站的面向对象等。

高手支招

第 6 章 网站空间申请

本章 5 段教学录像

在网站没有发布前，首先需要考虑网站存放的空间。空间对于网站运营的影响是非常大的。选择一个好的空间，在后期网站运营中将会省事很多。本章重点学习网站的基本知识、空间对网站运营的影响、选择空间的要点和空间申请和绑定的方法。

高手支招

第 7 章 网站域名申请

本章 5 段教学录像

多数网站建设者以为只要网站架构好、设计好、用户体验好、网站内容好就能取得好的投入回报。这样的观点是相当错误的。域名就好比产品的品牌，对于网站这个产品来说也是至关重要的。

高手支招

第 8 章 网站备案

本章 5 段教学录像

网站完成后，需要为网站在互联网中申请一个合法的身份，就是进行网站备案。这里将本章讨论网站备案以及不同类型网站备案的方法和注意事项。通过学习能对网站备案有个完整系统的了解。

第3篇　页面制作与布局篇

第9章　搭建网站建设平台

本章4段教学录像

　　Dreamweaver 是一款网站建设必备的网页编辑软件，也是是业界领先的网页开发工具。通过该工具能够有效地开发和维护基于标准的网站和应用程序。通过本章的学习要对 Dreamweaver 网页设计软件有一个整体的认识，能够运用 Dreamweaver 软件对网页页面进行设置，并能搭建服务器平台。

 高手支招

第10章　网站风格及框架规划

本章6段教学录像

　　网页的设计主要是网页设计软件的操作与技术应用的问题。但是要使网页设计、制作得漂亮，必然离不开对网页进行艺术加工和处理，这就要涉及美术的一些基本常识。本章节重点学习网站风格和框架的规划知识，供读者

在进行网站制作时参考。

 高手支招

第11章　网站 Logo 与 Banner 的规划与制作

本章5段教学录像

　　一个网站的成功与否，能否给人留下深深的记忆是很重要的一个评审指标。本章将详细讨论与网站标识相关的知识。通过学习，能对网站标识 Logo 设计、网站广告以及网站 Banner 等领域有个较完整的认识。

 高手支招

第 12 章 创建网站首页

📽 本章 5 段教学录像

在网站首页制作过程中，根据网站框架结构，把整个首页分为五个组成部分，分别是顶部（top.asp）、中左侧分类导航（left.asp）、中上搜索框（search.asp）、中部主体（middle.asp）、底部（help.asp,bottom.asp）。

第 4 篇 数据库篇

第 13 章 数据库基础知识

📽 本章 5 段教学录像

目前，信息已成为各个部门的重要财富和资源。建立一个满足各级部门信息处理要求的行业有效的信息系统也成为一个企业或组织生存和发展的重要条件。本章重点学习数据库的基本概念和数据的常见操作等技能。

🔧 高手支招

第 14 章 SQL 语法

📽 本章 5 段教学录像

SQL 不仅具有丰富的查询功能，还具有数据定义和数据控制功能，是集查询、DDL（数据定义语言）、DML（数据操纵语言）、DCL（数据控制语言）于一体的关系数据语言。它充分体现了关系数据语言的特点和优点，是关系数据库的标准语言。

🔧 高手支招

第 5 篇 网站后台系统构建篇

第 15 章 制作会员管理系统

📽 本章 2 段教学录像

会员中心也是购物网站中的常用功能。它不仅可以记录会员信息，而且可以提供订单管理，在订单没有被商家确认之前，进行订单的撤销，查看订单处理状态。会员中心可以增加用户对网站的黏合度。

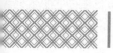

网页设计与网站建设
从入门到精通

第 16 章　制作在线购物系统

📽 本章 3 段教学录像

在前面的章节中已经讲述了购物网站首页的布局和关键代码知识点，同时介绍了会员管理系统制作中的关键技术点。本章将继续学习在线购物系统的制作方法，包括电子商城的列表页、内容页和购物车的实现过程。

第 17 章　制作网站后台管理系统

📽 本章 3 段教学录像

在动态网站制作的过程中，网站后台是必不可少的一步。前台页面的信息都是通过后台的操作进行维护更新，所以网站后台在满足功能的同时需要考虑安全性。

第 6 篇　网站优化与管理

第 18 章　网站发布与 SEO

📽 本章 4 段教学录像

将本地站点中的网站建设好后，接下来需要将网站发布到远端服务器上，以供 Internet 上的用户浏览。另外，网站发布完成后，还需要提升搜索引擎中的排名，从而让更多的用户搜索到上传的网站。

🖥 高手支招

第 19 章　网站营销推广

📽 本章 5 段教学录像

网站做好后，需要大力的宣传和推广，只有如此才能让更多的人知道并浏览。宣传广告的方式很多，包括利用大众传媒、网络传媒、电子邮件、留言本与博客、在论坛中宣传，效果最明显的是网络传媒的方式。

🎁 高手支招

第 20 章 网站安全维护与数据采集

🎬 本章 6 段教学录像

　　网站数据采集技术不仅能帮助网站收集数据生成内容，同时还能对内容进行统计和分析，这对维护自己网站数据的安全有一定的帮助。

🎁 高手支招

第 7 篇 网站开发实战篇

第 21 章 商业门户网站开发实战

🎬 本章 7 段教学录像

　　商业门户网站又称为企业宣传网站，它把企业的各种相关信息及时发布到互联网上，通常这些信息包括企业的新闻、产品、企业介绍、联系方式。对于频繁更新的信息，如企业新闻、产品等一般使用标准化程序模式，通过后台快速维护，而联系方式等不常变化的页面使用静态页。

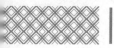

第 22 章　电子商务网站开发实战

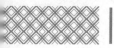 本章 6 段教学录像

　　电子商务类网站的开发主要包括电子商务网站主界面制作、电子商务网站二级页面制作和电子商务网站后台的制作。本章以经营红酒为主要产品的电子商务网站为例进行介绍。

第 23 章　娱乐休闲类网站开发实战

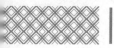 本章 6 段教学录像

　　娱乐休闲类网站的制作方法与调整技巧。娱乐休闲类网站类型较多，结合主题内容不同，网站风格差异很大。通过本章的学习，读者能够掌握娱乐休闲类网站的制作技巧与方法。

第 24 章　制作团购类商业网战

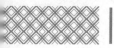 本章 3 段教学录像

　　团购这一名词是最近几年才出现的，而且迅速火爆。有关团购的商业类网站也如雨后春笋般蓬勃发展。比较有名的团购网站有聚划算、窝窝团、拉手网、美团网等。本章就来制作一个典型的商业团购类网站。

第 25 章　手机移动网战开发

 本章 4 段教学录像

　　随着移动设备的发展，网站开发也进入了一个新的阶段。常见的移动设备有智能手机、平板电脑等。平板电脑与手机的差异在于设置网页的分辨率不同。下面就以制作一个适合智能手机浏览的网站为例，来介绍开发移动网站的方式。

第0章

快速上手——网页设计与网站建设技能

本章导读

随着互联网的高速发展，网页设计和网站建设的需求也日益增加。越来越多的人开始关注和学习网页设计与网站建设技能。如何才能节省时间，以最快的速度掌握网页设计与网站建设的核心技术，是每个初学者的心愿。本章将学习网页设计的必备工具、网站建设的必备技术和网页设计的必备技能。

思维导图

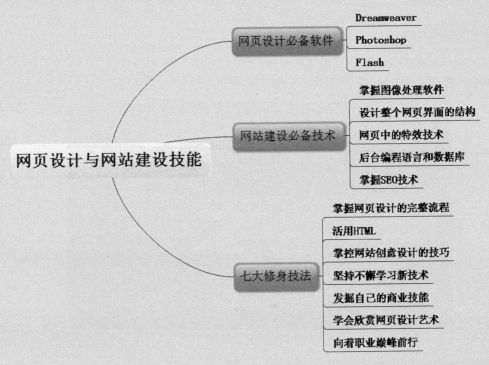

网页设计必备软件

在网站建设过程中常用到的 3 个工具，是 Dreamweaver、Photoshop 和 Flash。

1. Dreamweaver

Dreamweaver 是集网页制作和网站管理于一身的所见即所得网页编辑器，是第一套针对专业网页设计师特别开发的视觉化网页开发工具。利用它可以轻而易举地制作出跨越平台限制和跨越浏览器限制的充满动感的网页。

2. Photoshop

Photoshop 主要处理像素构成的数字图像。使用其众多的编修与绘图工具，可以有效地进行图片编辑工作。Photoshop 有很多功能，在图像、图形、文字、视频、出版等各方面都有涉及。

3. Flash

Flash 是一款优秀的网页动画设计软件。它是一种交互式动画设计工具，用它可以将音乐、声效、动画以及富有新意的界面融合在一起，制作出高品质的网页动态效果。

0.2 网站建设必备技术

在学习网站建设之前，读者应该知道都要学习哪些技术以及学习的顺序。网站建设必备技术主要包括网站美工、网站后台、网站推广等方面。这些方面之间是有关联的，所以不论是做前台、后台还是推广，都需要掌握网站建设必备技术。

首先，用户需要掌握图像处理软件，目前用得最多的是 Photoshop，还有 Fireworks、CorelDRAW、Illustrator、Freehand 等。用户最少要熟练掌握其中一款软件的应用技术。

掌握软件的使用后，用户就需要考虑如何制作网站界面。这里要掌握 HTML 基本语言，HTML 语言是网页前台的基础语言。

其次，用户需要掌握如何使用 CSS+DIV 设计整个网页界面的结构，这点非常重要。CSS 是层叠样式表（Cascading Style Sheets）的缩写，用于定义 HTML 元素的显示形式，是 W3C 推出的格式化网页内容的标准技术。DIV 是层叠样式表中的定位技术，主要用于定位网页中的各个元素。可见，CSS 和 DIV 是网页设计者必须掌握的技术。

再次，网页中的特效往往需要通过 JavaScript+ajax 技术来完成，这些技术一般用于表单控制及事件处理，也是网页设计者必须掌握的技术之一。

接着就是后台编程语言和数据库。常见的后台编程语言是 ASP、PHP、JSP、ASP.NET 等。常见的数据库包括 Access、MySQL、SQL Server、Oracle 等。目前最常见的网站建设组

合为 ASP+Access 技术和 PHP+MySQL 技术，ASP+Access 技术通常用于中小型网站开发，PHP+MySQL 技术通常用于中大型网站开发。

最后，用户还需要掌握 SEO 技术。SEO 是指通过站内优化（如网站结构调整、网站内容建设、网站代码优化等）及站外优化（如网站站外推广、网站品牌建设等），使网站满足搜索引擎收录排名需求，在搜索引擎中提高关键词排名，从而把精准用户带到网站，获得免费流量，产生直接销售或品牌推广。

0.3 成功网页设计师必备技能——七大修身技法

网页设计既是一门独立学科，也是一种艺术形式。网页设计的工作至少一半是基于坚实的代码和设计知识，另一半则是对于美感的认知，什么好看，什么不好看。每一个网页设计师都有着坚实的基础知识和核心竞争力，这样才能保证设计的产品脱颖而出，获得用户的认可。

1. 掌握网页设计的完整流程

对于一个网站来说，除了网页内容外，还要对网站进行整体规划设计。格局凌乱的网站内容再精彩，也不能说是一个好网站。要设计出一个精美的网站，前期规划必不可少。网站成功与否很重要的一个决定因素在于它的构思，好的创意加丰富详实的内容才能够让网战焕发出勃勃生机。

（1）确定网站风格和布局

在对网页插入各种对象、修饰效果前，要先确定网战的总体风格和布局。网站风格是指网站给浏览者的整体形象，包括站点的 CI（标志、色彩和字体）、版面布局、浏览方式、交互性、文字、内容及网站荣誉等诸多因素。

（2）搜集、整理素材

确定了网站风格和布局后，就要开始搜集素材了。常用的素材包括文字、图片、音频、动画及视频等。搜集到的素材越充分，制作网站就越容易。素材既可以从图书、报刊、光盘及多媒体上得来，也可以从网上搜集，还可以自己制作，然后把搜集到的素材去粗取精，选出制作网页所需的素材。

（3）规划站点、制作网页

规划站点就像设计师设计大楼，图纸设计好，才能建成一座漂亮的楼房。规划站点就是对站点中所使用的素材和资料进行管理和规划，对网站中栏目的设置、颜色的搭配、版面的设计、文字图片的运用等进行规划。

一般情况下，将站点中所用的图片和按钮等图形元素放在 Images 文件夹中，HTML 文件放在根目录下，而动画和视频等放在 Flash 文件夹中。对站点中的素材进行详细的规划，便于日后管理。

制作网页是一个复杂而细致的过程，一定要按照先大后小、先简单后复杂的顺序来制作。所谓先大后小，就是在制作网页时，先把大的结构设计好，再逐步完善小的结构设计。所谓先简单后复杂，就是先设计出简单的内容，再设计复杂的内容，以便能及时修改出现的问题。

在网页排版时，要尽量保持网页风格的一致性，不至于在网页跳转时产生不协调的感觉。

在制作网页时灵活地运用模板，可以大大地提高制作的效率。将相同版面的网页做成模板，基于此模板创建网页，以后想改变网页时，只需修改模板就可以了。

（4）网站的测试与发布

网页制作完毕，应该利用上传工具将其发布到 Internet 上供大家浏览、观赏、使用。上传工具有很多，有些网页制作工具本身就带有 FTP 功能。利用这些 FTP 工具，可以很方便地把网站发布到所申请的网页服务器上。上传网站之前，要在浏览器中打开网站，逐一对站点中的网页进行测试，发现问题要及时修改，再上传。

（5）后期更新与维护

网站要注意经常维护更新内容，保持内容的新鲜，不要做好就放在那儿不变了。只有不断地给它补充新的内容，才能够吸引住浏览者，并给访问者留下良好的印象。只有不断地更新内容，才能使网站有生命力，否则网站不仅不能起到应起的作用，反而会对网站自身的形象造成不良影响。

网站维护包括网页内容的更新，通过软件进行网页内容的上传，目录的管理，计数器文件的管理及网站的定期推广服务等。更新是指在不改变网站结构和页面形式的情况下，为网站的固定栏目增加或修改内容。

（6）网站推广

网页制作好之后，还要不断地对其进行宣传，这样才能让更多的朋友认识它，以提高网站的访问率和知名度。推广的方法很多，例如，到搜索引擎上注册，与别的网站交换链接或加入广告链接等。

网站推广是企业网站获得有效访问的重要步骤，合理而科学的推广计划能令企业网站收到接近期望值的效果。网站推广作为电子商务服务的一个独立分支正显示出其巨大的魅力，并越来越引起企业的高度重视和关注。

2. 活用 HTML

HTML（HyperText Marked Language）即超文本标记语言，是一种用来制作超文本文档的简单标记语言，也是制作网页的最基本的语言，它可以直接由浏览器执行。

HTML 是所有网页的基础框架，网页设计师必须熟悉 HTML 代码的含义，这样才能对网页设计有着更精确的掌控，让它拥有更好的可用性，更加易用。

3. 掌控网站创意设计的技巧

作为网页设计师，常常会应客户要求做许多设计之外的工作，有时候甚至会被要求为网站撰写文案，尤其是当网站没有配备专职文案的时候。如果网页设计师能写得一手创意爆棚的文案，对于自身而言，绝对是无与伦比的无形资产。特别是需要做市场营销的时候，设计与文案的结合能让你和其他设计师拉开距离。

4. 坚持不懈学习新技术

作为一个网页设计师，"学无止境"并不是一句单纯的口号。网页设计师确实需要不停地学习新技能，发掘新创意。通过学习可以提升设计师对设计的热情，提升作品的质量和档次。

另外，由于不断进化的设计趋势和不断涌现的新技术，网页设计师也不得不坚持学习新技

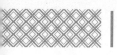

术。特别是目前移动设备平台上网页设计越来越流行，这就要求网页设计师不断坚持学习新技术，只有对新趋势新技术了如指掌，才能设计出高质量的作品。

5. 发掘自己的商业技能

越来越多的设计师开始选择成为自由职业者，而许多还未曾独立的设计师也开始宣传属于自己的设计品牌，这也是为什么在自己身上发掘更多商业技能成为一件必要的事情。网页设计师拥有自己的业务，销售的是自己的设计技能。如果没有系统的商业技能，就会挣扎于营销、找客户、维持客户等一系列冗杂的事务中无法脱身。

如果网页设计师懂得运营自己的业务，那么会明白如何通过与客户沟通来做决策，学会在职业生涯中高效处理多任务，保持作为网页设计师的创意思维，灵活多变地应对多种客户和不同项目，在闲暇的时候发展爱好，锻炼身体。

6. 学会欣赏网页设计艺术

网页设计主要是网页设计软件的操作与技术应用的问题。但是，要使网页设计、制作得漂亮，必然离不开对网页进行艺术加工和处理，这就涉及美术的一些基本常识。

网页内容的美化首先要考虑风格定位。任何一个网页都要根据主题的内容决定其风格与形式，因为只有形式与内容的完美统一，才能达到理想的宣传效果。

网页作为一种版面，既有文字又有图片。文字有大有小，还有标题和正文之分；图片也有大小之分，而且有横竖之别。图片和文字都需要同时展示给浏览者，简单地罗列在一个页面上会显得杂乱无章。因此，必须根据内容的需要将这些图片和文字按照一定的次序进行合理的编排和布局，使它们组成一个有机整体展现出来。

7. 向着职业巅峰前行

每个行业都有它的专业标准和可见的"巅峰"，网页设计也不例外。如果读者以成为一名优秀的网页设计师为奋斗目标，就应该明白该目标不是一朝一夕能实现的，需要不断地以此目标来鞭策自己，瞄准目标，设定学习的计划，保持学习的激情，朝着职业的巅峰努力、坚持，直到成功实现自己的目标。

网页知识普及篇

本篇主要介绍网页基础知识。通过本篇的学习，读者可以了解网页知识，实现读懂网站代码、精通网站样式、精通网站色彩、精通网站技术术语与盈利模式等。

第1章

读懂网站代码

本章导读

　　要想自己动手建立网站，掌握一门网页编程语言是必需的。我们知道，无论多么绚丽的网页，都要由编程语言去实现。本章为大家介绍几种常见的网页语言，重点介绍HTML 和 ASP 语言网页编程常用知识点。

思维导图

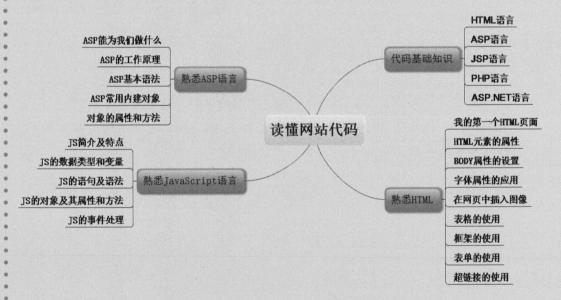

1.1 代码基础知识

下面来了解常用网页语言的基础知识。

1.1.1 HTML 语言

HTML 是一种为普通文件中某些字句加上标示的语言，其目的在于运用标记（tag）使文件达到预期的显示效果。HTML 只是标示语言，基本上你只要明白了各种标记的用法，便算学懂了 HTML。HTML 的格式非常简单，只是由文字及标记组合而成。在编辑方面，任何文字编辑器都可以，只要能将文件另存成 .html 格式即可，当然以专业的网页编辑软件为佳。

设计 HTML 语言的目的是能把存放在一台计算机中的文本或图形与另一台计算机中的文本或图形方便地联系在一起，形成有机的整体，人们不用考虑具体信息是在当前计算机上还是在网络的其他计算机上。只需使用鼠标在某一文档中点取一个图标，Internet 就会马上转到与此图标相关的内容上去，而这些信息可能存放在网络的另一台计算机中。

HTML 文本是由 HTML 命令组成的描述性文本，HTML 命令可以说明文字、图形、动画、声音、表格、链接等。HTML 的结构包括头部（Head）、主体（Body）两大部分，其中头部描述浏览器所需的信息，而主体则包含所要说明的具体内容。

另外，HTML 是网络的通用语言，一种简单、通用的全置标记语言。它允许网页制作人建立文本与图片相结合的复杂页面，这些页面可以被网上任何其他人浏览到，无论使用的是什么类型的计算机或浏览器。

1.1.2 ASP 语言

ASP 是 Active Server Page 的缩写，意为"动态服务器页面"。ASP 是微软公司开发的代替 CGI 脚本程序的一种应用，它可以与数据库和其他程序进行交互，是一种简单、方便的编程工具。ASP 网页文件的格式是 .asp，现在常用于各种动态网站中。

ASP 是一种服务器端脚本编写环境，可以用来创建和运行动态网页或 Web 应用程序。ASP 网页可以包含 HTML 标记、普通文本、脚本命令以及 COM 组件等。利用 ASP 可以向网页中添加交互式内容（如在线表单），也可以创建使用 HTML 网页作为用户界面的 Web 应用程序。与 HTML 相比，ASP 网页具有以下特点。

① 利用 ASP 可以突破静态网页的一些功能限制，实现动态网页技术。

② ASP 文件是包含在 HTML 代码所组成的文件中的，易于修改和测试。

③ 服务器上的 ASP 解释程序会在服务器端执行 ASP 程序，并将结果以 HTML 格式传送到客户端浏览器上，因此使用各种浏览器都可以正常浏览 ASP 所产生的网页。

④ ASP 提供了一些内置对象，使用这些对象可以使服务器端脚本功能更强。例如，可以从 Web 浏览器中获取用户通过 HTML 表单提交的信息，并在脚本中对这些信息进行处理，然后向 Web 浏览器发送信息。

⑤ ASP 可以使用服务器端 ActiveX 组件来执行各种各样的任务，如存取数据库、发送 Email 或访问文件系统等。

⑥ 由于服务器是将 ASP 程序执行的结果以 HTML 格式传回客户端浏览器，因此使用者不会看到 ASP 所编写的原始程序代码，可防止 ASP 程序代码被窃取。

⑦ 方便连接 ACCESS 与 SQL 数据库。

⑧ 开发需要有丰富的经验，否则会留出漏洞，被骇客（cracker）利用，进行注入攻击。ASP 也不仅仅局限于与 HTML 结合制作 Web 网站，还可以与 XHTML 和 WML 语言结合制作 WAP 手机网站，其原理也是一样的。

1.1.3 JSP 语言

JSP 和 Servlet 放在一起讲，是因为它们都是 Sun 公司的 J2EE（Java 2 platform Enterprise Edition）应用体系中的一部分。

Servlet 的形式和前面提到过的 CGI 差不多，其 HTML 代码和后台程序是分开的。它们的启动原理也差不多，都是服务器接到客户端的请求后，进行应答。不同的是，CGI 对每个客户请求都打开一个进程（Process），而 Servlet 却在响应第一个请求的时候被载入，一旦 Servlet 被载入，便处于已执行状态。对于以后其他用户的请求，它并不打开进程，而是打开一个线程（Thread），将结果发送给客户。由于线程与线程之间可以通过生成自己的父线程（Parent Thread）来实现资源共享，这样就减轻了服务器的负担。所以，Java Servlet 可以用来做大规模的应用服务。

虽然在形式上 JSP 和 ASP 或 PHP 看上去很相似——都可以被内嵌在 HTML 代码中。但是，它的执行方式和 ASP 或 PHP 完全不同。在 JSP 被执行的时候，JSP 文件被 JSP 解释器（JSP Parser）转换成 Servlet 代码，然后 Servlet 代码被 Java 编译器编译成 .class 字节文件，这样就由生成的 Servlet 来对客户端应答。所以，JSP 可以看作 Servlet 的脚本语言（Script Language）版。

由于 JSP/Servlet 都是基于 Java 的，所以它们也有 Java 语言的最大优点——平台无关性，也就是所谓的"一次编写，随处运行"（WORA – Write Once, Run Anywhere）。除了这个优点，JSP/Servlet 的效率以及安全性也是相当惊人的。因此，JSP/Servlet 虽然在国内目前的应用并不广泛，但是其前途不可限量。

在调试 JSP 代码时，如果程序出错，JSP 服务器会返回出错信息，并在浏览器中显示。由于 JSP 是先被转换成 Servlet 后再运行的，所以，浏览器中所显示的代码出错的行数并不是 JSP 源代码的行数，而是指转换后的 Servlet 程序代码的行数。这给调试代码带来一定困难。所以，在排除错误时可以采取分段排除的方法（在可能出错的代码前后输出一些字符串，用字符串是否被输出来确定代码段从哪里开始出错），逐步缩小出错代码段的范围，最终确定错误代码的位置。

1.1.4 PHP 语言

PHP 的全名非常有趣，它是一个巢状的缩写名称——"PHP: Hypertext Preprocessor"，打开缩写还是缩写。PHP 是一种 HTML 内嵌式的语言（就像上面讲的 ASP 那样）。而 PHP 独特的语法混合了 C、Java、Perl 以及 PHP 式的新语法。它可以比 CGI 或者 Perl 更快速地执行动态网页。

PHP 的源代码完全公开。在 Open Source 意识抬头的今天，它更是这方面的中流砥柱。不断地有新的函数库加入，以及不停地更新，使得 PHP 无论在 UNIX 或是 Win32 的平台上都可

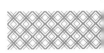
以有更多新的功能。它提供的丰富函数，在程式设计方面有着更好的资源。

平台无关性是 PHP 的最大优点，但是在优点的背后，还是有一些小小的缺点。如果在 PHP 中不使用 ODBC，而用其自带的数据库函数（这样的效率要比使用 ODBC 高）来连接数据库的话，使用不同的数据库，PHP 的函数名不能统一。这样，使得程序的移植变得有些麻烦。不过，作为目前应用最为广泛的一种后台语言，PHP 的优点还是非常明显的。

1.1.5 ASP.NET 语言

ASP 最新的版本 ASP.NET 并不完全与 ASP 早期的版本后向兼容，因为该软件进行了完全重写。早期的 ASP 技术实际上与 PHP 的共同之处比与 ASP.NET 的共同之处多得多，ASP.NET 是用于构建 Web 应用程序的一个完整的框架。这个模型的主要特性之一是选择编程语言的灵活性。ASP.NET 可以使用脚本语言（如 VBscript、Jscript、Perlscript 和 Python）以及编译语言（如 VB、C#、C、Cobol、Smalltalk 和 Lisp）。新框架使用通用语言运行环境 (CLR)；源代码编译成 Microsoft 中间语言代码，然后 CLR 执行这些代码。

这个框架还提供真正的面向对象编程 (OOP)，并支持真正的继承、多态和封装。.NET 类库根据特定的任务（例如，使用 XML 或图像处理）组织成可继承的类。

除了编程语言和方法之外，数据库访问也是要着重关心的一个因素。当您用 ASP.NET 编程时，可以用 ODBC 来集成数据库；ODBC 提供了一组一致的调用函数来访问目标数据库。

ASP.NET 的优势很明显在于它简洁的设计和实施。这是面向对象的编程人员的梦想——语言灵活，并支持复杂的面向对象特性。

ASP.NET 的另一个优势是其开发环境。例如，开发人员可以使用 WebMatrix（一个社区支持的工具）、Visual Studio .NET 或各种 Borland 工具（如 Delphi 和 C++ Builder）。例如，Visual Studio 允许设置断点、跟踪代码段和查看调用堆栈。总而言之，它是一个复杂的调试环境。许多其他第三方的 ASP.NET IDE 解决方案也将必然出现。

1.2 熟悉 HTML

网站是由各个网页组成的，而 HTML 又是网页主要的组成部分。所以要学习网站怎样建设，必须从 HTML 语言学起。

先简单的介绍一下 HTML 语言。HTML 是一种标记语言，在网页的编辑中用于标识网页中的不同元素。它允许网页制作人建立文本与图片相结合的复杂页面，这些页面可以被网上任何其他人浏览到，无论使用的是什么类型的电脑或浏览器。或许有些使用过一般网页编辑软件的读者会说："不懂 HTML 语言也能编辑出一个非常优秀的网页来"，确实是这样的，如使用 Macromedia Dreamweaver 就能做到。但是成为一个真正的网页编程高手，一定要了解 HTML 语言的基本结构。在本节中将讲解 HTML 的基础知识以及网页相关知识，这些内容的学习和掌握是一个网页设计高手成长的必经之路。

1.2.1 我的第一个 HTML 页面

一个 HTML 文件的后缀名是 .htm 或者是 .html。我们使用文本编辑器就可以编写 HTML 文件。

和一般文本的不同的是，一个 HTML 文件不仅包含文本内容，还包含一些 Tag，中文称"标记"。

现在让我们亲自写一个 HTML 文件来大体看看网页的结构吧。

打开记事本，新建一个文件，输入以下代码，然后将这个文件存成 myfirst.html。

```
<html>
<head>
<title>欢迎光临</title>
</head>
<body>
<!--下面是网页内容-->
这是我的第一个HTML页面<b>这些文件是加粗的</b>
</body>
</html>
```

双击文件，系统会自动使用浏览器打开它，可以看到它的效果。上面各个代码的含义如下。

① HTML 这个文件的第一个 Tag 是 <html>，这个标记告诉你的浏览器，这是 HTML 文件的头。文件的最后一个 Tag 是 </html>，表示 HTML 文件到此结束。

② 在 <head> 和 </head> 之间的内容，是头部信息。头部内的信息通常是不显示出来的，一般在浏览器里看不到。但是这并不表示这些信息没有用处。比如，可以在 Head 信息里加上一些关键词，有助于搜索引擎搜索到网页。

③ 在 <title> 和 </title> 之间的内容，是这个文件的标题。可以在浏览器最顶端的标题栏看到这个标题。

④ 在 <body> 和 </body> 之间的信息，是正文。

⑤ 在 <b> 和 </b> 之间的文字，用粗体表示。<b> 顾名思义，就是 bold（加粗）的意思。

从上面的例子我们可以看出 HTML 文件有以下这些特点。

① HTML 文件看上去和一般文本类似，但是它比一般文本多了 Tag，如 <html>，<b> 等。通过这些 Tag，可以告诉浏览器如何显示这个文件。

② Tag 以"<"开始，以">"结束。

③ Tag 通常是成对出现的，如 <body></body>。

④ HTML 的 Tag 不区分大小写。比如，<HTML> 和 <html> 其实是相同的。

⑤ 注释由开始标记"<!--"和结束标记"-->"构成，注释内容不在浏览器窗口中显示。

1.2.2 HTML 元素的属性

HTML 元素用 Tag 表示，它可以拥有属性，属性用来扩展 HTML 元素的能力。

比如，可以使用一个 bgcolor 属性，使得页面的背景色成为红色，就像这样：

```
<body bgcolor="red">
```

属性通常由属性名和值成对出现，就像这样：name="value"。上面例子中的 bgcolor 就是 name，red 就是 value。属性值一般用双引号标记起来。

属性通常是附加给 HTML 的开始标记，而不是结束标记。

1.2.3 BODY 属性的设置

BODY 标记作为网页的主体部分，有很多内置属性，这些属性用于设置网页的总体风格。主要属性见下表。

属性	功能
background	指定文档背景图像的 url 地址
bgcolor	指定文档的背景颜色
text	指定文档中文本的颜色
link	指定文档中未访问过的超链接的颜色
vlink	指定文档中已被访问过的超链接的颜色
alink	指定文档中正被选中的超链接的颜色
leftmargin	设置网页左边留出空白间距的像素个数
topmargin	设置网页上方留出空白间距的像素个数

在上述属性中，各个颜色属性的值有两种表示方法：一种是使用颜色名称来指定，如红色、绿色和蓝色分别用 red、green 和 blue 表示；另一种是使用十六进制 RGB 格式表示，表示形式为 color = "#RRGGBB" 或 color = "RRGGBB"，其中 RR 是红色、GG 是绿色、BB 是蓝色，各颜色分量的取值范围为 00—FF。例如，#00FF00 表示绿色，#FFFFFF 表示白色。

背景图片属性值是一个相对路径的图片文件名。例如 <body backgroud = "bg.gif"> 中 bg.gif 是背景图片的名字，这个实际是带相对路径的图片文件名字。例如，你做的这个页面放在 d:\myweb\，而背景图片的位置放在 d:\myweb\images\，那么就需要这样写了：<body backgroud = "images\bg.gif">。

1.2.4 字体属性的应用

1. 标题字体

<h#> 文字 </h#>
其中 # =1，2，3，4，5，6。
例如，<h1> 你好，欢迎光临 </h1>
用于设置文档中的标题，<H1> 到 <H 6> 标题标记会自动将字体加粗，并在文字上下空一行。

2. 字体的大小

<font size=#> 文字 </font>。
其中 #=1, 2, 3, 4, 5, 6, 7 or +#, –#
例如，<font size=7> 你好，欢迎光临 </font>

3. 字体的修饰

粗体：<b> 文字 </b>
斜体：<i> 文字 </i>
下画线：<u> 文字 </u>

删除线：<strike> 文字 </strike>

闪烁：<blink> 文字 </blink>

增强：<strong> 文字 </strong>

强调：<em> 文字 </em>

4. 字体颜色

指定颜色 <font color=#> 文字 </font>

例如，红色文字可以表示为：<font color=red> 文字 </font> 或者 <font color=#ff0000> 文字 </font>。

1.2.5 在网页中插入图像

大量采用在网页设计中的图像，网页的美感大多来自精心处理的图像。可使用 IMG 标记在网页中插入一个图像。以下为 IMG 标记最常用的 4 个属性。

- SRC 属性：给出图像文件的 URL 地址，图像可以是 JPEG 文件、GIF 文件或 PNG 文件。
- AIT 属性：给出图像的简单文本说明，这段文本将在浏览器不能显示图像或图像或者加载时间过长时显示。
- HEIGHT 属性：设置图像的高度，所用单位可以是像素或百分数。
- WIDTH 属性：设置图像的宽度。

| 提示 | ::::::

如果只给出了高度或宽度，则图像将按比例进行缩放。

1.2.6 表格的使用

表格在网页设计中有着广泛的应用，它不仅可作为信息的一种表示形式，还常用于页面设计中的布局与定位。

1. 表格的创建

表格一般由若干行和若干列的单元格组成，表格上面可以有一个标题，表的第一行称为表头。与表格相关的标签如下。

- <table>：界定表格，最常用的属性是 border，定义边界线的粗细。
- <tr>：定义表格的一行。
- <td>：定义单元格。

2. 表格的常用属性

属性	功能
align	指定内容水平对齐方式，可取值 "left" "center" 和 "right"
valign	指定内容垂直对齐方式，可取值 "top" "middle" 和 "bottom"
border	指定边框粗细，取值为正整数

续表

属性	功能
width	指定宽度，取值为正整数
height	指定高度，取值为正整数
cellpadding	指定单元格边距，取值为正整数
cellspacing	指定单元格间距，取值为正整数

| 提示 | ┆┆┆┆┆┆

　　\<TD>ALIGN 和 VALIGN 属性将会覆盖任何为整个一行指定的排列方式。

以下代码将创建一个 2 行 2 列的表格。

```
<table width="540" height="249" border="1" cellpadding="0" cellspacing="0">
<tr>
<td width="204">这是第一行第一列</td>
<td width="336" align="center">这是第一行第二列，居中</td>
</tr>
<tr>
<td>这是第二行第一列</td>
<td valign="bottom">这是第二行第二列，文字居于底部</td>
</tr>
</table>
```

代码运行效果如下图所示。

这是第一行第一列	这是第一行第二列，居中
这是第二行第一列	
	这是第二行第二列，文字居于底部

1.2.7 框架的使用

　　框架网页将浏览器上的视窗分成不同区域，在每个区域中都可以独立显示一个网页，也就是所谓的分割窗口。框架网页通过一个或多个 FRAMESET 和 FRAME 标记来定义。FRAMESET 表示框自集，FRAME 代表一个框架。在框架网页中，将 FRMAESET 标记置于 HEAD 之后，以取代 BODY 的位置，还可以使用 noframes 标记给出框架不能被显示时的替换内容。

　　以下代码是创建一个包含有 2 个框架的页面，并在框架中各自放入不同网站的首页，效果如下图所示。

```
<HTML>
<HEAD>
```

```
<TITLE>框窗实作</TITLE>
</HEAD>
<FRAMESET COLS="500,*" >
    <FRAME SRC="http://www.sohu.com" NAME="1">
    <FRAME SRC="http://www.163.com" NAME="2">
</FRAMESET>
</HTML>
```

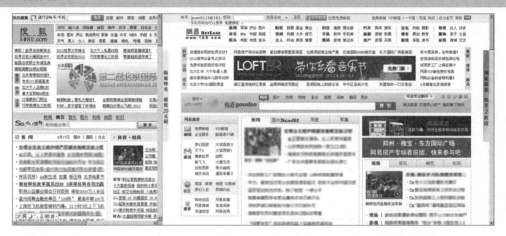

示例解释：

• COLS="500,*"：垂直切割成 2 个画面，一个为 500 像素，另一个为余下的宽度。你也可以切成三个，如 COLS="300,*,100"。

• SRC="http://www.sohu.com"：设定此框架中要显示的网页名称。每个框架一定要对应一个网页，否则就会产生错误，这里将搜狐首页面置入左框架中。

• NAME="1"：设定这个框架的名称，这样才能指定框架来作连结。

常见的框架结构包括上方固定、下方固定、右侧固定、左侧固定四种基本框架，代码如下。

上方固定：

```
<frameset rows="80,*" frameborder="no" border="0" framespacing="0">
    <frame src="test1.htm" name="topFrame" scrolling="No" noresize="noresize" id="topFrame" title
="topFrame" />
    <frame src="test2.htm" name="mainFrame" id="mainFrame" title="mainFrame" />
</frameset>
```

下方固定：

```
<frameset rows="*,80" frameborder="no" border="0" framespacing="0">
    <frame src="test1.htm" name="mainFrame" id="mainFrame" title="mainFrame" />
    <frame src="test2.htm" name="bottomFrame" scrolling="No" noresize="noresize" id="bottomFrame"
title="bottomFrame" />
</frameset>
```

右侧固定：

```
<frameset cols="*,80" frameborder="no" border="0" framespacing="0">
    <frame src="test1.htm" name="mainFrame" id="mainFrame" title="mainFrame" />
```

```
        <frame src="test2.htm" name="rightFrame" scrolling="No" noresize="noresize" id="rightFrame"
title="rightFrame" />
        </frameset>
```

左侧固定：

```
<frameset cols="80,*" frameborder="no" border="0" framespacing="0">
        <frame src="test1.htm" name="leftFrame" scrolling="No" noresize="noresize" id="leftFrame"
title="leftFrame" />
        <frame src="test2.htm" name="mainFrame" id="mainFrame" title="mainFrame" />
        </frameset>
```

其他诸如上方固定右侧嵌套、右侧固定上方嵌套等都是由这几个基本型构成。

1.2.8 表单的使用

留言版就是一个表单运用很好的例子。表单通常必须配合脚本或后台程序来运行才有意义。本单元纯粹以介绍各式表单为主，在本书的后面章节我们将介绍如何将表单与程序相结合。

以下是常用表单及属性的代码示例及相应的效果。

名称	代码示例	显示效果
文字输入框	`<INPUT TYPE="TEXT" NAME="NAME" SIZE="20">`	
单选钮	男 `<INPUT TYPE="RADIO" NAME="SEX" VALUE="BOY">` 女 `<INPUT TYPE="RADIO" NAME="SEX" VALUE="GIRL">`	男 ○ 女 ○
复选框	`<INPUT TYPE="CHECKBOX" NAME="SEX" VALUE="MOVIE">` 电影 `<INPUT TYPE="CHECKBOX" NAME="SEX" VALUE="BOOK">` 看书	□ 电影 □ 看书
密码输入框	`<INPUT TYPE="PASSWORD" NAME="INPUT">`	******
提交按钮	`<INPUT TYPE="SUBMIT" VALUE=" 提交资料 ">`	提交资料
清除按钮	`<INPUT TYPE="RESET" VALUE=" 重新填写 ">`	重新填写
按钮	`<INPUT TYPE="BUTTON" NAME="OK" VALUE=" 我同意 ">`	我同意
多行输入框	`<TEXTAREA NAME="TALK" COLS="15" ROWS="3"></TEXTAREA>`	

下拉列表	`<SELECT NAME="LIKE">`
	`<OPTION VALUE=" 喜欢 ">` 非常喜欢
	`<OPTION VALUE=" 不喜欢 ">` 不喜欢
	`<OPTION VALUE=" 讨厌 ">` 讨厌
	`</SELECT>`
		非常喜欢 ▼
		非常喜欢
		不喜欢
		讨厌

1.2.9 超链接的使用

没有链接，WWW 将失去存在的意义。文件链接是超链中最常用的一种情形，基本语法格式如下。

```
<a href="字符串" target="字符串" title="字符串">文本</a>
```

其中各属性描述如下。

① href：该属性是必选项，用于指定目标端点的 url 地址。

② target：该属性是可选项，用于指定一个窗口或框架的名称。目标文档将在指定窗口或框架中打开。如果省略该属性，则在超链所处的窗体或框架中打开目标文档。

③ title：该属性也是可选项，用于指定鼠标移到超级链接所显示的标题文字。

建立一个百度的超链接如下。

```
<a href="http://www.baidu.com">百度</a>
```

1.3 熟悉 JavaScript 语言

想要学好网页设计，JavaScript 语言的熟练应用必不可少，下面简单介绍。

1.3.1 JS 简介及特点

JavaScript 是一种基于对象和事件驱动，并具有安全性能的脚本语言。有了 JavaScript，可使网页变得生动。使用它的目的是与 HTML 超文本标识语言、Java 脚本语言一起实现在一个网页中链接多个对象，与网络客户交互作用，从而可以开发客户端的应用程序。它是通过嵌入或调入在标准的 HTML 语言中实现的。

JavaScript 具有以下特点。

① JavaScript 是动态的，它可以直接对用户或客户输入作出响应，无须经过 Web 服务程序。

② JavaScript 是一种脚本语言，它本身提供了非常丰富的内部对象供设计人员使用。

③ JavaScript 是一种可以嵌入 Web 页面中的解释性编程语言，其源代码在发往客户端执行之前不需经过编译，而是将文本格式的字符代码发送给客户，由浏览器解释执行。

④ JavaScript 中变量声明，采用其弱类型。即变量在使用前不需作声明，而由解释器在运行时检查其数据类型。

⑤ JavaScript 的代码是一种文本字符格式，可以直接嵌入 HTML 文档中，并且可动态装载。编写 HTML 文档就像编辑文本文件一样方便。

⑥ JavaScript 使用 <script>...</script> 来标识。

1.3.2 JS 的数据类型和变量

JavaScript 有六种数据类型。主要的类型有 number、string、object 以及 Boolean 类型，其他两种类型为 null 和 undefined。

• String 字符串类型：字符串是用单引号或双引号来说明的（使用单引号来输入包含引号的字符串）。

• 数值数据类型：JavaScript 支持整数和浮点数。整数可以为正数、0 或者负数；浮点数可以包含小数点，也可以包含一个 "e"（大小写均可，在科学记数法中表示"10 的幂"），或者同时包含这两项。

● Boolean 类型：可能的 Boolean 值有 true 和 false。这是两个特殊值，不能用作 1 和 0。

● Undefined 数据类型：一个为 undefined 的值就是指在变量被创建后，但未给该变量赋值以前所具有的值。

● Null 数据类型：null 值就是没有任何值，什么也不表示。

● object 类型：除了上面提到的各种常用类型外，对象也是 JavaScript 中的重要组成部分。

在 JavaScript 中变量用来存放脚本中的值，在需要用这个值的地方就可以用变量来代表，一个变量可以是一个数字，文本或其他一些东西。

JavaScript 是一种对数据类型变量要求不太严格的语言，所以不必声明每一个变量的类型。变量声明尽管不是必须的，但在使用变量之前先进行声明是一种好的习惯。可以使用 var 语句来进行变量声明。例如，var men = true; // men 中存储的值为 Boolean 类型。

变量命名：JavaScript 是一种区分大小写的语言，因此将一个变量命名为 computer 和将其命名为 Computer 是不一样的。

另外，变量名称的长度是任意的，但必须遵循以下规则。

① 第一个字符必须是一个字母（大小写均可），或一个下画线 (_) 或一个美元符 ($)。

② 后续的字符可以是字母、数字、下画线或美元符。

③ 变量名称不能是保留字。

1.3.3 JS 的语句及语法

JavaScript 所提供的语句分为 6 个大类，分别是变量声明赋值语句、函数定义语句、条件和分支语句、循环语句、对象操作语句和注释语句。

1. 变量声明，赋值语句

变量简单地说就是指那些没有固定值，可以改变的数。在使用一个变量之前，首先要声明这个变量，在 JavaScript 中使用 var 关键字声明变量。

语法如下：var 变量名称 [= 初始值]。

通常我们可以一次声明一个变量，如：

```
Var a;
```

也可以一次声明多个变量，如：

```
Var a,b,c;
```

还可以在声明变量的同时给变量赋一个初始值，如：

```
var a = 32 //定义b是一个变量，且有初值为32。
```

> | 提示 |
>
> 变量名可以是任意长度，但必须符合下列规则。
> ① 变量名的第一个字符必须是英文字母，或者是下画线符号。
> ② 变量名的第一个字母不能是数字。其后的字符，可以是英文字母、数字或下画线符号。
> ③ 变量名不能是 JavaScript 的保留字。

2. 条件和分支语句

if...else 条件语句：条件语句通俗的讲就是根据你想要满足的条件进行的判断，在满足你想要的条件时执行什么语句，当不满足你想要的条件时执行什么语句。条件语句是所有程序语言中最基本的语句之一。

if...else 语句完成了程序流程块中分支功能：如果其中的条件成立，则程序执行紧接着条件的语句或语句块；否则程序执行 else 中的语句或语句块。

用法如：

```
if (result == true)
    {
        response = "你答对了！"
    }else{
        response = "你错了！"
    }
```

switch 分支语句：分支语句简单的说就是选择语句，根据一个变量的不同取值选择不同的处理方法。

用法如：

```
Switch (score){
Case 50:
    Result="悲哀呀，你挂科了";
    Break;
Case 60:
    Result="很幸运，你勉强通过";
 Break;
Case 70:
    Result="不错，还需要加油呀";
 Break;
Case 80:
    Result="还能更进一步吗？";
 Break;
Case 90:
    Result="高手呀，佩服佩服";
 Break;
}
```

Break 关键词用来跳出分支语句，如果判断 score 为 50，接着执行 result=" 悲哀呀，你挂科了 "，直接跳出 switch 语句，不再进行下面的条件判断。

| 提示 |

当分支条件比较少时，if...else 与 switch 都可以使用，在分支条件较多时使用 switch 最为有效。

3. 循环语句

循环语句是指实现重复计算或操作的语句，循环语句也是高级语言中常用语句之一。在

JavaScript 中常用循环语句有 for,for … in ,while,do while。

　　for 语句用于在执行次数一定的情况下，语法如下。

```
for (变量=开始值;变量<=结束值;变量=变量+步进值)
    {
        需要反复执行的语句...
    }
```

　　只要变量小于结束值，循环体就被反复的执行。如：

```
var i=0
for (i=0;i<=10;i++)
{
document.write("已运行次数： " + i)
document.write("<br />")
}
```

　　for...in 语句与 for 语句有一点不同，它循环的范围是一个对象所有的属性或是一个数组的所有元素。语法如下。

```
for (变量 in 对象或数组)
{
要执行的语句...
}
```

　　如：

```
var i
var sz = new Array()
sz[0] = "11"
sz[1] = "12"
sz[2] = "13"
for (x in sz)
{
document.write(sz[i] + "<br />")
}
```

　　while 语句所控制的循环不断地测试条件，如果条件始终成立，则一直循环，直到条件不再成立。语法如下。

```
while (变量<=结束值)
    {
要执行的语句...
    }
如：
var i=0
while (i<=10)
{
```

```
document.write("已运行次数：" + i)
document.write("<br />")
i=i+1
}
```

Do...while 语句与 while 语句很相似，在判断之前先执行一次语句，然后判断是否符合指定条件，当条件符合时候接着再执行语句，如：

```
var i=0
do
{
document.write("已运行次数：" + i)
document.write("<br />")
i=i+1
}
while (i<0)
```

提示

do...while 语句至少执行一次，而 while 语句则不然，当指定条件不成立时候，语句不被执行。

1. 函数定义语句

函数是一组随时随地可以调用的语句，用来实现程序的功能和方法。在 JavaScript 中，函数用关键词 function 定义，语法如下。

```
function 函数名称 （函数所带的参数）
{
函数执行部分
}
```

return 语句将结束函数并返回后面表达式的值，return 语句的语法为："return 表达式" 函数结束时可以没有 return 语句，但是只要遇到 return 语句函数就结束。函数的定义和调用如下。

```
<HTML>
<HEAD>
<TITLE></TITLE>
<SCRIPT LANGUAGE="JavaScript">
function getSqrt(x)
{
var y = x * x;
document.write(y);
}
</SCRIPT>
</HEAD>
<BODY>
<SCRIPT LANGUAGE="JavaScript">
```

```
getSqrt(8);
</SCRIPT>
</BODY>
</HTML>
```

程序定义了一个函数，该函数没有返回值。每次调用就会将相应的内容显示到浏览器上。

2. 对象操作语句

JavaScript 是一种基于对象的编程的语言，它为我们提供了丰富的对象，这就需要我们懂得如何去操作这些对象，这就是对象操作语句。常用对象操作语句有 with、new 和 this。

With 语句起到这样的作用，如果你想使用某个对象的许多属性或方法时，只要在 with 语句的（）中写出这个对象的名称，然后在下面的执行语句中直接写这个对象的属性名或方法名就可以了。语法如下。

```
with (对象名称)
{
执行语句
}
如：
with(document)
{
    write("文档的标题是：\"" + title + "\".");
    write("文档的 URL 是: " + URL);
}
```

其中 title 和 url 就是 document 的两个属性。

new 语句是一种对象构造器，可以用 new 语句来定义一个新对象。语法如下。

新对象名称 = new 真正的对象名

例如，我们可以这样定义一个新的日期对象： var curr = new Date()，然后，变量 curr 就具有了 Date 对象的属性。

this 运算符总是指向当前的对象。

3. 注释语句

注释语句就是在程序的开始或中间，对程序进行说明的语句。在程序的后继维护开发中，注释语句起到非常重要的作用。注释语句有单行注释（//）和多行注释 (/**/)，如：

```
// 这是单行注释
/* 这可以多行注释 ... */
```

1.3.4 JS 的对象及其属性和方法

在对象操作语句中我们了解了对象这个概念，JavaScript 为我们提供了一些非常有用的常用内部对象和方法。用户不需要用脚本来实现这些功能。这正是基于对象编程的真正目的。在

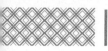

实际工作中，我们经常用到这些对象方法。熟练灵活地运用这些对象方法，能给我们的工作带来很大的便利。

在实际工作中我们频繁使用的对象有字符串、数组、日期和时间。

1. 字符串对象 String

字符串很容易理解，就是一些字符的集合。如 s="this is a string"，这就代表 s 为字符串变量，而"this is a string"是一串字符。字符串对象有以下属性和方法。

（1）获取字符串长度 length 属性

如：

```
var a = ' ';
a.length;                        //返回0
var b ='javascript';
b.length;                        //返回10
```

（2）截取字符串 substring 方法

substring 方法可以接受两个参数来指定截取范围，当第二个参数被省略时，默认截取到字符串的结尾。如：

```
var a = ' this is a string ';
var b = a.substring(2,4);        // b = 'is'
var c=a.substring(2);        //c= 'is a string '
```

（3）字符串替换 replace 方法

replace 方法可以将字符串中指定的内容替换成新的内容并返回一个新的字符串。如：

```
var a = '我要建网站';
var b = a.replace('要', '学习');                    //b = '我学习建网站'
```

从例子中我们看到 replace 方法有 2 个参数，第一个为需要被替换的子字符串，第二个为替换的内容。当执行 replace 方法时，程序会在字符串中查找所有与第一个参数相符的片段，并替换为第二个参数指定的内容。如：

```
Var a = 'this is a string ';
Var b=replace(' is' ,'aa '); //b= 'thaa aa a string'
```

（4）大小写转换 toLowerCase 和 toUpperCase

在程序处理过程中，有时候需要对字符串进行变大写或变小写，比如，比较两个字符串是否相等。toLowerCase 是把所有字母转为小写，相应的 toUpperCase 是把所有字符转为大写。如：

```
Var a= 'This is a string ';
Var b=a.tolowercase(); //b='this is a string'
Var c=a.touppercase(); //c='THIS IS A STRING'
```

2. 数组对象 Array

数组同字符串对象一样，是一种数据类型，通过数组可以把若干变量有序地组织起来，也是最常用的数据类型之一。它有两种创建方式，其一通过数组直接进行创建；其二通过 Array 关键词进行创建。如：

```
var a = [123,44 ,'3',22];   //直接创建数组
var b= new Array(6);     //6个元素的数组
```

数组常用的属性方法有获取数组的长度、添加数组中的元素。同字符串一样，数组也是通过 length 函数获取长度的。如：

```
Var a=['1', '2', '3', '4', '5'];
Var b=a.length        //b=5
```

向数组中添加数据使用 unshift 关键字操作。如：

```
Var a=['1', '2', '3', '4', '5'];
a.unshift(0);              //a = [0,1,2,3,4,5]
```

| 提示 | :::::::

> 在 JavaScript 语言中，数组中值的数据类型可以不一致，这一点与其他语言有区别。

3. 日期和时间对象 Date

对时间的处理是程序设计中经常需要做的事情。在 JavaScript 中，时间由 Date 对象表示，一个 Date 对象表示一个日期和时间值。Date 对象提供了丰富的方法来对这些值进行操作。日期和时间类型通过 Date 关键字进行创建。如：

```
var now = new Date();//返回的是一个表示当前时间的对象
```

日期和时间对象有很多常用属性和方法。

- getFullYear()：返回对象中的年份部分，用四位数表示。
- getMonth()：返回对象中的月份部分（从 0 开始计算）。
- getDate()：返回对象所代表的一月中的第几天。
- getDay()：返回对象所代表的一周中的第几天。
- getHours()：返回对象中的小时部分。
- getMinutes()：返回对象中的分钟部分。
- getSeconds()：返回对象中的秒部分。
- getMilliseconds()：返回对象中的毫秒部分。
- getTime()：返回对象的内部毫秒表示。

使用起来都是一样的，如：

```
var now = new Date();
var curryear=now. getFullYear()   //返回当前年份curryear='2012'
```

| 提示 | :::::::

> 对象只是一种特殊的数据。

1.3.5 JS 的事件处理

事件是浏览器响应用户交互操作的一种机制，JavaScript 的事件处理机制可以改变浏览器响应用户操作的方式，这样就开发出具有交互性并易于使用的网页。

浏览器为了响应某个事件而进行的处理过程，叫作事件处理。

事件定义了用户与页面交互时产生的各种操作，例如单击超级连接或按钮时，就产生一个单击（click）操作事件。浏览器在程序运行的大部分时间都等待交互事件的发生，并在事件发生时，自动调用事件处理函数，完成事件处理过程。

事件不仅可以在用户交互过程中产生，而且浏览器自己的一些动作也可以产生事件，例如，当载入一个页面时，就会发生 load 事件，卸载一个页面时，就会发生 unload 事件等。

归纳起来，必须使用的事件有三大类。

① 引起页面之间跳转的事件，主要是超链接事件。

② 事件浏览器自己引起的事件。

③ 事件在表单内部同界面对象的交互。

界面事件包括 Click（单击）、MouseOut（鼠标移出）、MouseOver（鼠标移过）和 MouseDown（鼠标按下）等。

1. 单击事件

鼠标单击事件是常见的事件，语法非常简单："onclick= 函数或是处理语句"。如：

```
<HTML>
<HEAD>
<TITLE></TITLE>
</HEAD>
<BODY>
<FORM>
<INPUT TYPE="BUTTON" VALUE="单击" ONCLICK="alert('鼠标单击')">
</FORM>
</BODY>
</HTML>
```

当鼠标单击按钮的时候，自动弹出一个对话框，显示的结果如下图所示。

2. 处理下拉列表

下拉列表是常用的一种网页元素，一般利用 ONCHANGE 事件来处理。如：

```
<HTML>
<HEAD>
</HEAD>
```

```
<BODY>
<SELECT NAME="selAddr" SIZE="1" ONCHANGE="func()">
<OPTION SELECTED VALUE="郑州">郑州</OPTION>
<OPTION VALUE="洛阳">洛阳</OPTION>
<OPTION VALUE="开封">开封</OPTION>
</SELECT>
<SCRIPT LANGUAGE="JavaScript">
function func()
{
alert("你选择了" + selAddr.value);
}
</SCRIPT>
</BODY>
</HTML>
```

每个下拉列表的 OPTION 项都有一个 VALUE 值，读出来的是 VALUE 属性的值。执行的结果如下图所示。

1.4 熟悉 ASP 语言

ASP 英文全称为 Active Server Pages，它是一种动态网页，文件后缀名为 .asp，ASP 网页是包含有服务器端脚本的 HTML 网页。WEB 服务器会处理这些脚本，将其转换成 HTML 格式，再传到客户的浏览器端。

1.4.1 ASP 能为我们做什么？

ASP 语言在动态网站开发的过程中的作用如下。
① 动态地编辑、改变或者添加页面的任何内容。
② 对由用户从 HTML 表单提交的查询或者数据作出响应 、访问数据或者数据库，并向浏览器返回结果。
③ 为不同的用户定制网页。
④ 由于 ASP 代码无法从浏览器端察看，确保了站点的安全性。

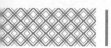
1.4.2 ASP 的工作原理

ASP 的工作原理如下图所示。

上图的含义如下。

① 客户端输入网页地址（URL），通过网络向服务器发送一个 ASP 的文件请求。

② 服务器开始运行 ASP 文件代码，从数据库中取需要的数据或写数据。

③ 服务器把数据库反馈的数据发送到客户端上显示。

1.4.3 ASP 基本语法

ASP 的基本语法如下。

书写格式：<% 语句……%>

（1）if 条件语句

```
<%
 If 条件1 then
语句1
elseif条件2 then
语句2
else
语句3
Endif
%>
```

if 语句完成了程序流程块中分支功能：如果其中的条件成立，则程序执行紧接着条件的语句或语句块；否则程序执行 else 中的语句或语句块。

（2）while 循环语句

```
<%
while 条件
语句
Wend
%>
```

while 语句所控制的循环不断地测试条件，如果条件始终成立，则一直循环，直到条件不再成立。

（3）for 循环语句

```
<%
```

```
for count=1 to n step m
语句1
exit for
语句2
Next
%>
```

for 语句只要循环条件成立，便一直执行，直到条件不在成立。

ASP 还有其他语句，但常用的、必须掌握的也就是上述四点。

> **提示**
>
> 从上述讲解中可以看到 ASP 语法与 JavaScript 语法之间有很多相似之处，在学习时可以对照一下，有助于理解区分。

1.4.4 ASP 常用内建对象

在 ASP 中，提供的对象以及组件都可以用来实现和扩展 ASP 应用程序的功能。每个对象都有其各自的属性、集合和方法，并且可以响应有关事件。用户不必了解对象内部复杂的数据传递与执行机制，只需在程序中设置或调用某个对象特定的属性、集合或方法，即可实现该对象所提供的特定功能。

常用的对象有以下几个。

① Response：用来传输数据到客户端浏览器。

② Request：用来读取客户端浏览器的数据。

③ Server：用来提供某些 Web 服务器端的属性与方法。

④ Session：用来存储当前应用程序单个使用者专用的数据。

1.4.5 对象的属性和方法

本节将详细讲述常见 ASP 对象的属性和方法。

1. Response 对象

Response 对象的作用是向浏览器输出文本、数据和 cookies，并可重新定向网页，或用来控制向浏览器传送网页的动作。

Response 常用的属性是 Expires，这个属性用来设置网页过期时间。Response 常用的方法有两个，分别是 Write 方法和 Redirect 方法。

① Write 方法输出数据到客户端浏览器。

Response.write 变量或字符串。代码如下。

```
<%
Response.write"您好！<br>"
Response.write"今天是"&now()
%>
```

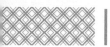

② Redirect 方法用来将客户端的浏览器重新定向到一个新的网页。

Response.Redirect 网址变量或字符串。代码如下。

```
<%
Response.Redirect"http://www.sohu.com"
%>
```

③ Response.End 方法用来停止输出，代码如下。

```
<%
For i=1  to   5 setp 1
   If  i<=3 then
       Response.write  "i="&i
   Else
       Response.end
   End if
next
%>
```

输出结果只有 i=1；i=2 和 i=3。

2. request 对象

Request 对象用来读取客户端的表单信息或其他传送到服务器端的信息，并可在此基础上实现将客户数据存入 Web 数据库或对其作进一步的处理。

Request 对象属性一般情况下使用不到，这里不再阐述。

Request 常用方法集合有 Form、QueryString 两个最为常用。

Form 集合取得客户端在 Form 表单中输入用 Post 方法提交信息。

（1）Request.Form 元素

下面通过案例来学习，信息提交页面代码如下。

```
<html><head><title>示例</title></head>
<body>
<form method="POST" action="form1.asp" name="form1">
<p><font size="3"><b>请在此输入客户资料：</b></font></p>
<p>您的姓名：<input type="text" name="name" size="16"></p>
<p><input type="submit" value="确认提交" name="B1"> 
<input type="reset" value="全部重填" name="B2"></p>
</form></body></html>
```

信息读取页面代码如下。

```
<%
Dim name
name = Request.Form ("name")
Response.Write "<P><B>" & "您提交的信息如下：" & "</B></P>"
Response.Write "您的姓名是：" & name & "<br>"
%>
```

（2）Request.QueryString 集合

Request 对象的 QueryString 集合同样可以包含传送到 Web 服务器的各个表单值，这些值

在 URL 请求中表现为若干项用问号连接起来的一串文本。

语法：Request.QueryString 元素。

下面通过案例来学习，信息输入页面代码如下。

```html
<html>
<head>
<title>QueryString</title>
</head>
<body>
<form method="GET" action="form1.asp" name="form1">
<p><font size="3"><b>请在此输入客户资料：</b></font></p>
<p>您的姓名：<input type="text" name="name" size="16"></p>
<p><input type="submit" value="提交" name="B1"> 
<input type="reset" value="重填" name="B2"></p>
</form>
</body>
</html>
```

信息获取页面

```
<%
Dim name
name = Request.QueryString ("name")
Response.Write name & "：您好！" & "<br>"
%>
```

（3）ServerVariables 方法

Request 对象的 ServerVariables 方法得到一些服务器端的信息，如当前 ASP 的文件名、客户端的 IP 地址等。示例代码如下。

```
<html>
<head>
<title>ServerVariables</title>
</head>
<body>
PATH_INFO返回：
<%=Request.ServerVariables("PATH_INFO")%><br>   //返回文件路径
REMOTE_ADDR返回：
<%=Request.ServerVariables("REMOTE_ADDR")%><br>   //返回客户端地址
SERVER_NAME返回：
<%=Request.ServerVariables("SERVER_NAME")%><br>   //返回服务名
</body></html>
```

3. server 对象

Server 对象主要用来创建COM对象和Scripting组件、转化数据格式、管理其他网页的执行。

语法：

Server. 方法 | 属性（变量或字符串 |= 整数）

Server 对象常见有两个方法，它们是 CreateObject 方法和 MapPath 方法。

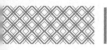

（1）CreateObject 方法

Server.CreateObject 方法是 Server 对象最为重要的方法之一，可用来创建已经注册到服务器上的某个 ActiveX 组件的实例，从而实现一些仅靠脚本语句难以实现的功能。例如对数据库的连接和访问、对文件的存取、电子邮件的发送和活动广告的显示等。

语法：

Set 对象变量名 = Server. CreateObject ("ActiveX 组件名 ")

示例代码如下。

```
<%
Set  Fso = Server.CreateObject("Scripting.FileSystemObject")
%>
```

（2）MapPath 方法

MapPath 方法的作用是把所指定的相对路径或者虚拟路径转换为物理路径。

语法：

Server.MapPath(虚拟路径字符串)

示例代码如下。

```
<%
Path = Server. MapPath ("/form1.asp")
Response.Write "form1.asp 网页的实际路径为： " & Path
%>
```

4. Session 对象

Session 对象用来为每个客户存储独立的数据或特定客户的信息，使用 Session 对象可以为每个客户保存指定的数据。存储在某个客户 Session 对象中的任何数据都可以在该客户调用下一个页面时取得。在用户与网站交互的整个会话期间内，Session 对象中的变量值都不会丢失，直到会话超时或访问者离开时为止，该 Session 对象才被释放。

Session 常用属性有两个，存储用户的 Session ID 和用来设置 Session 的有效期时长的 Timeout。

常用方法有一个清除 Session 对象的 Abandon。

我们可以用 Session 保存变量或字符串等信息。

语法：Session("Session 名字 ")= 变量或字符串信息。

示例代码如下。

```
<% Session("username")="Lisi"%>
```

从 Session 中调用该信息的语法：

变量 =Session("Session 名字 ")

示例代码如下。

```
<%a=session("Session名字") %>
```

利用 Timeout 属性可以修改 Session 对象的有效期时长，默认为 20 分钟。

语法：Session.Timeout= 整数（分钟）。

示例代码如下。

```
<% Session.Timeout=30  '改为30分钟 %>
```

Session 对象到期后会自动清除，但到期前可以用 Abandon 方法强行清除。

语法：Session.Abandon。

示例代码如下。

```
<% Session.Abandon %>
```

5. Cookie 对象

Cookie 对象也是一个比较重要的对象。那么什么是 cookie 呢？ Cookie 是用户访问某些网站时，由 Web 服务器在客户端磁盘上写入的一些小文件，用于记录浏览者的个人信息、浏览器类型、何时访问该网站以及执行过哪些操作等。

Cookie 的属性用于指定 Cookie 自身的有关信息，语法格式如下。

```
Response.Cookies(name).attribute = value
```

其中参数 attribute 指定属性的名称，可以是下列之一。

① Domain：只允许写。如果设置该属性，则 Cookie 将被发送到对该域的请求中去。

② Expires：只允许写，用于指定 Cookie 的过期日期。为了在会话结束后将 Cookie 存储在客户端磁盘上，必须设置该日期。如果此项属性的设置未超过当前日期，则在任务结束后 Cookie 将到期。

③ HasKeys：只允许读，用于确定 Cookie 是否包含关键字。

④ Path：只允许写。如果被指定，则 Cookie 将只发送到对该路径的请求中。如果未设置该属性，则使用应用程序的路径。

⑤ Secure：只允许写，用于指定 Cookie 是否安全。

下面来学习有关 Cookie 的操作。

（1）设置 Cookie 的值

使用 Response 对象的 Cookies 集合可以设置客户端的 Cookie 值。 如果指定的 Cookie 不存在，则创建它。若存在，则设置新的值并且将旧值删去。语法格式如下。

```
Response.Cookies(name)[(key)] = value
```

其中参数 name 指定 Cookie 的名称。参数 value 指定分配给 Cookie 的值。参数 key 是可选的，用于指定 Cookie 的关键字。若不指定 key，则创建一个单值 Cookie；若指定了 key，则创建一个 Cookie 字典，而 key 将被设置为 value。

创建单值 Cookie 的代码如下。

```
<%
Response. Cookies("Username")="zhangshihua"  //
Response. Cookies("Username").Expires="July 29,2008"
%>
```

创建多值 Cookie 如：

```
<%
Response. Cookies("User")("Name")="chenfan"
    Response. Cookies("User")("Sex")="male"
    Response. Cookies("User")("Password")="20120601"
    Response. Cookies("User").Expires="June,1,2012"
%>
```

（2）输出 Cookie 中保存的值

Request.Cookies 集合，用来提取存储在客户计算机 Cookie 中的值。

如：

```
<%=Request.Cookies("Username")%>
```

6. Application 对象

Application 对象是一个比较重要的对象，对 Application 对象的理解关键是：网站所有的用户公用一个 Application 对象，当网站服务器开启的时候，Application 就被创建。利用 Application 这一特性，可以方便地创建聊天室和网站计数器等常用站点应用程序。

Application 对象没有自己的属性，用户可以根据自己的需要定义属性，来保存一些信息，其基本语法是：Application（"自定义属性名"），这一点与 Session 定义一样。

如：

```
<%
Application("Greeting")="你好！"
response.write Application("Greeting")
%>
```

首先对自定义属性 Application("Greeting") 赋值，然后程序将其输出。执行完以后，该对象就被保存在服务器上。

或许阅读完本章，依然不明白这些东西和网站是如何具体联系起来的，那么也没关系，在本书后续章节将结合实战案例详细为你由浅入深地讲解网站程序设计的全过程。

◇ **JavaScript 中什么时候用 return 语句？**

当有值需要返回时候，必须使用 return 语句。函数在定义时并没有被执行，只有函数被调用时，其中的代码才真正被执行。

◇ **如何区分 Cookie 和 Session？**

Cookie 和 Session 的主要区别如下。

① Cookie 数据存放在客户的浏览器上，Session 数据放在服务器上。

② Cookie 不是很安全，别人可以分析存放在本地的 Cookie 后进行修改，如果需要考虑到安全问题，应当使用 Session。

③ Session 会在一定时间内保存在服务器上。当访问增多，会占用服务器比较多的性能。如果需要减轻服务器负载，应当使用 Cookie。

④ 单个 Cookie 保存的数据不能超过 4K，很多浏览器都限制一个站点最多保存 20 个 Cookie。

综上所述，建议用户把登录信息等重要信息存放为 Session，其他信息可以考虑存放在 Cookie 中。

第2章
精通网站样式

📃 本章导读

由于使用 table 表格布局页面时的可读性比较差，而且产生代码量也比较多，所以目前网站建设更倾向于使用 DIV+CSS 技术。DIV+CSS 是 WEB 设计标准，它是一种网页的布局方法。与传统中通过表格（table）布局定位的方式不同，它可以实现网页页面内容与表现相分离。本章将重点学习使用 DIV+CSS 设置网页样式的技术。

🔗 思维导图

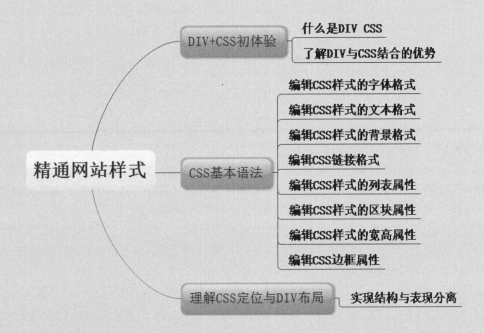

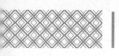
2.1 DIV CSS 初体验

DIV 和 CSS 到底是什么呢?

2.1.1 什么是 DIV CSS

DIV+CSS(DIV CSS) 是"WEB 标准"中常用术语之一。DIV,它是用于搭建 html 网页结构(框架)的标签,像 <b>、<h1>、<span> 等 html 标签一样。CSS,它是用于创建网页表现(样式/美化)样式表的统称,通过 CSS 来设置 DIV 标签样式,这一切常常称为 DIV+CSS。

<DIV> 标记早在 HTML3.0 时代就已经出现过,但那时并不常用。直到 CSS 的出现才逐渐发挥出它的优势。

传统的 HTML3.2/4.0 标签里既有控制结构的标签,如 <p>;又有控制表现的标签,如 <font>;还有本意用于结构后来被滥用于控制表现的标签,如 <table>。结构标签与表现标签混杂在一起。

2.1.2 了解 DIV 与 CSS 结合的优势

下面以一个设计 1 级标题为例,讲解一下 DIV 与 CSS 结合的优势。

对于 1 级标题,传统的表格布局代码如下。

```
<table width="100%"border="0"cellpadding="0">
<tr>
<td><font face="Arial"size="4"color="#000000"><b>height</b></font></td>
</tr>
</table>
<!--下面是实现下线的表格-->
<table width="100%"border="0"cellspacing="1"cellpadding="0">
<tr>
<td height="2"bgcolor="#FF9900"></td>
</tr>
</table>
```

可以看出不仅结构和表现混杂在一起,而且页面内到处都是为了实现装饰线而插入的表格代码。于是网站制作者往往会遇到如下问题。

• 改版:例如需要把标题文字替换成红色,下边线变成 1px 灰色的虚线,那么制作者可能就要一页一页地修改。CSS 就是用来解决"批量修改表现"的问题。广泛被制作者接受的 CSS 属性,包括控制字体的大小颜色、超链接的效果、表格的背景色等。

• 数据的利用:从本质上讲,所有的页面信息都是数据,例如对 CSS 所有属性的解释,就可以建立一个数据库,有数据就存在数据查询、处理和交换的问题。由于结构和表现混杂在一起,装饰图片、内容被层层嵌套的表格拆分。

在上面的这个实例中,从哪里开始是标题? 哪里开始是说明? 哪些是附加信息不需要打印?

如果只靠软件是无法判断的，唯一的方法是人工判断、手工处理。这要如何解决呢？解决的办法就是使结构清晰化，将内容、结构与表现相分离。

对于 1 级标题的实现如下所示。

```
<h1>height</h1>
```

同时，在 CSS 内定义 <h1> 的样式如下。

```
h1{
font:bold 16px Arial;
color:#000;
border-bottom:2px solid#f90:
}
```

这样，当需要修改外观的时候，例如，需要把标题文字替换成红色，下画线变成 1px 灰色的虚线，只需要修改相应的 CSS 即可，而不用修改 HTML 文档，如下所示。

```
h1{
font:bold 16px Arial;
color:#f00;
border-bottom:1px dashed#666:
}
```

如果为了实现特定的效果，还需要做进一步的处理。

| 提示 |

虽然 DIV + CSS 在网页布局方面具有很大的优势，但在使用的时候仍需注意以下 3 个方面。

① 对于 CSS 的高度依赖会使得网页设计变得比较复杂。相对于表格布局来说，DIV + CSS 要比表格定位复杂很多，即使网站设计高手也很容易出现问题，更不要说初学者了。因此 DIV + CSS 应酌情而用。

② CSS 文件异常将会影响到整个网站的正常浏览。CSS 网站制作的设计元素通常放在外部文件中，这些文件可能比较庞大且复杂，如果 CSS 文件调用出现异常，那么整个网站将会变得惨不忍睹，因此要避免那些设计复杂的 CSS 页面或重复性定义样式的出现。

③ 设计的 CSS 网站浏览器兼容性问题比较突出。基于 HTML4.0 的网页设计在 IE4.0 之后的版本中几乎不存在浏览器兼容性问题，但 CSS+DIV 设计的网站在 IE 浏览器里面正常显示的页面，到火狐浏览器（FireFox）中却可能面目全非。因此，使用 CSS+DIV 布局网站页面时也需要注意浏览器的支持问题。

2.2 CSS 基本语法

在进一步学习 DIV CSS 之前，我们先要了解 CSS 中常用的基本语法。

2.2.1 编辑 CSS 样式的字体格式

在 HTML 中，CSS 字体属性用于定义文字的字体、大小、粗细的表现等。

通常使用 font-family 定义使用什么字体，font-size 定义字体大小，font-style 定义斜体字，

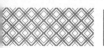
font-variant 定义小型的大写字体，font-weight 定义字体的粗细，font 统一定义字体的所有属性。字体属性如下。

- font-family 属性：定义使用的字体。
- font-size 属性：定义字体的大小。
- font-style 属性：定义字体显示的方式。
- font-variant 属性：定义小型的大写字母字体，对中文没什么意义。
- font-weight 属性：定义字体的粗细。

1. font-family 属性

下面通过一个例子来认识 font-family。

比如中文的宋体，英文的 Arial，可以定义多种字体连在一起，使用"，"（逗号）分隔。

```
<html>
<head>
<meta http-equiv="Content-Type" content="text/html; charset=gb2312" />
<title>CSS font-family 属性示例</title>
<style type="text/css" media="all">
p#songti{font-family:"宋体";}
p#Arial{font-family:Arial;}
p#all{font-family:"宋体",Arial;}
</style>
</head>
<body>
<p id="songti">使用宋体.</p>
<p id="Arial">使用arial字体.</p>
</body>
</html>
```

2. font-size 属性

中文常用的字体大小是 12px，像文章的标题等应该显示大字体，但此时不应使用字体大小属性，应使用 h1、h2 等 HTML 标签。

HTML 的 big、small 标签定义了大字体和小字体的文字，此标签已经被 W3C 抛弃，真正符合标准网页设计的显示文字大小的方法是使用 font-size CSS 属性。在浏览器中可以使用 Ctrl++ 增大字体，Ctrl-- 缩小字体。

下面通过一个例子来认识 font-size。

```
<html>
<head>
<meta http-equiv="Content-Type" content="text/html; charset=gb2312" />
<title>CSS font-size 属性绝对字体尺寸示例</title>
<style type="text/css" media="all">
p{font-size:12px;}
p#xxsmall{font-size:xx-small;}
```

```
p#xsmall{font-size:x-small;}
p#small{font-size:small;}
p#medium{font-size:medium;}
p#xlarge{font-size:x-large; }
p#xxlarge{font-size:xx-large;}
</style>
</head>
<body>
<p id="xxsmall">font-size 中的xxsmall字体</p>
<p id="xsmall">font-size 中的xsmall字体</p>
<p id="small">font-size 中的small 字体</p>
<p id="medium">font-size 中的medium 字体</p>
<p id="xlarge">font-size 中的xlarge字体</p>
<p id="xxlarge">font-size 中的xxlarge字体</p>
</body>
</html>
```

3. font-style 属性

网页中的字体样式都是不固定的，开发者可以用 font-style 来实现目的，其属性包含如下内容。

- normal：正常的字体，即浏览器默认状态。
- italic：斜体，对于没有斜体变量的特殊字体，将应用 oblique。
- oblique：倾斜的字体，即没有斜体变量。

下面通过一个例子来认识 font-style。

```
<html>
<head>
<meta http-equiv="Content-Type" content="text/html; charset=gb2312" />
<title>CSS font-style 属性示例</title>
<style type="text/css" media="all">
p#normal{font-style:normal;}
p#italic{font-style:italic;}
p#oblique{font-style:oblique;}
</style>
</head>
<body>
<p id="normal">正常字体.</p><p id="italic">斜体.</p><p id="oblique">斜体.</p>
</body>
</html>
```

4. font-variant 属性

在网页中常常可以碰到需要输入内容的地方，如果输入汉字的话是没问题的，可是当需要输入英文时，那么它的大小写是令我们头疼的问题。在 CSS 中可以通过 font-variant 的几个属性来实现输入时不受其限制的功能，其属性如下。

- Normal：正常的字体，即浏览器默认状态。
- small-caps：定义小型的大写字母。

下面通过一个例子来认识 font-variant。

```html
<html>
<head>
<meta http-equiv="Content-Type" content="text/html; charset=gb2312" />
<title>CSS font-variant 属性示例</title>
<style type="text/css" media="all">
p#small-caps{font-variant:small-caps;}
p#uppercase{text-transform:uppercase;}
</style>
</head>
<body>
<p id="small-caps">The quick brown fox jumps over the lazy dog.</p>
<p id="uppercase">The quick brown fox jumps over the lazy dog.</p>
</body>
</html>
```

2.2.2 编辑 CSS 样式的文本格式

CSS 文本属性用于定义文字、空格、单词、段落的样式。

通常使用 letter-spacing 属性控制字母之间的距离，word-spacing 属性控制文字之间的距离，text-decoration 属性定义文本是否有下画线，text-transform 属性控制英文的大小写，text-align 属性定义文本的对齐方式，text-indent 属性定义文本的首行缩进，white-space 属性定义文本与文档源代码的关系。

文本属性如下。

- letter-spacing 属性：定义文本中字母的间距（中文为文字的间距）。
- word-spacing 属性：定义以空格间隔文字的间距（就是空格本身的宽度）。
- text-decoration 属性：定义文本是否有画线以及画线的方式。
- text-transform 属性：定义文本的大小写状态，此属性对中文无意义。
- text-align 属性：定义文本的对齐方式。
- text-indent 属性：定义文本的首行缩进（在首行文字之前插入指定的长度）。

1. letter-spacing 属性

该属性在应用时有两种情况，如下所示。

- Normal：默认间距（主要是根据用户所使用的浏览器等设备）。
- \<length>：由浮点数字和单位标识符组成的长度值，允许为负值。

下面通过一个例子来认识 letter-spacing。

```
<html>
<head>
<meta http-equiv="Content-Type" content="text/html; charset=gb2312" />
<title>CSS letter-spacing 属性示例</title>
<style type="text/css" media="all">
.ls3px{letter-spacing: 3px;}
.lsn3px{letter-spacing: -3px;}
</style>
</head>
<body>
<p class="ls3px">
<strong><ahref="http://www.dreamdu.com/css/property_letter-spacing/">letter-spacing</a>示例:</strong>
<p>All i have to do, is learn CSS.(仔细看是字母之间的距离,不是空格本身的宽度。)</p>
</p>
<p>
<strong><ahref="http://www.dreamdu.com/css/property_letter-spacing/">letter-spacing</a>示例:</strong>
<p class="lsn3px">All i have to do, is learn CSS.</p>
</p>
</body>
</html>
```

2. word-spacing 属性

该属性在应用时有两种情况，如下所示。

- Normal：默认间距，即浏览器的默认间距。
- <length>：由浮点数字和单位标识符组成的长度值，允许为负值。

下面通过一个例子来认识 word-spacing。

```
<html>
<head>
<meta http-equiv="Content-Type" content="text/html; charset=gb2312" />
<title>CSS word-spacing 属性示例</title>
<style type="text/css" media="all">
.ws30{word-spacing: 30px;}
.wsn30{word-spacing: -10px;}
</style>
</head>
<body><p><strong>word-spacing 示例:</strong>
<p class="ws30">All i have to do, is learn CSS.</p></p><p>
<strong>word-spacing 示例:</strong><p class="wsn30">All i have to do, is learn
CSS.</p>
```

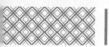
```
</p>
</body>
</html>
```

3. text-decoration 属性

该属性在应用时有 4 种情况，如下所示。

- underline：定义有下画线的文本。
- overline：定义有上画线的文本。
- line-through：定义直线穿过文本。
- blink：定义闪烁的文本。

下面通过一个例子来认识 text-decoration。

```
<html>
<head>
<meta http-equiv="Content-Type" content="text/html; charset=gb2312" />
<title>CSS text-decoration 属性示例</title>
<style type="text/css" media="all">
p#line-through{text-decoration: line-through;}
</style>
</head>
<body>
<p id="line-through">示例<a href="#">CSS 教程</a>,<strong><a
href="#">text-decoration</a></strong>示例,属性值为line-through 中画线.</p>
</body>
</html>
```

4. text-transform 属性

该属性在应用时有 4 种情况，如下所示。

- Capitalize：首字母大写。
- Uppercase：将所有设定此值的字母变为大写。
- Lowercase：将所有设定此值的字母变为小写。
- None：正常无变化，即输入状态。

下面通过一个例子来认识 text-transform。

```
<html>
<head>
<meta http-equiv="Content-Type" content="text/html; charset=gb2312" />
<title>CSS text-transform 属性示例</title>
<style type="text/css" media="all">
p#capitalize{text-transform: capitalize; }
p#uppercase{text-transform: uppercase; }
p#lowercase{text-transform: lowercase; }
</style>
```

```
</head>
<body>
<p id="capitalize">hello world</p><p id="uppercase">hello world</p>
<p id="lowercase">HELLO WORLD</p>
</body>
</html>
```

5. text-align 属性

该属性在应用时有 4 种情况，如下所示。

- Left：对于当前块的位置为左对齐。
- Right：对于当前块的位置为右对齐。
- Center：对于当前块的位置为居中。
- Justify：对齐每行的文字。

下面通过一个例子来认识 text-align。

```
<html>
<head>
<meta http-equiv="Content-Type" content="text/html; charset=gb2312" />
<title>CSS text-align 属性示例</title>
<style type="text/css" media="all">
p#left{text-align: left; }
</style>
</head>
<body>
<p id="left">left 左对齐</p>
</body>
</html>
```

6. text-indent 属性

该属性在应用时有 2 种情况，如下所示。

- <length>：百分比数字由浮点数字和单位标识符组成的长度值，允许为负值。
- <percentage>：百分比表示法。

下面通过一个例子来认识 text-indent。

```
<html>
<head>
<meta http-equiv="Content-Type" content="text/html; charset=gb2312" />
<title>CSS text-indent 属性示例</title>
<style type="text/css" media="all">
p#indent{text-indent:2em;top:10px;}
p#unindent{text-indent:-2em;top:210px;}
p{width:150px;margin:3em;}
</style>
```

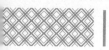

```
</head>
<body>
<p id="indent">示例<a href="#">CSS 教程</a>,<strong><a
href="#">text-indent</a></strong>示例,正值向后缩,负值向前进.text-indent 属性可以定义首
行的缩进,是我们经常使用到的CSS 属性.</p>
<p id="unindent">示例<a href="#">CSS 教程</a>,<strong><a
href="#">text-indent</a></strong>示例,正值向后缩,负值向前进.</p>
</body>
</html>
```

2.2.3 编辑 CSS 样式的背景格式

背景（background），文字颜色可以使用 color 属性，但是包含文字的 p 段落、div 层、page 页面等的颜色与背景图片可以使用 background 等属性。

通常使用 background-color 定义背景颜色， background-image 定义背景图片，background-repeat 定义背景图片的重复方式，background-position 定义背景图片的位置，background-attachment 定义背景图片随滚动轴的移动方式。

背景属性如下。

- background-color 属性：背景色，定义背景的颜色。
- background-image 属性：定义背景图片。
- background-repeat 属性：定义背景图片的重复方式。
- background-position 属性：定义背景图片的位置。
- background-attachment 属性：定义背景图片随滚动轴的移动方式。

1. background-color 属性

在 CSS 中可以定义背景颜色，内容没有覆盖的地方就按照设置的背景颜色显示，其值如下。

- <color>：颜色表示法，可以是数值表示法，也可以是颜色名称。
- Transparent：背景色透明。

下面通过一个例子来认识 background-color。

定义网页的背景使用绿色，内容白字黑底，示例代码如下。

```
<html>
<head>
<meta http-equiv="Content-Type" content="text/html; charset=gb2312" />
<title>CSS background-color 属性示例</title>
<style type="text/css" media="all">
body{background-color:green;}
h1{color:white;background-color:black;}
</style>
```

```
</head>
<body>
<h1>白字黑底</h1>
</body>
</html>
```

2. background-image 属性

在 CSS 中还可以设置背景图像，其值如下。

- <uri>：使用绝对或相对地址指定背景图像。
- None：将背景设置为无背景。

下面通过一个例子来认识 background-image。

```
<html>
<head>
<meta http-equiv="Content-Type" content="text/html; charset=gb2312" />
<title>CSS background-image 属性示例</title>
<style type="text/css" media="all">
.para{background-image:none; width:200px; height:70px;}
.div{width:200px; color:#FFF; font-size:40px;
font-weight:bold;height:200px;background-image:url(images/small.jpg);}
</style>
</head>
<body>
<div class="para">div 段落中没有背景图片</div>
<div class="div">div 中有背景图片</div>
</body>
</html>
```

3. background-repeat 属性

在默认情况下，图像会自动向水平和竖直两个方向平铺。如果不希望平铺，或者希望沿着一个方向平铺，可以使用 background-repeat 属性实现。该属性可以设置为 4 种平铺方式。

- Repeat：平铺整个页面，左右与上下。
- repeat-x：在 x 轴上平铺，左右。
- repeat-y：在 y 轴上平铺，上下。
- no-repeat：当背景大小比所要填充背景的块小时，图片不重复。

下面通过一个例子来认识 background-repeat。

```
<html>
<head>
<meta http-equiv="Content-Type" content="text/html; charset=gb2312" />
<title>CSS background-repeat 属性示例</title>
<style type="text/css" media="all">
body{background-image:url('images/small.jpg');background-repeat:no-repeat;}
```

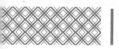

```
p{background-image:url('images/small.jpg');background-repeat:repeat-y;backgroun
d-position:right;top:200px;left:200px;width:300px;height:300px;border:1px solid
black; margin-left:150px;}
</style>
</head>
<body>
<p>示例 CSS 教程，repeat-y 竖着重复的背景(div 的右侧).</p>
</body>
</html>
```

4. background-position 属性

将标题局中或者右对齐可以使用 background-postion 属性，其值如下。

（1）水平方向

- left：对于当前填充背景位置居左。
- center：对于当前填充背景位置居中。
- right：对于当前填充背景位置居右。

（2）垂直方向

- top：对于当前填充背景位置居上。
- center：对于当前填充背景位置居中。
- bottom：对于当前填充背景位置居下。

（3）垂直与水平的组合

```
. x-% y-%;
. x-pos y-pos;
```

下面通过一个例子来认识 background-position。

```
<html>
<head>
<meta http-equiv="Content-Type" content="text/html; charset=gb2312" />
<title>CSS background-position 属性示例</title>
<style type="text/css" media="all">
body{background-image:url('images/small.jpg');background-repeat:no-repeat;}
p{background-image:url('images/small.jpg');background-position:right
bottom ;background-repeat:no-repeat;border:1px solid
black;width:400px;height:200px; margin-left:130px;}
div{background-image:url('images/small.jpg');background-position:50%
20% ;background-repeat:no-repeat;border:1px solid
black;width:400px;height:150px;}
</style>
</head>
<body>
<p>p 段落中右下角显示橙色的点.</p>
<div>div 中距左上角 x 轴 50%,y 轴 20%的位置显示橙色的点.</div>
```

```
</body>
</html>
```

5. background-attachment 属性

设置或检索背景图像是随对象内容滚动还是固定的，其值如下。

- Scroll：随着页面的滚动，背景图片将移动。
- Fixed：随着页面的滚动，背景图片不会移动。

下面通过一个例子来认识 background-attachment。

```
<html>
<head>
<meta http-equiv="Content-Type" content="text/html; charset=gb2312" />
<title>CSS background-attachment 属性示例</title>
<style type="text/css" media="all">
body{background:url('images/list-orange.png');background-attachment:fixed;backg
round-repeat:repeat-x;background-position:center
center;position:absolute;height:400px;}
</style>
</head>
<body>
<p>拖动滚动条,并且注意中间有一条橙色线并不会随滚动条的下移而上移.</p>
</body>
</html>
```

2.2.4 编辑 CSS 链接格式

在 HTML 语言中，超链接是通过标记 <a> 来实现的，链接的具体地址则是利用 <a> 标记的 href 属性，代码如下所示。

```
<a href="http://www.baidu.com">链接文本</a>
```

在浏览器默认的浏览方式下，超链接统一为蓝色并且有下画线，被点击过的超链接则为紫色并且也有下画线。这种最基本的超链接样式现在已经无法满足广大设计师的需求。通过 CSS 可以设置超链接的各种属性，而且通过伪类别还可以制作很多动态效果。首先用最简单的方法去掉超链接的下画线，代码如下所示。

```
/*超链接样式*/
a{text-decoration:none; margin-left:20px;} /*去掉下画线*/
```

可制作动态效果的 CSS 伪类别属性如下。

- a:link：超链接的普通样式，即正常浏览状态的样式。
- a:visited：被点击过的超链接的样式。
- a:hover：鼠标指针经过超链接上时的样式。
- a:active：在超链接上单击时，即"当前激活"时超链接的样式。

2.2.5 编辑 CSS 样式的列表属性

CSS 列表属性可以改变 HTML 列表的显示方式。列表的样式通常使用 list-style-type 属性来定义，list-style-image 属性定义列表样式的图片，list-style-position 属性定义列表样式的位置，list-style 属性统一定义列表样式的几个属性。

通常的列表主要采用 \<ul> 或者 \<ol> 标记，然后配合 \<li> 标记罗列各个项目。CSS 列表有以下几个常见属性。

属性	简介
list-style	设置列表项目相关内容
list-style-image	设置或检索作为对象的列表项标记的图像
list-style-position	设置或检索作为对象的列表项标记如何根据文本排列
list-style-type	设置或检索对象的列表项所使用的预设标记

1. list-style-image 属性

list-style-image 设置或检索作为对象的列表项标记的图像，其值如下。

- URL：一般是一个图片的网址。
- None：不指定图像。

示例代码如下。

```
<html>
<head>
<meta http-equiv="Content-Type" content="text/html; charset=gb2312" />
<title>CSS list-style-image 属性示例</title>
<style type="text/css" media="all">
ul{list-style-image: url("images/list-orange.png");}
</style>
</head>
<body>
<ul>
<li>使用图片显示列表样式</li>
<li>本例中使用了 list-orange.png 图片</li>
<li>我们还可以使用 list-green.png top.png 或 up.png 图片</li>
<li>大家可以尝试修改下面的代码</li>
</ul>
</body>
</html>
```

2. list-style-position 属性

list-style-position 设置或检索作为对象的列表项标记如何根据文本排列，其值如下。

- Inside：列表项目标记放置在文本以内，且环绕文本根据标记对齐。
- Outside：列表项目标记放置在文本以外，且环绕文本不根据标记对齐。

示例代码如下。

```
<html>
<head>
<meta http-equiv="Content-Type" content="text/html; charset=gb2312" />
<title>CSS list-style-position 属性示例</title>
<style type="text/css" media="all">
ul#inside{list-style-position: inside;list-style-image:
url("images/list-orange.png");}
ul#outside{list-style-position: outside;list-style-image:
url("images/list-green.png");}
p{padding: 0;margin: 0;}
li{border:1px solid green;}
</style>
</head>
<body>
<p>内部模式</p>
<ul id="inside">
<li>内部模式 inside</li>
<li>示例 XHTML 教程.</li>
<li>示例 CSS 教程.</li>
<li>示例 JAVASCRIPT 教程.</li>
</ul>
<p>外部模式</p>
<ul id="outside">
<li>外部模式 outside</li>
<li>示例 XHTML 教程.</li>
<li>示例 CSS 教程.</li>
<li>示例 JAVASCRIPT 教程.</li>
</ul>
</body>
</html>
```

3. list-style-type 属性

list-style-type 设置或检索对象的列表项所使用的预设标记，其值如下。

- Disc：点。
- Circle：圆圈。
- Square：正方形。
- Decimal：数字。
- None：无（取消所有的 list 样式）。

示例代码如下。

```
<html>
```

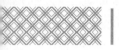
```
<head>
<meta http-equiv="Content-Type" content="text/html; charset=gb2312" />
<title>CSS list-style-type 属性示例</title>
<style type="text/css" media="all">
ul{list-style-type: disc;}
</style>
</head>
<body>
<ul>
<li>正常模式</li>
<li>示例 XHTML 教程.</li>
<li>示例 CSS 教程.</li>
<li>示例 JAVASCRIPT 教程.</li>
</ul>
</body>
</html>
```

2.2.6 编辑 CSS 样式的区块属性

　　块级元素就是一个方块，像段落一样，默认占据一行位置。内联元素又叫行内元素。顾名思义，它只能放在行内，就像一个单词一样不会造成前后换行，起辅助作用。一般的块级元素包括段落 <p>、标题 <h1><h2>、列表 <ul><ol><li>、表格 <table>、表单 <form>、DIV<div> 和 BODY<body> 等元素。

　　内联元素包括表单元素 <input>、超级链接 <a>、图像 <img>、<span> 等。块级元素的显著特点是：它都是从一个新行开始显示，而且其后的元素也需另起一行显示。

　　下面通过一个示例来看一下块级元素与内联元素的区别。

```
<html>
<head>
<meta http-equiv="Content-Type" content="text/html; charset=gb2312" />
<title>CSS list-style-type 属性示例</title>
<style type="text/css" media="all">
ul{list-style-type: disc;}
img{ width:100px; height:70px;}
</style>
</head>
<body>
<p>标记不同行: </p>
<div><imgsrc="flower.jpg" /></div>
<div><imgsrc="flower.jpg" /></div>
<div><imgsrc="flower.jpg" /></div>
<p>标记同一行: </p>
```

```
<span><imgsrc="flower.jpg" /></span>
<span><imgsrc="flower.jpg" /></span>
<span><imgsrc="flower.jpg" /></span>
</body>
</html>
```

在前面示例中，3 个 div 元素各占一行，相当于在它之前和之后各插入了一个换行，而内联元素 span 没对显示效果造成任何影响，这就是块级元素和内联元素的区别。正因为有了这些元素，才使网页变得丰富多彩。

如果没有 CSS 的作用，块级元素会以每次换行的方式一直往下排。而有了 CSS 以后，可以改变这种 HTML 的默认布局模式，把块级元素摆放到想要的位置上，而不是每次都另起一行。也就是说，可以用 CSS 的 display:inline 将块级元素改变为内联元素，也可以用 display:block 将内联元素改变为块级元素。

代码修改如下。

```
<html>
<head>
<meta http-equiv="Content-Type" content="text/html; charset=gb2312" />
<title>CSS list-style-type 属性示例</title>
<style type="text/css" media="all">
ul{list-style-type: disc;}
img{ width:100px; height:70px;}
</style>
</head>
<body>
<p>标记同一行：</p>
<div style="display:inline"><imgsrc="flower.jpg" /></div>
<div style="display:inline"><imgsrc="flower.jpg" /></div>
<div style="display:inline"><imgsrc="flower.jpg" /></div>
<p>标记不同行：</p>
<span style="display:block"><imgsrc="flower.jpg" /></span>
<span style="display:block"><imgsrc="flower.jpg" /></span>
<span style="display:block"><imgsrc="flower.jpg" /></span>
</body>
</html>
```

由此可以看出，display 属性改变了块级元素与行内元素默认的排列方式。另外，display 属性值为 none 的话，可以使该元素隐藏，并且不会占据空间。代码如下。

```
<html>
<head>
<title>display 属性示例</title>
<style type=" text/ css">
div{width:100px; height:50px; border:1px solid red}
</style>
```

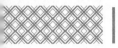

```
</head>
<body>
<div>第一个块级元素</div>
<div style="display:none">第二个块级元素</div>
<div >第三个块级元素</div>
</body>
</html>
```

2.2.7 编辑 CSS 样式的宽高属性

2.2.6 小节介绍了块级元素与行内元素的区别，本节介绍两者宽高属性的区别，块级元素可以设置宽度与高度，但行内元素是不能设置的。例如，span 元素是行内元素，给 span 设置宽、高属性代码如下。

```
<html>
<head>
<title>宽高属性示例</title>
<style type=" text/ css">
span{ background:#CCC }
.special{ width:100px; height:50px; background:#CCC}
</style>
</head>
<body>
<span class="special">这是span 元素1</span>
<span>这是span 元素2</span>
</body>
</html>
```

在这个示例中，显示的结果是设置了宽高属性 span 元素 1 与没有设置宽高属性的 span 元素 2，显示效果是一样的。因此，行内元素不能设置宽高属性。如果把 span 元素改为块级元素，效果会如何呢？

根据 2.2.6 小节所学内容，可以通过设置 display 属性值为 block 来使行内元素变为块级元素，代码如下。

```
<html>
<head>
<title>宽高属性示例</title>
<style type=" text/ css">
span{ background:#CCC;display:block ;border:1px solid #036}
.special{ width:200px; height:50px; background:#CCC}
</style>
</head>
<body>
<span class="special">这是span 元素1</span>
<span>这是span 元素2</span>
```

```
</body>
</html>
```

在浏览器的输出中，可以看出，当把 span 元素变为块级元素后，类为 special 的 span 元素 1 按照所设置的宽高属性显示，而 span 元素 2 则按默认状态占据一行显示。

2.2.8 编辑 CSS 边框属性

border 一般用于分隔不同的元素。border 的属性主要有 3 个，即 color（颜色）、width（粗细）和 style（样式）。在使用 CSS 来设置边框时，可以分别使用 border-color、border-width 和 border-style 属性设置它们。

- border-color：设定 border 的颜色。通常情况下颜色值为十六进制数，如红色为 "#ff0000"，当然也可以是颜色的英语单词，如 red，yellow 等。
- border-width：设定 border 的粗细程度，可以设为 thin、medium、thick 或者具体的数值，单位为 px，如 5px 等。border 默认的宽度值为 medium，一般浏览器将其解析为 2px。
- border-style：设定 border 的样式，none（无边框线）、dotted（由点组成的虚线）、dashed（由短线组成的虚线）、solid（实线）、double（双线，双线宽度加上它们之间的空白部分的宽度就等于 border-width 定义的宽度）、groove（根据颜色画出 3D 沟槽状的边框）、ridge（根据颜色画出 3D 脊状的边框）、inset（根据颜色画出 3D 内嵌边框，颜色较深）、outset（根据颜色画出 3D 外嵌边框，颜色较浅）。

> **提示**
>
> border-style 属性的默认值为 none，因此边框要想显示出来，必须设置 border-style 值。

为了更清楚地看到这些样式的效果，通过一个例子来展示，其代码如下。

```
<html>
<head>
<title>border 样式示例</title>
<style type=" text/ css">
div{ width:300px; height:30px; margin-top:10px;
border-width:5px;border-color:green }
</style>
</head>
<body>
<div style="border-style:dashed">边框为虚线</div>
<div style="border-style:dotted">边框为点线</div>
<div style="border-style:double">边框为双线</div>
<div style="border-style:groove">边框为3D 沟槽状线</div>
<div style="border-style:inset">边框为3D 内嵌边框线</div>
<div style="border-style:outset">边框为3D 外嵌边框线</div>
<div style="border-style:ridge">边框为3D 脊状线</div>
<div style="border-style:solid">边框为实线</div>
```

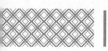
```
</body>
</html>
```

在上面的例子中，分别设置了 border-color、border-width 和 border-style 属性，其效果是对上下左右 4 条边同时产生作用。在实际应用中，除了采用这种方式，还可以分别对 4 条边框设置不同的属性值，方法是按照规定的顺序，给出 2 个、3 个、4 个属性值，分别代表不同的含义。给出 2 个属性值：前者表示上下边框的属性，后者表示左右边框的属性。给出 3 个属性值，前者表示上边框的属性，中间的数值表示左右边框的属性，后者表示下边框的属性。给出 4 个属性值，依次表示上、右、下、左边框的属性，即顺时针排序。

示例代码如下。

```
<html>
<head>
<title>border 样式示例</title>
<style type=" text/ css">
div{ border-width:5px 8px;border-color:green yellow red; border-style:dotted
dashed solid double }
</style>
</head>
<body>
<div>设置边框</div>
</body>
</html>
```

给 DIV 设置的样式为上下边框宽度为 5px，左右边框宽度为 8px；上边框的颜色为绿色，左右边框的颜色为黄色，下边框的颜色为红色；从上边框开始，按照顺时针方向，四条边框的样式分别为点线、虚线、实线和双线。

如果某元素的 4 条边框的设置都一样，还可以简写为：

```
border:5px solid red;
```

如果想对某一条边框单独设置，例如：

```
border-left:5px solid red;
```

这样就可以只设置左边框为红色、实线、宽为 5px。其他 3 条边设置类似，3 个属性分别为：border-right、border-top、border-bottom，以此就可以设置右边框、上边框、下边框的样式。

如果只想设置某一条边框某一个属性，例如：

```
border-left-color: red;
```

这样就可以设置左边框的颜色为红色。其他属性设置类似，不再一一举例。

2.3 理解 CSS 定位与 DIV 布局

CSS 定位与 DIV 布局中心思想就是要实现结构与表现分离。刚开始理解结构和表现的分离可能有点困难，特别是在还不习惯于思考文档的语义和结构的时候。理解这点非常重要，因为，当结构和表现分离后，用 CSS 文档来控制表现就是一件很容易的事了。例如，某一天发现网站的字体太小，只要简单地修改样式表中的一个定义就可以改变整个网站字体的大小。

大家都知道，内容是结构的基础。内容在一定程度上体现出结构，但并不是全部结构。原始内容就相当于未经处理的数码相片的 RAW 格式，但是，即使未经处理的内容，也包含一定的结构。比如通过阅读一段文字，可能包含标题、正文、段落（这些属性是通过阅读而发现的，而不是从表现上）等，这就是结构。为了区分内容体现出来的结构，把它称为内结构，也称内容结构。

互联网的基础是网页和超链接，超链接形成了页面流。而页面流也是结构的一部分，它是交互设计的重点，也就是对 Request（请求）和 Respond（响应）的处理。这里谈到的结构是不可能由内容体现出来的，因此可以将其称为外结构，也称交互结构。

Web 站点的结构就是由内结构和外结构一起形成的，这个结构是所有表现的基础。没有这个结构就不会有表现。结构并不是 wireframe，wireframe 是结构的一种可视化表现，是开发流程中的沟通工具。从内容到结构到表现，也是大部分网站设计的流程。

随便打开一个网页或者回想一下曾经访问过的网页，传统的网站前端展现方式是把结构和表现混合在一起，而应用 Web 标准进行设计的方式是把结构和表现分离开。但是不管使用什么方式，它们表面看上去都差不多。

例如，下图所示为一个商城的主页。

当单击主页上的产品名称后，转到超级链接的商品详细信息页面，如下图所示。

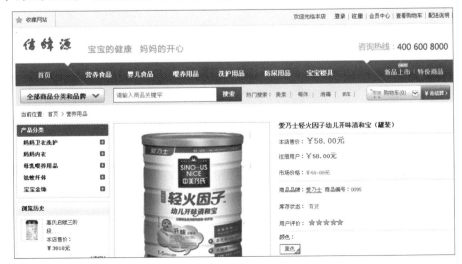

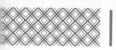

页面上部包括导航都是一致的。如果在页面的样式表中更改导航字体大小，则各个页面中导航页面字体的大小统一被修改，即修改如下样式表的内容。

globalHead_navCenterul li{float:left; display:inline; width:auto; height:51px; font-size:14px; line-height:22px; background:url("images/newPublic_navLine.gif") right center no-repeat; } 改为 .globalHead_navCenterul li{float:left; display:inline; width:auto; height:51px; font-size:16px; line-height:22px; background:url("images/newPublic_navLine.gif") right center no-repeat; }

HTML 本身就是一种结构化的语言。外观并不是最重要的，网页的表现可以不仅仅依赖 HTML 来完成，完全可以使用其他 CSS+DIV 来完成。就像上面的例子中，使用了 <DIVclass="globalHead_navCenter"> 和 </DIV> 标签来完成字体颜色的变化。不用再像以前一样，把装饰的图片、字体的大小、页面的颜色甚至布局的代码都堆在 HTML 里面，对于 HTML，更多的是要考虑结构和语义。

◇ 如何理解 RAW 的含义？

RAW 是"未经加工"的意思。RAW 格式的图像就是 CMOS 或者 CCD 图像感应器将捕捉到的光源信号转化为数字信号的原始数据。

◇ 如何设置字体的粗细样式？

font- weight 属性用来定义字体的粗细，其属性值如下。

- Normal：正常，等同于固定值在 400 以下的。
- Bold：粗体，等同于固定值在 500 以上的。
- Normal：正常，等同于 400。
- Bold：粗体，等同于 700。
- Bolder：更粗。
- Lighter：更细。

第3章
精通网站色彩

☰ 本章导读

色彩在网站设计中占据着相当重要的地位，无论是平面设计还是网页设计，色彩永远是最重要的一环。网页浏览者第一眼看到的网站，不是优美的版式或者美丽的图片，而是网页的色彩。可见网页色彩对于网页设计多么重要。本章重点学习网页色彩设计与搭配的技术。

◉ 思维导图

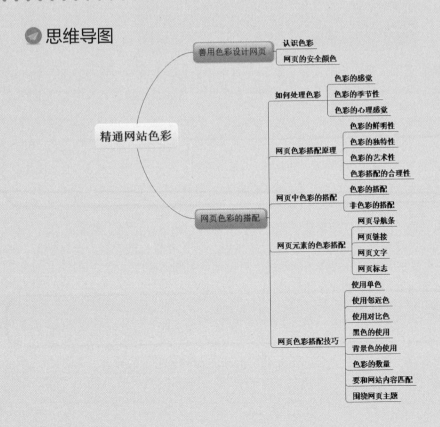

3.1 善用色彩设计网页

在任何一个设计中，色彩对视觉的刺激都起到第一信息传达的作用。网页中的色彩设计是最直接的视觉效果，不同的颜色运用会给人以不同的感受。高明的设计师会运用颜色来表现网站的理念和内在品质。为了能更好地应用色彩来设计网页，下面先来了解一下色彩的基础知识。

3.1.1 认识色彩

自然界中的色彩五颜六色、千变万化，比如玫瑰是红色的，大海是蓝色的，橘子是橙色的……但是最基本的色彩只有 3 种（红、黄、蓝），其他的色彩都可以由这 3 种色彩调和而成，我们称这 3 种色彩为"三原色"。大家平时所看到的白色光经过分析，在色带上可以看到，它包括红、橙、黄、绿、青、蓝、紫 7 种颜色，各颜色间自然过渡，其中红、绿、蓝是三原色，三原色通过不同比例的混合可以得到各种颜色。

现实生活中的色彩可以分为彩色和非彩色两种，其中黑、白、灰属于非彩色系列，其他的色彩都属于彩色系列。任何一种彩色都具备 3 个特征：色相、明度和饱和度，非彩色只有明度属性。

> **｜提示｜**
>
> 色相指的是色彩的名称，这是色彩最基本的特征，反映颜色的基本面貌，是一种色彩区别于另一种色彩的最主要的因素，例如，紫色、绿色、黄色等都代表了不同的色相。

同一色相的色彩调整一下亮度或纯度很容易搭配，如深绿、暗绿、草绿、亮绿。

例如，一些购物、儿童类网站用的是一些鲜亮的颜色，让人感觉绚丽多姿、生气勃勃。明度越低，颜色越暗。明度主要用于一些游戏类网站，可使网站充满神秘感。

> **｜提示｜**
>
> 饱和度也叫纯度，指色彩的鲜艳程度。饱和度高的色彩纯、鲜亮；饱和度低的色彩暗淡，含灰色。

非彩色只有明度属性，没有色相和饱和度属性。网页制作时用彩色还是非彩色好呢？根据

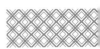

专业的研究机构研究表明：彩色的记忆效果是黑白的 3.5 倍。也就是说，在一般情况下，彩色页面较完全黑白页面更加吸引人。通常是将主要内容（如文字）用非彩色（黑色），边框、背景、图片用彩色。这样页面整体不单调，显得和谐统一。

3.1.2 网页的安全颜色

在网页中，常以 RGB 模式来表示颜色的值，RGB 表示红（Red）、绿（Green）、蓝（Blue）三原色。通常情况下，RGB 各有 256 级亮度，用 0~255 表示。

对于单独的 R、G 或 B 而言，当数值为 0 时，代表这种颜色不发光；如果为 255，则代表该颜色为最高亮度。当 RGB 这 3 种色光都发到最强的亮度（即 RGB 值为 255、255、255）时，表示纯白色，用十六进制数表示为"FFFFFF"。相反，纯黑色的 RGB 值是 0、0、0，用十六进制数表示为"000000"。纯红色的 RGB 值是 255、0、0，意味着只有红色 R 存在且亮度最强，G 和 B 都不发光。同理，纯绿色的 RGB 是 0、255、0，纯蓝色的 RGB 是 0、0、255。如下图所示为纯红色的 R G B 值。

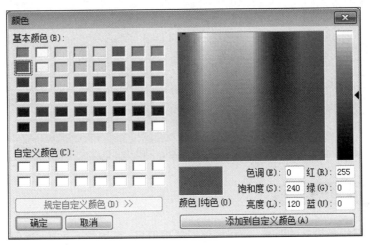

| 提示 |

在 HTML 语言中，可以直接使用十六进制数值来命名颜色。

按照计算，256 级的 RGB 色彩总共能组合出约 1678 万种色彩，即 256×256×256 ＝ 16777216，通常也被简称为 1600 万色或千万色，也称为 24 位色（2 的 24 次方）。既然理论上可以得出 16777216 种颜色，那么为什么又出现了网页安全颜色范畴为 216 种的颜色呢？这是因为浏览器的缘故。网页被浏览器识别以后，只有 216 种颜色能在浏览器中正常显示，多于这个范围的颜色有的浏览器显示时就可能发生偏差，不能正常显示。因此将能被所有的浏览器正常显示的 216 种颜色称为网页安全颜色范畴。现在浏览器的性能越来越高，网页的安全颜色范畴也越来越广，但最安全的还是 216 种颜色。在 Dreamweaver 中，提供了具有网页安全颜色范畴的调色板，可将网页的颜色选取控制在安全范围之内。

RGB 模式是显示器的物理色彩模式，这就意味着无论在软件中使用何种色彩模式，只要是在显示器上显示，图像最终就是以 RGB 方式出现。

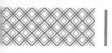

3.2 网页色彩的搭配

打开一个网站，给用户留下第一印象的既不是网站的内容，也不是网站的版面布局，而是网站的色彩。色彩对人的视觉效果非常明显。一个网站设计得成功与否，在某种程度上取决于设计者对色彩的运用和搭配。因为网页设计属于一种平面效果设计，在平面图上，色彩的冲击力是最强的，它最容易给客户留下深刻印象。

3.2.1 如何处理色彩

色彩是人的视觉最敏感的要素。网页的色彩处理得好，可以锦上添花，达到事半功倍的效果。

1. 色彩的感觉

（1）色彩的冷暖感

红、橙、黄代表太阳、火焰；蓝、青、紫代表大海、晴空；绿、紫代表不冷不暖的中性色；无色系中的黑代表冷，白代表暖。

（2）色彩的软硬感

高明度、高纯度的色彩能给人以软的感觉，反之则感觉硬。

（3）色彩的强弱感

亮度高的明亮、鲜艳的色彩感觉强，反之则感觉弱。

（4）色彩的兴奋与沉静

红、橙、黄，偏暖色系，高明度，高纯度，对比强的色彩感觉兴奋；青、蓝、紫，偏冷色系，低明度，低纯度，对比弱的色彩感觉沉静。例如，下图为橙色大气漂亮的果农蔬菜基地公司网站

（5）色彩的华丽与朴素

红、黄等暖色和鲜艳而明亮的色彩能给人以华丽感；青、蓝等冷色和浑浊而灰暗的色彩能给人以朴素感。

（6）色彩的进退感

对比强、暖色、明快、高纯度的色彩代表前进，反之代表后退。

对色彩的这种认识 10 多年前就已被国外众多企业所接受，并由此产生了色彩营销战略。许多企业将此作为市场竞争的有利手段和再现企业形象特征的方式，通过设计色彩抓住商机，像绿色的"鳄鱼"、红色的"可口可乐"、红黄色的"麦当劳"以及黄色的"柯达"等。在欧美和日本等发达国家，设计色彩早就成了一种市场竞争力，并被广泛使用。

2. 色彩的季节性

春季处处一片生机，通常会流行一些活泼跳跃的色彩；夏季气候炎热，人们希望凉爽，通常流行以白色和浅色调为主的清爽亮丽的色彩；秋季秋高气爽，流行的是沉重的暖色调；冬季气候寒冷，深颜色有吸光、传热的作用，人们希望能暖和一点，喜爱穿深色衣服。这就很明显地形成了四季的色彩流行趋势，春夏以浅色、明艳色调为主；秋冬以深色、稳重色调为主。每年色彩的流行趋势都会因此而分成春夏和秋冬两大色彩趋向。

3. 颜色的心理感觉

不同的颜色会给浏览者不同的心理感受。

（1）红色

红色是一种激奋的色彩，代表热情、活泼、温暖、幸福和吉祥。红色容易引起人们注意，容易使人兴奋、激动、热情、紧张和冲动，也是一种容易造成人视觉疲劳的颜色。

（2）绿色

绿色代表新鲜、充满希望、和平、柔和、安逸和青春，显得和睦、宁静、健康。绿色具有黄色和蓝色两种颜色成分。在绿色中，将黄色的扩张感和蓝色的收缩感中和，并将黄色的温暖感与蓝色的寒冷感相抵消。绿色和金黄、淡白搭配，可产生优雅、舒适的气氛。

（3）蓝色

蓝色代表深远、永恒、沉静、理智、诚实、公正、权威，是最具凉爽、清新特点的色彩。

蓝色和白色混合，能体现柔顺、淡雅、浪漫的气氛（像天空的色彩）。

（4）黄色

黄色具有快乐、希望、智慧和轻快的个性。它的明度最高，代表明朗、愉快、高贵，是色彩中最为娇气的一种色。只要在纯黄色中混入少量的其他色，其色相感和色性格均会发生较大程度的变化。

（5）紫色

紫色代表优雅、高贵、魅力、自傲和神秘。在紫色中加入白色，可使其变得优雅、娇气，并充满女性的魅力。

（6）橙色

橙色也是一种激奋的色彩，具有轻快、欢欣、热烈、温馨、时尚的效果。

（7）白色

白色代表纯洁、纯真、朴素、神圣和明快，具有洁白、明快、纯真、清洁的感觉。如果在白色中加入其他任何色，都会影响其纯洁性，使其性格变得含蓄。

（8）黑色

黑色具有深沉、神秘、寂静、悲哀、压抑的感受。

（9）灰色

在商业设计中，灰色具有柔和、平凡、温和、谦让、高雅的感觉，具有永远流行性。在许多的高科技产品中，尤其是和金属材料有关的，几乎都采用灰色来传达高级、科技的形象。使用灰色时，大多利用不同的参差变化组合和其他色彩相配，才不会过于平淡、沉闷、呆板和僵硬。

色彩在饱和度、亮度上略微变化，都会产生不同的感觉。以绿色为例，黄绿色有青春、旺盛的视觉意境，而蓝绿色则显得幽静、深沉。

3.2.2 网页色彩搭配原理

色彩搭配既是一项技术性工作，也是一项艺术性很强的工作。因此在设计网页时，除了要考虑网站本身的特点外，还要遵循一定的艺术规律，从而设计出色彩鲜明、性格独特的网站。

网页的色彩是树立网站形象的关键要素之一，色彩搭配却是网页设计初学者感到头疼的问题。网页的背景、文字、图标、边框、链接等应该采用什么样的色彩，搭配什么样的色彩才能最好地表达出网站的内涵和主题呢？下面介绍网页色彩搭配的一些原理。

1. 色彩的鲜明性

网页的色彩要鲜明，这样容易引人注目。一个网站的用色必须要有自己独特的风格，这样才能显得个性鲜明，给浏览者留下深刻的印象。

2. 色彩的独特性

要有与众不同的色彩，使得浏览者对网站的印象强烈。

3. 色彩的艺术性

网站设计也是一种艺术活动，因此必须遵循艺术规律。在考虑到网站本身特点的同时，应当按照内容决定形式的原则，大胆地进行艺术创新，设计出既符合网站要求，又有一定艺术特色的网站。不同的色彩会产生不同的联想：蓝色想到天空、黑色想到黑夜、红色想到喜事等，选择色彩要和网页的内涵相关联。例如，下图为蓝色大气的 APP 应用产品网站。

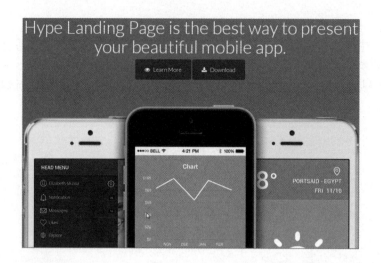

4. 色彩搭配的合理性

网页设计虽然属于平面设计的范畴，但又与其他的平面设计不同。它在遵循艺术规律的同时，还应当考虑人的生理特点。色彩搭配一定要合理，色彩和表达的内容气氛相适合，能给人一种和谐、愉快的感觉，要避免采用纯度很高的单一色彩，这样容易造成视觉疲劳。

3.2.3 网页中色彩的搭配

色彩在人们的生活中都是有丰富的感情和含义的。在特定的场合，同一种色彩可以代表不同的含义。色彩总的应用原则应该是"总体协调，局部对比"，就是主页的整体色彩效果是和谐的，局部、小范围的地方可以有一些强烈色彩的对比。在色彩的运用上，可以根据主页内容的需要，分别采用不同的主色调。色彩具有象征性，例如，嫩绿色、翠绿色、金黄色、灰褐色就可以分别象征着春、夏、秋、冬；其次还有职业的标志色，例如，军警的橄榄绿、医疗卫生的白色，等等。色彩还具有明显的心理感觉，例如，冷、暖的感觉，进、退的效果，等等。另外，色彩还有民族性，各个民族由于环境、文化、传统等因素的影响，对于色彩的喜好也存在较大的差异。充分地运用色彩的这些特性，可以使网页具有深刻的艺术内涵，从而提升网页的文化品位。

1. 色彩的搭配

（1）相近色

色环中相邻的3种颜色。相近色的搭配给人的视觉效果很舒适、很自然，所以相近色在网站设计中极为常用。

（2）互补色

色环中相对的两种色彩。对互补色调整一下补色的亮度，有的时候是一种很好的搭配。

（3）暖色

暖色跟黑色调和可以达到很好的效果。暖色一般应用于购物类网站、电子商务网站、儿童类网站等，用以体现商品的琳琅满目，儿童类网站的活泼、温馨等效果。

（4）冷色

冷色一般跟白色调和可以达到很好的效果。冷色一般应用于一些高科技、游戏类网站，主要表达严肃、稳重等效果，绿色、蓝色、蓝紫色等都属于冷色系列。

（5）色彩均衡

网站让人看上去舒适、协调，除了文字、图片等内容的合理排版外，色彩均衡也是相当重要的一个部分，比如一个网站不可能单一地运用一种颜色，所以色彩的均衡是设计者必须要考虑的问题。

> **│提示│**
>
> 色彩的均衡包括色彩的位置，每一种色彩所占的比例、面积等。比如，鲜艳明亮的色彩面积应当小一点，让人感觉舒适、不刺眼，这就是一种均衡的色彩搭配。

下图所示的网站，虽然使用了多种颜色，但是各个颜色之间的合理搭配，让网站整体看起来很协调。

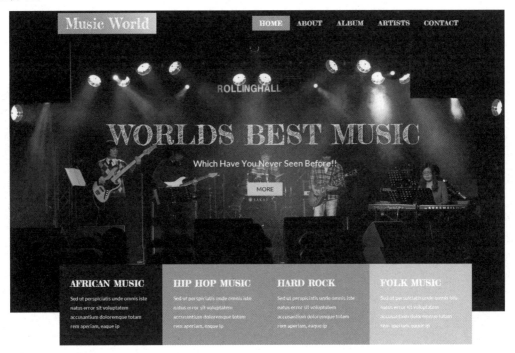

2. 非彩色的搭配

黑白是最基本和最简单的搭配，白字黑底、黑底白字都非常清晰明了。灰色是万能色，可以和任何色彩搭配，也可以帮助两种对立的色彩和谐过渡。如果实在找不出合适的色彩，那么用灰色试试，效果绝对不会太差。

3.2.4 网页元素的色彩搭配

为了让网页设计得更靓丽、更舒适，增强页面的可阅读性，必须合理、恰当地运用与搭配页面各元素间的色彩。

1. 网页导航条

网页导航条是网站的指路方向标，浏览者要在网页间跳转、要了解网站的结构、要查看网站的内容，都必须使用导航条。可以使用稍微具有跳跃性的色彩吸引浏览者的视线，使其感觉网站清晰明了、层次分明。

2. 网页链接

一个网站不可能只有一页，所以文字与图片的链接是网站中不可缺少的部分。尤其是文字链接，因为链接要区别于文字，所以链接的颜色不能跟文字的颜色一样。要让浏览者快速地找到网站链接，设置独特的链接颜色是一种引导浏览者点击链接的好办法。

3. 网页文字

如果网站中使用了背景颜色，就必须要考虑到背景颜色的用色与前景文字的搭配问题。一般网站侧重的是文字，所以背景可以选择纯度或者明度较低的色彩，文字用较为突出的亮色，让人一目了然。

4. 网页标志

网页标志是宣传网站最重要的部分之一，所以这部分一定要在页面上突出、醒目。可以将 Logo 和 Banner 做得鲜亮一些，也就是说，在色彩方面要与网页的主题色分离开来。有时为了更突出，也可以使用与主题色相反的颜色。

3.2.5 网页色彩搭配的技巧

色彩的搭配是一门艺术，灵活运用它能让网页更具亲和力。要想制作出漂亮的网页，需要灵活地运用色彩加上自己的创意和技巧。下面是网页色彩搭配的一些常用技巧。

1. 使用单色

尽管网站设计要避免采用单一色彩，以免产生单调的感觉，但通过调整色彩的饱和度和透明度，也可以产生变化，使网站避免单调，做到色彩统一有层次感。

2. 使用邻近色

所谓邻近色，就是在色带上相邻近的颜色，如绿色和蓝色、红色和黄色就互为邻近色。采用邻近色设计网页可以使网页避免色彩杂乱，易于达到页面的色彩丰富、和谐统一。

3. 使用对比色

对比色可以突出重点，产生强烈的视觉效果。通过合理使用对比色，能够使网站特色鲜明、重点突出。在设计时，一般以一种颜色为主色调，对比色作为点缀，这样可以起到画龙点睛的作用。

4. 黑色的使用

黑色是一种特殊的颜色，如果使用恰当、设计合理，往往能产生很强的艺术效果。黑色一般用来作为背景色，与其他纯度的色彩搭配使用。

5. 背景色的使用

背景的颜色不要太深，否则会显得过于厚重，这样会影响整个页面的显示效果。一般可采用素淡清雅的色彩，要避免采用花纹复杂的图片和纯度很高的色彩作为背景色。同时，背景色要与文字的色彩对比强烈一些。但也有例外，如黑色的背景衬托亮丽的文本和图像，会给人一种另类的感觉。

6. 色彩的数量

一般初学者在设计网页时往往会使用多种颜色，使网页变得很"花"，缺乏统一和协调，缺乏内在的美感，给人一种繁杂的感觉。事实上，网站用色并不是越多越好，一般应控制在 4 种色彩以内，然后可以通过调整色彩的各种属性来产生颜色的变化，保持整个网页的色调统一。

7. 要和网站内容匹配

应当了解网站所要传达的信息和品牌，进而选择可以加强这些信息的颜色。如在设计一个强调稳健的金融机构时，就要选择冷色系、柔和的颜色，像蓝、灰或绿，如果使用暖色系或活泼的颜色，可能会破坏该网站的品牌。

8. 围绕网页主题

色彩要能烘托出主题。根据主题确定网站颜色，同时还要考虑网站的访问对象，文化的差

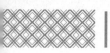

异也会使色彩产生非预期的反应。还有，不同地区与不同年龄层对颜色的反应亦会有所不同。年轻族一般比较喜欢饱和色，但这样的颜色却引不起高年龄层人群的兴趣。

此外，白色是网站用得最普遍的一种颜色。很多网站甚至会留出大块的白色空间作为网站的一个组成部分，这就是留白艺术。很多设计性网站较多地运用留白艺术，给人一个遐想的空间，让人感觉心情舒适、畅快。恰当的留白对于协调页面的均衡会起到相当大的作用。

总之，色彩的使用并没有一定的法则，如果一定要用某个法则去套，效果只会适得其反。色彩的运用还与每个人的审美观、喜好、知识层次等密切相关。一般应先确定一种能体现主题的主体色，然后根据具体的需要应用颜色的近似和对比来完成整个页面的配色方案。整个页面在视觉上应该是一个整体，以达到和谐、悦目的视觉效果。

◇ 理解网页颜色的使用风格

不同的网站有着自己不同的风格，也有着自己不同的颜色。网站使用颜色大概分为以下几种类型。

1. 公司色

在现代企业中，公司的CI形象显得尤其重要。每一个公司的CI设计必然要有标准的颜色，比如新浪网的主色调是一种介于浅黄和深黄之间的颜色。同时，形象宣传、海报、广告使用的颜色都要和网站的颜色一致。

2. 风格色

许多网站使用的颜色秉承了公司的风格，如联通使用的颜色是一种中国结式的红色，既充满朝气，又不失自己的创新精神。女性网站使用粉红色的较多，大公司使用蓝色的较多……这些都是在突出自己的风格。

3. 习惯色

这些网站的使用颜色很大一部分是凭自己的个人爱好，以个人网站较多使用。如自己喜欢红色、紫色、黑色等，在做网站的时候，就倾向于这种颜色。每一个人都有自己喜欢的颜色，因此这种类型称为习惯色。

◇ 网站广告的设计准则是什么？

网站广告设计重在传达一定的形象和信息，真正注意的不是网站的广告图像，而是其背后的信息。网站广告设计跟传统设计有着很多的相通性，但由于网络本身的限制以及浏览习惯的不同，还带有许多不同的特点，如网站广告一般要求简单、醒目，占少量的方寸之地，除了要表达出一定的形象与信息外，还得兼顾美观与协调。

下面介绍网站广告设计的一些准则。

1. 视觉的要求

醒目和美观，文本色与背景色相比有较大的对比，便于观看。

2. 文字的使用

文字清晰、字体合适，字号不要太小也不要过大。字体是设计中非常重要的一环。对于一种字体，不仅要了解其历史，还要弄清楚其应用场合：哪一种字体具有古典风范，哪一种字体比较新颖，哪一种字体更便于阅读，这些都是专业级的设计师应该考虑的。

在网站广告设计中，字体的选择起着相当重要的作用，但选择的标准却没有固定的格式。对于一个广告，到底哪种字体才是最好的要通过不断的尝试，直到找到自己满意的字体。

一般来说，无论是字体还是图像都得保持风格的一致性，因此，在字体大小的选择上也要遵循这个原则。字体放置在哪里没有固定格式，要注意整体协调、均匀。

3. 内容设计准则

在广告里，最好告知浏览者他们点击的理由是什么，点击后他们将能看到什么。可以用一些较有诱惑力的语言引起浏览者的兴趣。

第4章
精通网站技术术语与盈利模式

本章导读

在制作网页时，经常会接触到很多和网络有关的概念，如万维网、浏览器、URL、FTP、IP 地址及域名等。理解与网页相关的概念，对制作网页会有一定的帮助。另外，创建的网站往往需要获取一定的利润才能长期发展，所以网站管理员要知道网站常见的盈利模式。

思维导图

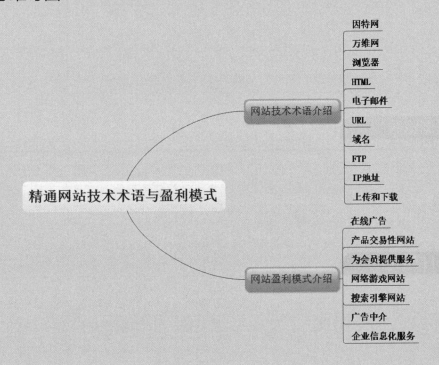

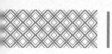

4.1 网站技术术语介绍

下面介绍网站技术术语的相关概念。

4.1.1 因特网

因特网（Internet）又称为互联网，是一个把分布于世界各地的计算机用传输介质互相连接起来的网络。Internet 主要提供的服务有万维网（WWW）、文件传输协议（FTP）、电子邮件（E-mail）及远程登录（Telnet）等。

4.1.2 万维网

万维网（World Wide Web）缩写 WWW 或简称 3W，它是无数个网络站点和网页的集合，也是 Internet 提供的最主要的服务。它是由多媒体链接而形成的集合，通常上网看到的就是万维网的内容。如打开的百度网站（www.baidu.com），即应用的就是万维网。

4.1.3 浏览器

浏览器是指将互联网上的文本文档（或其他类型的文件）翻译成网页，并让用户与这些文件交互的一种软件工具，主要用于查看网页的内容。目前最常用的浏览器有 4 种：美国微软公司的 Internet Explorer，谷歌公司的 google chrome 浏览器，mozilla 公司的 firefox 浏览器，苹果公司的 safari 浏览器。

4.1.4 HTML

HTML（HyperText Marked Language）即超文本标记语言，是一种用来制作超文本文档的简单标记语言，也是制作网页最基本的语言，它可以直接由浏览器执行。

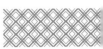
4.1.5 电子邮件

电子邮件（E-mail），是目前 Internet 上使用最多、最受欢迎的一种服务。电子邮件是利用计算机网络的电子通信功能传送信件、单据、资料等电子媒体信息的通信方式，它最大的特点是人们可以在任何地方、时间收发信件，大大地提高了工作的效率，为办公自动化、商业活动提供了很大的便利。

4.1.6 URL

URL（Uniform Resource Locator）即统一资源定位器，也就是网络地址，是在 Internet 上用来描述信息资源，并将 Internet 提供的服务统一编址的系统。简单来说，通常在浏览器中输入的网址就是 URL 的一种。

4.1.7 域名

域名类似于 Internet 上的门牌号，是用于识别和定位互联网上计算机的层次结构式字符标识，与该计算机的因特网协议(IP)地址相对应。但相对于 IP 地址而言，更便于使用者理解和记忆。

URL 和域名是两个不同的概念，如 http://www.sohu.com/ 是 URL，而 www.sohu.com 是域名。

4.1.8 FTP

FTP（File Transfer Protocol）即文件传输协议，是一种快速、高效和可靠的信息传输方式，通过该协议可把文件从一个地方传输到另一个地方，从而真正实现资源共享。制作好的网页要上传到服务器上，就要用到 FTP。

4.1.9 IP 地址

IP（Internet Protocol）即因特网协议，是为计算机网络相互连接通信而设计的协议，是计算机在因特网上进行相互通信时应当遵守的规则。IP 地址是给因特网上的每台计算机和其他设备分配的一个唯一的地址。

4.1.10 上传和下载

上传（Upload）是从本地计算机（一般称客户端）向远程服务器（一般称服务器端）传送数据的行为和过程。下载（Download）是从远程服务器取回数据到本地计算机的过程。

4.2 网站盈利模式介绍

目前，网站的盈利思路主要是卖广告、卖产品和卖服务。表现出的网站盈利模式主要包括以下几种。

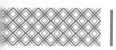

1. 在线广告

在线广告是最主要也是最常见的网络在线盈利模式。国内比较好的是各大门户网站（新浪和搜狐等），也包括行业门户，而且大多数个人网站的盈利模式也是这样，靠挂别人的广告生存，例如下图为新浪首页中的悬浮广告。

如果想在自己的网页添加漂浮广告，可以使用以下方法。具体的操作步骤如下。
在 Dreamweaver 中打开需要添加漂浮广告的页面。

单击【代码】按钮，将下面的代码复制到 </body> 之前的位置。

```
<div id="ad" style="position:absolute"><a href="http://www.baidu.com">
<img src="images/星座.jpg" border="0"></a>
</div>
<script language="javascript">
  var x = 50,y = 60
  var xin = true, yin = true
  var step = 1
  var delay = 10
  var obj=document.getElementById("ad")
  function floatAD() { var L=T=0
    var R= document.body.clientWidth−obj.offsetWidth
    var B= document.body.clientHeight−obj.offsetHeight
    obj.style.left = x + document.body.scrollLeft
    obj.style.top = y + document.body.scrollTop
    x = x + step*(xin?1:−1)
    if (x < L) { xin = true; x = L}
    if (x > R){ xin = false; x = R}
    y = y + step*(yin?1:−1)
    if (y < T) { yin = true; y = T }
    if (y > B) { yin = false; y = B } }
  var itl= setInterval("floatAD()", delay)
  obj.onmouseover=function(){clearInterval(itl)}
  obj.onmouseout=function(){itl=setInterval("floatAD()", delay)}
```

保存网页，然后在浏览器中浏览网页。

另外，新兴的在线短视频，通过影音载入前后的等待时间播放广告主的在线广告（优酷和

土豆等）。例如，下图为优酷网中观看视频时的广告。

2. 产品交易性网站

常见的产品交易性网站包括以下两种类型。

① 通过网站销售别人的产品，如目前最为流行的淘宝网，如下图所示。

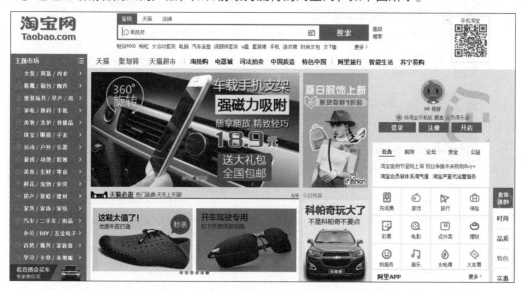

② 通过网站销售自己的产品。例如，华为商城就是这种类型的网站，如下图所示。

3. 为会员提供服务

提供独特的资源，为会员提供服务而获得收益，此类模式代表有阿里巴巴，如下图所示。

4. 网络游戏网站

网络游戏运营网站，通过买卖虚拟装备和道具赚取利润。例如，网易网络游戏和盛大网络游戏就是这种类型的网站，下图为盛大网络游戏。

5. 搜索引擎网站

通过搜索竞价排名、产品招商、分类网址和信息整合、付费推荐和抽成盈利等手段获得收益，例如百度、好搜、搜狗等都是属于这种类型的网站。当然，类似 Hao123 等网络导航网站也是这种盈利模式，如下图所示。

6. 广告中介

广告联盟网站通过为广告主和站长服务，差价销售广告获得利润。例如，114 广告联盟网就是属于广告中介类型的网站，如下图所示。

7. 企业信息化服务

企业信息化服务类型的网站可以通过以下方式获取利润。
① 帮助企业建设维护推广网站。
② 代理销售各大公司的网络产品。
③ 网络基础服务提供。
④ 网络营销策划和搜索引擎优化。

◇ **网站广告如何摆放？**

由于人的眼球会因为阅读而产生疲劳，所以在越靠左上角的位置越能够吸引读者的吸引力。这也是为什么很多网站的 logo 都是放在左上角。可不要说设计者千篇一律，这样子做其实是有好处的，在左上角的 logo 更加能够让人记住这个"品牌"。

同样，相反来说，越是靠右下角的位置就越失去广告的价值。不要说广告不会成为网站的一部分，相反，会很影响来访者的视觉，严重的会引致读者对网站的访问停止。

要记住，写博客或者做网站，吸引来访者的并不是你站内的广告，而是实实在在的内容。这些宝贵的位置要留起来，让这些内容可以吸引来访者，从而让广告有机会被看到继而被点击。

通过在网站适当的位置添加广告信息，可以给网站的拥有者带来不小的收入。随着点击量的上升，创造的财富也越多。本章主要讲述网站广告的分类、自动生成广告的方法、制作网站广告和在网站上添加链接广告。

◇ **常见的网站广告类别有哪些？**

网站广告设计更多的时候是通过繁琐的工作与多次的尝试完成的。在实际工作中，网页设计者会根据需要添加不同类型的网站广告。网站广告的形式大致分为以下几种。

1. 网幅式广告

网幅式广告又称旗帜广告，通常横向出现在网页中，最常见的尺寸是 468 像素 ×60 像素和 468 像素 ×80 像素，目前还有 728 像素 ×90 像素的大尺寸型，是网络广告比较早出现的一种广告形式。以往以 jpg 或者 gif 格式为主，伴随网络的发展，swf 格式的网幅广告也比较常见了。

2. 弹出式广告

弹出式广告是互联网上的一种在线广告形式，意图透过广告来增加网站流量。用户进入网页时，会自动开启一个新的浏览器视窗，以吸引读者直接到相关网址浏览，从而收到宣传之效。这些广告一般都透过网页的 JavaScript 指令来启动，但也有通过其他形式启动的。由于弹出式广告过分泛滥，很多浏览器或者浏览器组件也加入了弹出式窗口杀手的功能，以屏蔽这样的广告。

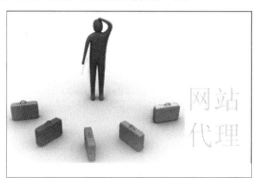

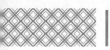
3. 按钮式广告

按钮式广告是一种小面积的广告形式。这种广告形式被开发出来主要有两个原因，一方面可以通过减小面积来降低购买成本，让小预算的广告主能够有能力购买；另一方面是为了更好地利用网页中比较小面积的零散空白位。常见的按钮式广告有 125 像素 × 125 像素、120 像素 ×90 像素、120 像素 × 60 像素、88 像素 ×314 像素 4 种尺寸。在购买的时候，广告主也可以购买连续位置的几个按钮式广告组成双按钮、三按钮广告等，以加强宣传效果。按钮式广告一般容量比较小，常见的有 JPEG、GIF、Flash3 种格式。

4. 文字链接广告

文字链接广告是一种最简单直接的网上广告，只需将超链接加入相关文字便可。

5. 横幅式广告

横幅式广告是通栏式广告的初步发展阶段，初期用户认可程度很高，有不错的效果。但是伴随时间的推移，人们对横幅式广告已经开始变得麻木，于是广告主和媒体开发了通栏式广告，它比横幅式广告更长，面积更大，更具有表现力，更吸引人。一般的通栏式广告尺寸有 590 像素 ×105 像素、590 像素 ×80 像素等，已经成为一种常见的广告形式。

6. 浮动式广告

浮动式广告是网页页面上悬浮或移动的非鼠标响应广告，形式可以为 Gif 或 Flash 等格式。

第**2**篇

网站规划篇

本篇主要介绍网站规划。通过本篇的学习，读者可以了解网站定位分析，网站空间申请、网站域名申请、网站备案等操作。

第 5 章

网站定位分析

本章导读

在进行网站制作之前，还有一项重要的工作要做，那就是规划网站。规划对于达成事情预期效果起到决定性的作用，网站制作也不例外。为什么别人的网站运作很好，而自己的网站却无人问津呢？这就是前期规划没有做好造成的结果。规划网站主要包括项目可行性分析、企业网站定位分析、网站定位的具体操作和确定网站的面向对象等。

思维导图

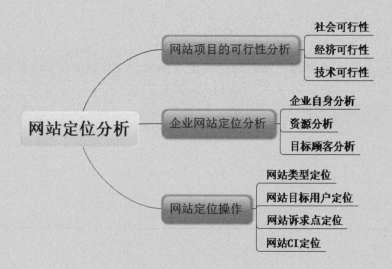

5.1 网站项目的可行性分析

在制作网站之前，首先需要进行可行性分析。是不是可行，或者说是不是能在一个可以预测的时间段内有较好的发展前途，否则没有必要投入人力、物力及财力去搭建。

5.1.1 社会可行性

计算机网络作为一种先进的信息传输媒体，有着信息传送速度快、信息覆盖面广、成本低的特点。因此，很多企业都开始利用网络开展商务活动。我们可以看到，在企业进行网上商务活动时产生的效益是多方面的，例如，可以低投入地进行世界范围的广告活动，可以提高公司的社会形象，可以提高企业的管理效率，增加新的管理手段等。

随着中国经济突飞猛进地发展，人民的生活水平和消费能力，以及一些消费观念已经发生了很大的变化。其中，网上购物这一消费方式和购物观念已经深入人心，也被许多网民乐于接受，特别是受到年轻一代人的喜欢。

据中国互联网中心研究报告称，截至 2015 年 12 月，中国网络购物用户规模达到 4.13 亿，网上支付使用率提升至 41.8%。网络购物用户规模较快增长，显示出我国电子商务市场强劲的发展势头。随着中小企业电子商务的应用趋向常态化，网络零售业务日常化，网络购物市场主体日益强大。

网络购物市场出现了一些电商模式和机遇。其一，团购模式的兴起，显现出区域性电子商务服务发展的势头；其二，购物网站向手机平台转移，移动电子商务紧密布局；其三，B2C 模式主流化发展，网络购物更加注重用户体验和安全保障等；其四，购物网站加快自建物流或合作提供物流的步伐，积极主动夯实线下服务基础。另外，随着价格战一次次打响，通过媒体宣传和促销活动使网络购物加速向社会大众渗透。

5.1.2 经济可行性

电子商务网站的经济效益主要包括直接收益与间接收益。

① 直接收益包括网站增加的产品销售、原材料采购价格降低节省的费用、收取的会员费、广告收入等。

② 间接收益表现为企业形象得到提升、企业信息化水平提高、服务内容的增加与市场的开拓等。

对于一个大型的电子商务网站来说，需要强大的经济基础支持。无论是在建站费用，以及商品投资方面，都需要很大的资金注入。而对于一个小型商务网站来说，其建站费用少、商品数量少、投资成本较低，因此，比较容易实现和管理，正所谓"船小好调头"。

例如，鉴于自己的定位，以及自己所拥有商品进货渠道，建立一个小型的家电商城网站在经济上是可行的。

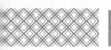

5.1.3 技术可行性

在技术方面，决定自己动手来做一个商务网站，无论是用 ASP 建设网站，还是用 ASP. NET 建设网站，都是可取的。对当下流行的 Java 语言、Ajax 语言也都比较熟悉，因此说自己在这方面的技术是相对成熟的，所建设的网站是具有安全性和可靠性的。而且，以前 C/S 模式的信息管理系统建设、人事系统建设等，为建设 B/S 模式的电子商务网站打下了坚实的编码基础，同时，对电子商务的运作流程已比较熟悉。

综上所述，在技术方面没有任何障碍。

5.2 企业网站定位分析

任何一个网站，必须具有明确的建站目的和目标访问群体，即网站定位。建站目的应该是定义明确的，而不能笼统地说要做一个平台、要搞电子商务等。应该清楚主要用户群是哪些人，由此应该提供什么内容、服务，以及达到什么效果。网站是面对公司或个人客户、供应商、最终消费者还是全部？是为了介绍企业、宣传某种产品还是为了试验电子商务？如果目的不是唯一的，还应该清楚地列出不同目的的轻重关系。

建站目的包括类型的选择、内容功能的筹备、界面设计等各个方面都受到网站定位的直接影响，因此，网站定位是企业建立其营销网站的基础。

企业网站的确定应该是基于严格的市场调查和反复考虑，包含以下几大要素。

1. 企业自身分析

要考虑行业成本结构，看看网络能否降低产品市场营销、货物运输和支付的成本。企业产品是否与计算机有关，产品使用者的计算机操作水平如何，产品是否便于通过网络得到较充分的了解，产品的交易过程是否便于自动化。企业传统的促销活动、广告宣传是否能和互联网促销工具相互受益。产品是否具有全国性甚至全球性，企业的分销渠道建设能否满足网络消费者的需要等。

另外，企业在给网站定位时，要结合产品线的长度和宽度，综合企业的所有产品和服务，结合企业产品品牌的管理进行综合考虑与分析。

2. 资源分析

企业进行网站功能服务的定位，要考虑在当前的资源环境下是否能够实现，不能脱离自身的人力、物力、互联网基础以及整个外部环境等因素。要研究企业的财务状况是否能够支持一个大型网站的建设、运行和维护。

企业的计算机、市场营销、美工、创意策划等各类专业人员配置是否完备。企业所要建立的网站提供的各种信息、服务、资源等是否合法，是否能被我国的法律环境和政治环境接受。还要看网站的内容和服务是否为社会文化环境接受，是否和网络文化以及网站目标顾客所崇尚的价值观兼容。

3. 目标顾客分析

要重视对目标顾客的年龄、性别、学历、职业、个性、行为、收入水平、地理位置分布等各种资料的分析。企业要对网上消费者行为进行研究，这将是提高为顾客服务水平的基础。

5.3 网站定位操作

当前，网络已成为引起社会变革和经济结构、经营模式发生前所未有变化的技术和工具，企业网站不仅是企业宣传产品和服务的窗口，也是展示企业形象的前沿。在做好对市场及企业自身的研究之后，下一步就要进行具体的定位操作。对企业网站的定位，大体可以包括网站类型定位、网站目标用户定位、网站诉求点定位和网站 CI 定位几个方面。

5.3.1 网站类型定位

尽管每个企业网站规模不同，表现形式各有特色，但从经营的实质上来说，大多属于信息发布型。初级形态的企业网站，不需要太复杂的技术，主要是将网站作为一种信息载体，将主要功能定位于企业的信息发布，如众多的中小企业网站。企业的主要应用特点还可以分为网上直销和电子商务两大类。

① 网上直销型：在发布企业信息的基础上，增加网上接受订单和支付的功能，网站就具备了网上销售的条件，一些较大型企业网站常采用这种方式，典型代表如 DELL 电脑等。

② 电子商务型：此类网站要基于较高级的企业信息化平台，不仅具有前两类网站的功能，而且集成了包括供应链管理在内整个企业流程一体化的信息处理系统，运行费用较高，如CISCO、通用电器等。

不同形式的网站，其网站的内容、实现的功能、经营方式、建站方式、投资规模也各不相同。资金雄厚的企业可能直接建立一个具备开展电子商务功能的综合性网站，一般的企业也许只是将网站作为企业信息发布的窗口。

5.3.2 网站目标用户定位

一个企业网站的目标用户一般可包括企业的经销商、终端消费者、企业的一般员工及销售人员、求职者等。

例如，波音公司的网站在其目标用户中包括世界各地的航空、航天、军事爱好者和各国的学者和研究人员等。显然这些访问者购买波音产品的能力有限，因此，企业网站建设应更多考虑企业整体经营战略。

5.3.3 网站诉求点定位

对于企业网站诉求点的确定，一般来说有理性诉求、感性诉求及综合型三种。理性诉求强调说理及逻辑性，以事实为基础，以介绍性文字为主，突出公司的实力及产品的质量和优质的服务。

TCL 集团的网站可以近似地看作以理性为诉求。一打开 TCL 集团网站，可看到企业网站的标语"和世界生活在一起"，右边则通过 Flash 动画展示"企业目标"（创中国名牌、建一流企业），"企业宗旨"（为顾客创造价值、为员工创造机会、为社会创造效益），"企业战略"（天地人家、伙伴天下），"竞争策略"（研制最好的产品、提供最好的服务、创造最好的品牌）。网站还通过新闻报道的方式，介绍李东生总裁及一些国家领导人视察 TCL 的情况。网站的各个栏目都有鲜明的标语，整个网站向人们展示的是企业实力、进取和开拓精神。

而感性诉求则强调直觉，以价值为基础，以企业的形象塑造为主。

伊利 QQ 星网站以"黄色和蓝色"为网站的主色调，宣传健康活泼的形象。为配合该主题，其每期首页均在兴趣中心处换上一帧图片，内容都是些活泼可爱、无忧无虑、直面观众的孩童。这些画面虽小，却是该站的靓点，为全站神韵所聚。

综合型的网站就是上述两者兼而有之。企业网站的诉求点应与企业的营销宣传理念相符合。

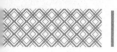
5.3.4 网站 CI 定位

CI 是"Corporate Identity"的缩写，这里借用这个营销概念作为企业网站的形象设计。一个网站如果能够进行成功的 CI 策划设计定位，可增强用户对网站的识别。

（1）标志 (Logo) 设计

设计制作一个网站的标志（Logo），就如同给产品设计商标一样，看见 Logo 就让大家联想起你的网站。例如，新浪用字母 Sina 加上一个大眼睛作为标志；国际商用机器公司则是用的它的蓝色的 IBM 图标作为网站的标志。

（2）网站的标准色及标准字体选择

网站给人的第一印象来自视觉冲击，确定网站的标准色彩是相当重要的。不同的色彩搭配产生不同的效果，并可能影响到访问者的情绪。通常情况下，一个网站的标准色彩不超过 3 种，太多会显得过于花哨。一般标准色彩可选用蓝色，黄 / 橙色，黑 / 灰 / 白色三大系列色，主要用于网站的标志、标题、主菜单和主色块。例如，微软公司网站使用蓝 / 黑 / 白三种色彩。另外，标准字体的选择要和企业网站的整体风格相一致，一般选用常用字体显得比较正式。如果追求酷的效果，可适当使用一些怪异字体（如可口可乐公司就经常使用一些"酷"字体）。

◇ **把握未来几年网购的发展趋势**

未来几年，中国移动网购仍将保持较快增长，2018 年移动网购市场交易规模将超过 5 万亿元人民币。移动端的随时随地、碎片化、高互动等特征，让移动端成为纽带，助推网购市场向"线上 + 线下""社交 + 消费""PC+ 手机 +TV""娱乐 + 消费"等方向发展。

第6章
网站空间申请

📃 本章导读

　　在网站没有发布前，首先需要考虑存放的空间。空间对于网站运营的影响是非常大的。选择一个好的空间，在后期运营中将会省事很多。本章重点学习网站空间的基本知识、空间对网站运营的影响、选择空间的要点和空间申请与绑定的方法。

🔵 思维导图

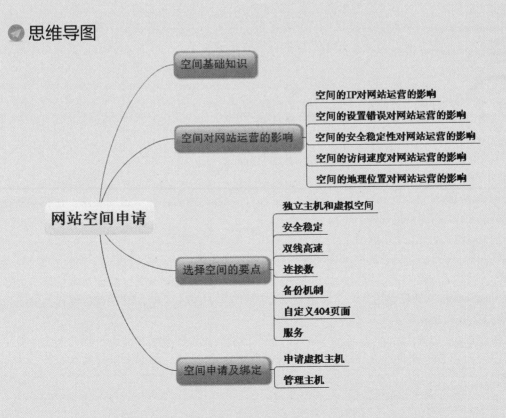

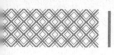

6.1 空间基础知识

什么地方能发布网站呢，那就是空间。整个网站都依附于空间，所以空间的性能也会影响 SEO（搜索引擎优化）。在搜索引擎优化当中，空间对 SEO 的影响表现在速度、稳定和功能支持等方面。

在网站建设中，所谓主机，通俗地说就是网络上的独立服务器；所谓虚拟空间，就是通过软件把主机划分为若干个独立可用的资源，各自挂载不同网站同时对外服务。虚拟空间是主机的一种特殊形式，由于多个虚拟空间共享一台真实主机的资源，每个用户承担的硬件费用、网络维护费用、通信线路的费用均大幅度降低。

在网站建设过程中，选定域名以后，网站程序需要放置在公共网络上。对有经济实力、愿意投入前期成本的网站建设者来说，可以选择自己购买服务器，然后采用服务器托管、光纤接入等方式构建网站主机；对需要进行成本控制的普通站长而言，适合的方法是购买虚拟空间。

中小企业通常使用的互联网接入方法是网通或电信的单线接入，带宽资源有限。为了更好地为互联网用户提供访问，可以将企业对外发布服务器放置到专业的服务器发布环境中。IDC 机房就是提供这种业务需求的环境。IDC 机房称作互联网数据中心，可以提供各种互联网访问的增值服务。需要发布服务器的企业，可以从 IDC 机房租用服务器主机或者一部分虚拟空间来完成自己的发布需求。

企业发布服务器一般有两种选择，一种是租用虚拟主机，另一种是租用虚拟空间。虚拟主机对于企业来说，就像是远端的一个计算机一样，管理员可以像远程登录计算机一样管理虚拟主机，它可以提供更多的互联网服务，稳定性、性能等方面都有很好的保障。虚拟空间对于企业来说就像是存放在远程的一个 FTP 目录一样，管理员只要把自身的 WEB 网站内容上传到虚拟空间的目录即可实现发布，不需要配置 IIS 或者 Apache 等发布环境。

虚拟空间的选择和域名的选择一样，都是服务器发布中的重要环节。虚拟主机的好与坏直接会影响企业网站的访问效果。如果选择的虚拟主机速度不行，客户访问时可能会延迟较高，影响企业形象。

6.2 空间对网站运营的影响

购买空间对网站的影响主要表现在以下几个方面。

（1）空间的 IP 对网站运营的影响

对搜索引擎来说，在同一个 IP 地址上的网站，相互之间会存在一定的联系。这种联系往往是负面的，如连带受到惩罚等。

对网站建设者来说，如果是自己的独立主机，基本可以不考虑同 IP 上网站的影响。因为整个服务器都是自己的，自己的网站即使被惩罚也能快速发现，进而进行修改、删除等操作。

最麻烦的情况是网站建设者购买的空间上，已经存在或者新出现一些被搜索引擎认为恶意作弊，被 SEO 加入黑名单的网站。如果不幸选择到这样的虚拟空间，网站建设者因为对服务器的控制力不够，只能望洋兴叹了。

为避免出现因为同一 IP 而被连带惩罚的情况出现，建议所有网站建设者都在选定虚拟主机之前，用"同 IP 网站查询工具"对整个 IP 地址上的网站进行检查，以避免出现被"误伤"的情况，如下图所示。

（2）空间的设置错误对网站运营的影响

主机设置错误一般出现在维护技术单薄的独立服务器以及一些没有经验的小型虚拟主机供应商身上。对搜索引擎蜘蛛来说，虽然它尽量模拟普通用户的行为对网站进行访问，但是毕竟不是真的网民，所以很多时候网站对用户来说是可以正常访问的，但是因为服务器设置错误，对搜索引擎蜘蛛来说却是不可访问的。

有些没有独立主机维护经验的网站建设者，会根据网络上不知所谓的某些文章，对服务器进行千奇百怪的设置，如重新定义服务器返回代码，将普通网民能正常打开的页面返回信息改成 404 等。这样的设置错误对用户来说无所谓，对搜索引擎优化来说就是灾难。

有时候，主机设置错误很细微、很难发现，所以为避免这种情况的出现，独立主机应该尽量选择有经验的维护者，虚拟主机购买者应该购买品牌信誉比较好的空间。

（3）空间的安全稳定性对网站运营的影响

搜索引擎的蜘蛛在访问网站时，如果主机死机、无法打开网页，蜘蛛并不会马上在搜索引擎的索引库中删除这一页，而会过一段时间再来抓取这个页面。

因为蜘蛛不会在检测到主机空间无法访问后，立即删除收录网页，所以一般情况下不用太担心主机空间的稳定性对 SEO 造成毁灭性的打击。比如，主机空间每月偶尔出现 3~5 分钟的重新启动、死机、无法响应等情况，对搜索引擎优化来说是无伤大雅的。

如果网站建设者购买的主机空间极端不稳定，动辄死机一两天，每天都有几个小时出现无法访问的情况，甚至连续一星期死机，那这样的网站价值肯定也不高。不管是用户还是搜索引擎，都不会认为这是一个值得关注的网站。

同理,如果你的主机安全性不高,网站经常被攻击挂木马,不能正常访问,对用户和搜索引擎都会产生不良影响。

(4)空间的访问速度对网站运营的影响

现在的搜索引擎,已经将很多涉及用户体验的参数融入搜索排名的算法,很多搜索引擎已经将"网站速度"作为关键词排名算法中的一个因素,如下图所示。

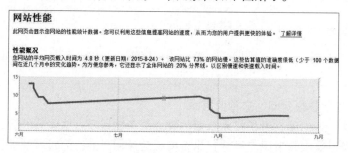

在这样的情况下,主机访问速度就显得比较重要。在同等情况下,搜索引擎认为网站打开速度越快的网站,用户体验越好,给予的排名也就会越高;相反,两个关键词排名因素相当的网站,速度越慢,排名就越低。

(5)空间的地理位置对网站运营的影响

主机是有地理属性的,很多国际性的搜索引擎考虑到用户体验,会根据搜索者的不同地域,返回不同地域的网站信息,这时候主机空间的地理属性就会对 SEO 产生影响。

对中文网站来说,地理位置很重要。比如,在百度中搜索某些关键词,搜索结果往往会返回搜索用户所在地的网站或者信息。在北京上网的用户在百度中搜索"租车",返回的结果中会自然地将"北京租车"的排名提前。

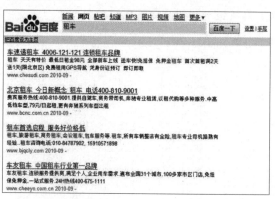

6.3 选择空间的要点

无论是选择独立的主机还是虚拟空间,往往都需要考虑以下几个因素。

6.3.1 独立主机和虚拟空间

对有固定投入的网站运营者来说,最好的方式就是拥有自己的独立主机,也就是独立服

务器。然后将这个服务器托管到某个托管中心，利用托管中心的网络带宽为自己的客户提供网站服务。

拥有自己的独立主机有以下几个优势。

① 对整个服务器有完整的控制权，可以按照自己的意愿进行服务器维护、升级等操作。

② 可以根据自身业务发展的需要，及时调整网络带宽消耗的费用：当带宽不够时多购买一些带宽以供访问者快速访问；当带宽富余时可以少购买一些带宽，以降低成本。

③ 可以通过不断地测试，整理出客户需要的网站功能、客户喜欢的页面布局等，然后调整服务器的服务，最大化地满足客户需求，如根据实际需求，灵活地提供博客、论坛、问答系统等服务。

拥有自己的独立主机虽然有很多好处，缺点也显而易见：需要有一笔固定的支出。从目前国内服务器托管业务来看，在一流、二流托管机房托管一个 1U 的服务器，一年的托管费用是在 3000~8000 元，而且服务器还需要自己购买，又要增加 1 万~2 万元的费用。

| 提示 |

> U 是一种表示服务器外部尺寸的单位，是英文"unit"的缩略。U 规定的尺寸是服务器的宽（48.29cm ＝ 19 英寸）与高（8.445cm 的倍数）。

对于不打算前期投入很多成本的网站建设者而言，可以用很少的成本来解决网站空间问题，那就是采用虚拟主机的方式建立自己的网站。

对个人站长来说，购买虚拟主机同样可以建立自己的网站，优点是所需费用比较少，缺点在于没有服务器的高级管理权限，只有网站的管理权限，同时还需要和其他购买虚拟主机的人共享服务器资源，如带宽、CPU、内存等。

从目前的情况来看，绝大多数中小站长都是采用虚拟主机的方式放置自己的网站，整个比率大约占到 90%。对搜索引擎优化新手来说，建议刚开始接触网站的时候，尽量采用虚拟主机的方式来建立网站，这样不但成本低，也完全可以满足中小网站的使用需求。

国内提供虚拟主机服务器的服务商成千上万，多不胜数，有大型、正规的虚拟主机商，当然也有私人、小型的虚拟主机商。一般正规的虚拟主机商价格略高，但是服务好，网络资源也比较稳定。相反，私人虚拟主机商价格极低，但是服务没有保障。

6.3.2 安全稳定

不管是采用服务器托管的方式建立网站，还是选择购买虚拟主机的方式建立网站，要求的基本原则都是一样的：安全稳定！

对一个网站来说，安全稳定性高于一切，这是网站能提供访问的基本要求。比如，在网络营销当中，潜在客户要了解你的产品、购买你的服务，都需要通过安全稳定的网站访问来实现，如果你的网站三天两头无法打开，可以预见销售成绩肯定上不去。

在选择稳定的主机空间的时候，一般可以采用分时间的方式，对主机空间销售商提供的测试站点进行有间隔的访问，并且观察在一定时间长度内的服务器稳定情况，比如每天在不同时间访问 10 次，坚持一个月并做详细记录。

主机空间的安全性比较难评估，但是有简便而直接的方法进行判断。

① 如果是独立主机的购买或者是托管用户，可以通过销售商网站、业务员咨询等渠道，获取"成功案例""典型客户"的网站，通过联系这些网站的客服、长期使用者，了解托管机房

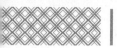

的大体情况。这样了解到的信息往往都是经过长期使用的有价值的信息。

② 如果是购买虚拟主机，可以通过同 IP 网站查询的方法，找到其他存在于这个服务器的网站信息，网站建设者可以联系其他站长同行，了解虚拟主机的稳定情况。

6.3.3 双线高速

在同等价格的前提下，不同的网络服务提供商销售的主机空间速度是不一样的。对网站建设者来说，应该尽量选择更高速的主机。要选择更高速的主机空间，当然需要进行测试。因为国内提供商千奇百怪，所以这个测试很麻烦，同时也非常重要。

简单的测试方法是利用本地的 ping 命令，查看即将购买的主机空间的响应时间、速率和丢包情况。具体方法是：在本地计算机的命令行中，输入"ping 目标IP – t"命令，如下图所示。

在这个命令中，可以看到本地计算机与主机空间的信息交互情况，其中响应时间是很重要的速度判断标准，使用"–t"命令是为持续不断地向服务器发送数据包。如果服务器经常出现"请求超时"的返回信息，那说明至少在这段时间内，服务器的稳定性、速度是不够理想的，如下图所示。

单单通过本地计算机进行测试，得到的结果不够准确，因为国内存在"双网互联"等网络问题。所以，还需要从不同的上网环境进行测试，可以通过请全国各地的网友帮忙、采用上文提到的"ping 检测"等方式进行详细评估。

6.3.4 连接数

"连接数"这个名词来源于"并发连接数"。最开始，"并发连接数"是指防火墙或代理服务器对其业务信息流的处理能力，是防火墙能够同时处理的点对点连接的最大数目，它反映出防火墙设备对多个连接的访问控制能力和连接状态跟踪能力，这个参数的大小直接影响到防火墙所能支持的最大信息点数。

随着虚拟主机的盛行，很多虚拟主机商在虚拟主机销售中都加入类似"并发连接数"的限制，有的叫"IIS 连接数限制"，有的直接就叫"网站访问人数限制"。一般情况下，虚拟主机中的连接数限制就是指允许同时访问网站 WEB 服务的用户数量。

在目前的虚拟主机销售中，很多销售商故意混淆概念，号称"不限流量、不限空间"，听起来貌似很适合建立网站，但是实际上却在悄悄限制网站的连接数，最后的结果就是导致网站访问人数一多，网站便不能打开。

要获得虚拟主机的连接数限制，在没有服务器完全控制权限的情况下不太容易，只能通过销售商提供的各种"虚拟主机管理软件"进行查看。

不过很多时候，这个查看到的连接数限制可能被弄虚作假，所以网站建设者选择一个诚信的虚拟主机商尤为重要。

6.3.5 备份机制

在网络中，没有什么是一成不变、绝对保险的，所以不管是网站建设者、网络营销者，还是其他各种站长，只要在运维网站，就必须要有一个完善的备份机制，以便在出现突发情况的时候能处变不惊，保证网站的正常运行。

备份机制可以是站长自己设计的方案，利用本地计算机做网站备份，也可以是主机空间销售商提供的动态备份功能。目前已经有很多虚拟主机商提供动态备份机制，比如每天将网站页面、数据库中的数据进行多硬盘、多存储介质的增量备份。一旦网站、服务器出问题，都可以及时恢复，如下图所示。

6.3.6 自定义 404 页面

404 页面就是当用户输入错误的链接时返回的页面。404 页面的目的，是告诉浏览者所请求的页面不存在或链接错误，同时引导用户使用网站其他页面继续访问，而不是关闭窗口离开。

在搜索引擎愈加重视用户体验的今天，很多搜索引擎都提供 404 页面定制功能，目的就是帮助网站所有者更好地留住用户，提升网站粘性，如下图所示。

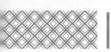

对独立主机来说，因为有服务器的完全控制权限，所以 404 页面可以自己定义，不存在问题。可是对于很多虚拟主机的购买者来说，404 页面就不一定能自己定义。所以，如果网站建设者要购买虚拟主机，一定要提前咨询是否可以自己定义 404 页面，这对搜索引擎优化、用户行为优化都是有帮助的，如下图所示。

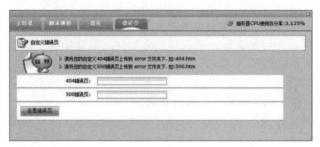

6.3.7 服务

不管是独立的托管主机，还是购买的虚拟主机空间，网站所有者都不能随时随地的与计算机进行物理接触，所以在突发情况下，机房、虚拟主机销售商的服务响应时间就很重要。

对托管的独立主机而言，如果服务器出现莫名其妙的死机、网络中断等情况，服务器管理者并不能通过网络进行服务器的重新启动、故障排查。这时候就需要打电话给机房服务人员，让他们帮忙进行重新启动服务器等操作——如果站长中午 12 点发现网站打不开，服务器远程控制上不去，通知机房重新启动服务器，通常情况下，正规的托管机房服务时间都是 24 小时不间断，并且响应时间在 5~10 分钟以内，如果超过这个响应时间，建议换一个托管机房。

6.4 空间申请及绑定

目前，能够申请网站主机的网站比较多，下面以在万网申请虚拟主机为例，介绍申请虚拟主机的具体操作步骤。

1. 申请虚拟主机

第1步 打开 IE 浏览器，在地址栏中输入"www.net.cn"，打开万网的官方网站，单击【云主机】选项卡，进入云主机页面。

第2步 在【云主机】页面中右上角的免费试用图片，进入如下图所示页面。

第3步 单击【试用虚拟主机】按钮，进入虚拟主机选择页面。

第4步 在虚拟主机选择页面中单击【M3 型虚拟主机】模块下的【试用】按钮，进入 M3 虚拟主机详细信息页面。

产品详情	为什么选择	常见问题	风险提示

WINDOWS操作系统　　LINUX操作系统

基本配置

操作系统：WIN08	网页空间：500M	机房线路：多线
web服务：IIS7.5	日志空间：150M	独立IP：支持
语言支持：Html、WAP、PERL 5、ASP、.Net1.0\2.0\3.5\4.0、独立CGI-bin	带宽：4M带宽上限	资源使用：共享
数据库：50M SQL 2008、ACCESS	月流量：30G	并发连接：150个
域名绑定数量：15个(中英文)	默认兼容IE8	

第5步 单击【试用】按钮，进入【填写信息】页面，选择虚拟主机的空间大小以及操作系统。

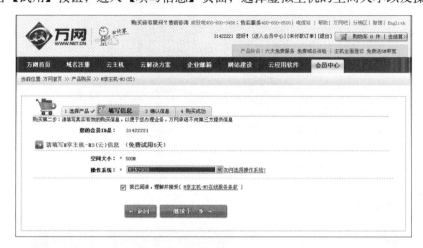

第6步 单击【继续下一步】按钮，进入【确认信息】页面，可以看到选择的虚拟主机信息。

第7步 单击【确认订单，继续下一步】按钮，进入【选择支付方式】页面，在其中可以看到需要支付的订单。

第8步 单击【确认试用】按钮，即可将订单提交，并显示"订单提交成功"信息。

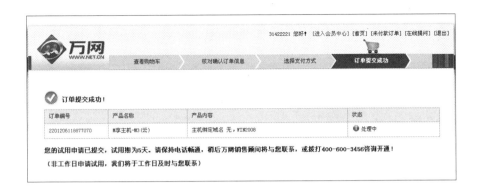

2. 管理主机

第1步 单击【进入会员中心】超级链接，进入会员中心页面。

第2步 单击【主机管理】按钮，进入【主机管理】页面，可以看到申请的主机信息。

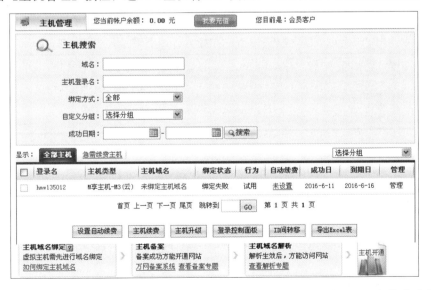

第3步 单击【未绑定主机域名】超级链接，进入【更换主机域名】页面，可以绑定主机域名。

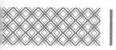

第4步 单击【提交】按钮，进入如下图所示页面，可以看到绑定主机域名后的信息。

第5步 单击【提交】按钮，即可提交更改虚拟主机名后的信息，可以看到订单详情。

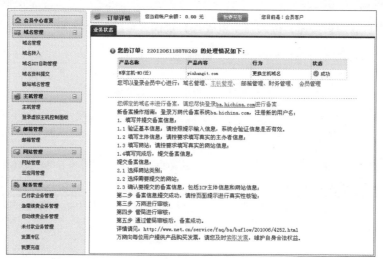

第6步 单击【主机管理】超级链接，进入【主机管理】页面，可以看到全部的主机信息。

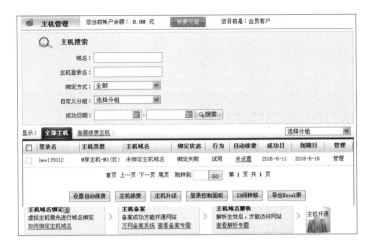

第7步 单击【登录名】下面的超级链接，进入【主机信息】详细信息页面。

第8步 选择【更改主机密码】选项卡，进入更改虚拟主机密码页面，可以更改虚拟主机的密码。

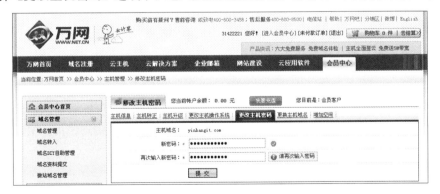

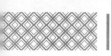

◇ 理解空间支持 URL 重写的好处

目前，大部分站点使用的是 CMS 系统，动态生成 URL 链接。虽说随着搜索引擎技术的进步，搜索引擎在抓取动态链接时已经有了很好的改进，但将动态 URL 重写为静态页还是 SEO 必不可少的工作，毕竟静态页面对 SEO 更加友好，只有这样才能保证网站被充分收录。如果主机不支持 URL 重写，这就是输在起步上了。

◇ 如何选择虚拟空间和虚拟主机？

选择虚拟空间和虚拟主机的原则如下。

1. 选择虚拟空间

选择虚拟空间主要需要考虑以下要点。

① 空间大小要能够满足当前网站文件大小的需求，不宜过大，因为空间的增加会直接影响资金的投入，100M 的空间一年要 200~400 元 / 年，而 1G 的空间至少要 1000 元 / 年。但是空间也不宜过于严格，要留有一定的可扩充空间。

② 编译网站的语言有很多，不同网站使用的数据库也会有差异，对此空间也进行了分类。比如用 PHP+MYSQL 编写的网站，就必须要租用支持 PHP 和 MYSQL 的空间，否则空间将发布失败。

③ 空间一般都会提供几个重要参数，如访问连接数、每月流量、是否双线出口等。连接数限制了可同时访问网站的客户端数量，每月流量限制了一个月内可供访问的流量总数，而网站访问线路的出口会影响不同用户的访问速度，例如网通用户访问网通服务器下的网站速度要优于电信用户的访问效果。相反电信服务器下的网站对电信用户也是一样。线路可分为电信、网通以及多线和双线等。双线出口优于单线出口，但价格也要高些，以上配置内容影响了网站的访问效果，要结合自身需求进行选择。

2. 选择虚拟主机

选择虚拟主机和选择虚拟空间的很多注意内容是相似的。不过虚拟主机可以配置自己的发布环境，对于语言和发布程序没有太大的限制。管理员可以自己连接，配置各种语言和数据库的发布环境，也可以选择使用 IIS 发布还是 Apache 发布服务器。

在选择虚拟主机的时候，如果企业服务器对安全和稳定性的要求比较高，可以考虑使用独立的虚拟主机。独立的虚拟主机相当于单独租用了一台硬件服务器，而普通的虚拟主机往往是使用虚拟技术将一台服务器设备虚拟成多个系统，分别租用给多个用户使用。相对来说，独立虚拟主机的安全性和稳定性较高。

| 提示 |

目前有很多网站提供 1GB 免费空间的申请，这些空间提供的虽然是 1GB 的，但是这些空间所提供的访问连接数和每月流量都比较低，并且没有很好的售后维护。一般个人网站可以使用，但是企业网站不建议使用。

第7章
网站域名申请

本章导读

在网站前期建设规划中，选择域名往往被网站建设者所忽略。多数网站建设者认为只要网站架构好、设计好、用户体验好、网站内容好就能取得好的投入回报。这样的观点是相当错误的，域名就好比产品的品牌，对于网站这个产品来说也是至关重要的。

思维导图

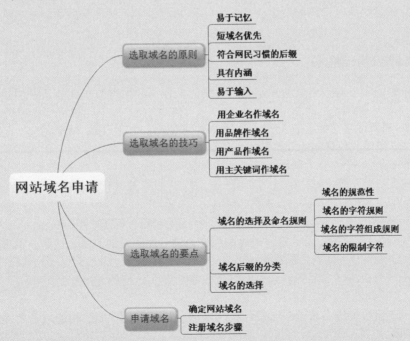

7.1 选取域名的原则

域名在网站建设中具有很重要的作用，它是联系企业与网络客户的纽带。就好比一个品牌、商标一样具有重要的识别作用，是站点与网民沟通的直接渠道。所以一个优秀的域名应该能让访问者轻松地记忆，并且快速地输入。一个优秀的域名能让搜索引擎更容易地给予权重评级，并连带着提升相关内容关键词的排名。所以说，选一个好域名能让你的企业在建站之初抢占先机。

那么怎么才能选到一个好的域名呢，一般使用以下几个原则衡量。

1. 易于记忆

好域名的基本原则应该是易于记忆。

这一点理解起来很简单：因为只有让访问者记住你，才能产生不断回头访问、才能产生可能的销售行为。

从域名的两部分结构上我们可以得知，易于记忆也必定分为两个部分，一个是域名的主题词够短，另一个是域名的后缀符合网民使用习惯，这就派生了易于记忆域名的两个特性。

2. 短域名优先

在短域名方面，典型的案例就是 www.g.cn，这是 Google 在中国的域名。这个域名选择 Google 的第一个字符"G"，让用户很容易就把 Google 和它联系起来，是个非常优秀的域名。

但是，从网民使用网络的实际情况来看，并不是短的域名就能让用户快速记忆，因为短的域名先天就比较缺乏语义表达功能，所以如果不是像 Google 这样突出的品牌，短的域名或许并不一定适合所有人。另外，在域名注册增速暴涨的今天，并不是所有人都有机会注册到简短的域名。

虽然简短的域名是大家追捧的对象，但是，当网站建设者无法注册到简短域名的时候，就需要有一个"备用方案"，也就是转而追求优秀域名的其他特征。

3. 符合网民习惯的后缀

具体来说，好的域名应该尽量使用常见的后缀，如以下的后缀就是比较适合网站优化的域名后缀。

- .com——通用域名后缀，任何个人、团体均可使用。.com 原本用于企业、公司，现在已经被各行业广泛使用。从最初的互联网雏形开始，.com 的域名就是首选，因为几乎所有的初级网民，都习惯 .com，而很少注意其他后缀的域名。
- .net——最初用于网络机构的域名后缀，比如 ISP 就可能使用这样的后缀。相对于 .com 而言，.net 域名后缀对低级用户的"亲和力"稍差。
- .com.cn——中国企业的域名后缀，适合记忆，效果略差于前两者。
- .cn——中国特有域名，比较适合国人使用，也拥有比较好的方便记忆率。但总体来说效果差于前两者，与 .com.cn 域名后缀类似。
- .edu——教育机构域名后缀。如果网站建设者能使用这样的域名是最好不过，但是在实际情况下，很少有针对教育机构域名所做的优化项目。
- .gov——政府机构域名后缀。与教育机构域名一样，采用政府机构的域名后缀，难点也是普通人无法申请。

既然有适合记忆的后缀，自然有不适合网民记忆的后缀。做网站时，不建议用户为了节省域名费用而选择这些域名后缀。

- .org——用于各类组织机构的域名后缀，包括非营利团体。这个域名在不被人喜爱的域名后缀中排名靠前，在被人喜爱的域名后缀中排名靠后，意思就是中等偏下。
- .cc——最新的全球性国际顶级域名，具有和 .COM、.NET 及 .ORG 完全一样的性质、功能和注册原则（适合个人和单位申请）。CC 的英文原义是"Commercial Company"（商业公司）的缩写，含义明确、简单易记。但是此域名的习惯性记忆率还非常低，有待提高。
- .biz——.biz 与 .com 分属于不同的管理机构，是同等级的域名后缀。在现在的网络中，这样的域名后缀对普通访问者来说还不是很常用。

除上述一些域名后缀以外，其他还有一些域名后缀，但是往往都比较少见，不建议用户使用。

4. 具有内涵

一个优秀的域名应该不但具有容易记忆的特点，还应该具备一定的内涵。也就是说，当别人看到网站的域名的时候，能快速想到网站的主题、品牌、业务、产品等。像如风达快递官方网站的域名为 www.rufengda.com，表示快速到达的意思，而如风达快递则借此传递公司及时送达的品牌含义。

用有一定意义和内涵的词或词组作域名，不但可记忆性好，而且有助于实现企业的营销目标。

常规有内涵的域名有企业的名称、产品名称、商标名、品牌名、主题等，这些都是不错的选择，这样能够使企业的网络营销目标和非网络营销目标达成一致，也更容易做搜索引擎优化。比如开心网的域名 www.kaixin001.com，世纪佳缘的域名 www.jiayuan.com。

5. 易于输入

易于输入是提高用户体验的一个重要流程。虽然现在大家都习惯使用搜索引擎来查询想要得到的信息，但是在搜索引擎优化和网络品牌的创造中，好的域名也同时需要考虑自身的输入方便性，以便老客户或者"忠实粉丝"通过域名光顾网站。

一个方便输入的域名应该尽量使用通俗易懂的语义结构和词组结构，例如，现在很多域名采用的是数字和拼音的组合：

www.1ting.com

www.55tuan.com

这样的域名是比较符合输入习惯的，也让人能第一时间理解网站主题：第一个域名可能是做音乐的，第二个域名可能是做团购的。

与上面的例子相对应，有些域名是不适合输入的，例如：

www.ai-tingba.com

www.rong_shuxia.com

这两个域名从方便记忆的角度上说都没有问题，而且属于比较优秀的域名。但是第一个域名需要输入一个连接符"–"，这就不太受用户喜欢；而第二个域名需要输入一个下画线"_"，更是容易被人忽视——如果正好竞争对手选择类似的域名，而没有中间的连接符和下画线的话，原本你的客户都极可能因为输入错误域名而跑到别人的网站上。

7.2 选取域名的技巧

在搜索引擎优化中，域名选取是个仁者见仁智者见智的问题，不同的优化策略有不同的选择思路，很难说什么样的策略是优秀的，什么样的策略是失败的，但是一些成功的典型案例总结仍对我们具有借鉴指导意义。

常言说"师傅领进门，修行在个人"，域名选择需要根据具体情况进行分析。下面的各种域名选择技巧虽然有一定的借鉴意义，但不能生搬硬套，要学会活学活用，做到"青出于蓝而胜于蓝"，举一反三。

1. 用企业名作域名

当某些企业已经具备优秀的号召力和足够多元化的产品、服务时，不管是从搜索引擎优化还是从品牌营销的角度来说，这无疑都是最佳的选择。如果企业足够成熟，并且产品多元化，最好的域名选择方式是使用企业名作为域名。

当然，当企业选择将企业名作为域名的时候，也应当综合考虑域名选择的原则，比如便于记忆、适合企业产品主销地区的语言习惯、域名长短等。

例如，北京动物园的域名为：www.beijingzoo.com，这就是一个拼音＋英文单词结合的方式，根据国人的语言习惯，很容易就能理解域名的含义。

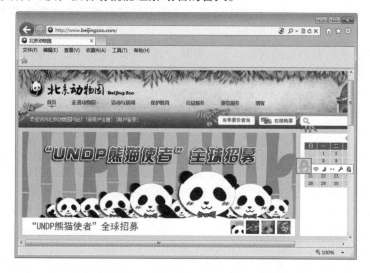

国内有些企业的名称比较长，如果用汉语拼音或者用相应的英文名作为域名，就会显得过于烦琐，不便于记忆。因此，用企业名称的缩写作为域名也不失为一种好方法。缩写包括两种方法：

① 汉语拼音缩写。

② 英文缩写。

再如，国内知名酒业集团泸州老窖的域名为：www.lzlj.com.cn。这个域名就是企业名"泸州老窖"的汉语拼音首字母缩写，当然也极易让人理解其含义。

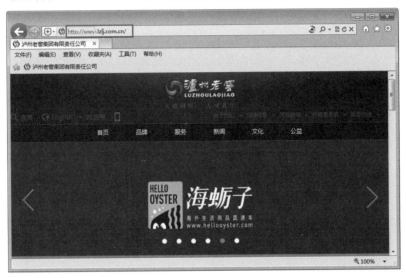

同样，将企业名作为域名主体，但是采用英文缩写的知名企业、团体也很多。比如，中国电子商务网的域名为：www.chinaeb.com.cn。这个域名是纯粹的英文缩写域名，取"中国"的英文"china"，结合"电子商务"的英文"e-business"缩写"eb"而成，也很容易让人理解并记忆。计算机世界的域名为：www.ccw.com.cn。这个域名选择三个英文词的缩写，分别是"中国 China""计算机 Computer"和"世界 World"，取三个词的首字母缩写就是"CCW"。

当然，在域名选择上，网站建设者的看法可能是不一样的，但是共同点都一样：一个好的域名更利于优化、更利于后期品牌的建立、更利于产品的营销和网站的推广。

2. 用品牌作域名

用品牌作域名不太适合新的、小型企业网站，因为品牌力量虽然很强大，但是品牌的营造却需要很长时间。作为搜索引擎优化来讲，一般使用优化的中小企业都是非知名品牌，所以如果用品牌作域名，有好处也有坏处。

用品牌作域名的优势如下。

① 让用户加深对品牌的认识。

② 让用户更容易牢记品牌。

③ 对品牌自身的营造有帮助。

用品牌作域名的劣势如下。

① 品牌不一定被所有人知晓，所以容易被人忽略。

② 当品牌营造没有完成，用户会觉得没有信任感。

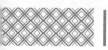

③ 如果是要优化产品关键词，用品牌作为关键词不能很好地支持优化措施实施。

④ 采用品牌作为域名需要具体问题具体分析：如果是一个需要推广品牌的企业，那采用品牌作域名无可厚非；如果是一个需要推广产品的网站，用品牌作域名未必是好事。

以国内大型电子商务网站淘宝网为例，域名是：www.taobao.com。这是一个以品牌作域名的典型例子。淘宝在当今早已深入人心，其品牌知名度绝对不亚于任何一个成功的门户网站，甚至有过之而无不及。使用 www.taobao.com 作为域名，不但能让用户很容易就产生品牌联想，而且还能突出自己的品牌理念，是一个成功域名的典范，如下图所示。

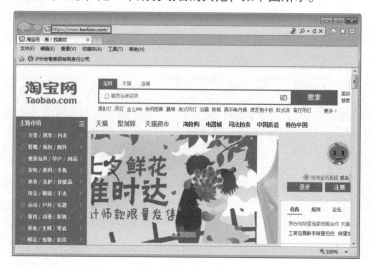

3. 用产品作域名

相对用企业和品牌作域名来说，使用产品作域名具有更多的适用性，也更广泛。

比如，在游戏界顶顶有名的暴雪公司，旗下的魔兽世界在国内可谓风行一时，无疑是网络游戏的典范。"魔兽世界中国"的域名选择就用产品作为域名组成的方式：www.warcraftchina.com。

在这个域名中，"warcraft"是产品名，"china"是地区说明，这样的域名同样可以让访问者第一时间清楚地知道自己访问的网站是做什么的，也更方便用户记忆。如下图所示。

4. 用主关键词作域名

对搜索引擎优化来说，最常见的也是最有效的域名选取方式就是采用主关键字作为域名，或者是将关键字作为域名组成元素。

这一点很容易理解，搜索引擎优化的主要技术目的就是为提高关键词的排名，而直接将关键词融入域名中就能更好地突出关键字，并且能很清楚地告诉访问者和搜索引擎。

① 我是做 XX 业务的。

② 我是做 XX 产品的。

③ 我是做 XX 行业的。

④ 我是提供 XX 服务的。

⑤ 我的内容是关于 XX 的。

例如，国内有很多网络安全、黑客技术相关的站点，其中"黑客防线"作为最老的网络安全媒体发行者，就是直接将主关键词作为域名：www.Hacker.com.cn。如下图所示。

先不管这个站点最后搜索引擎优化的结果如何（实际上此站在百度中的排名不错），单就域名而言，这样的域名选择无疑是很优秀的，能直接将自己的主题告诉给别人，是目前搜索引擎优化中主流的域名选择方法。

7.3 选取域名的要点

掌握了选取域名的原则和技巧后，就可以根据选取域名的要点去选择适合自己的域名了。

7.3.1 域名的选择及命名规则

域名实际上就是接入互联网的单位在互联网上的名称。域名最好与单位的性质、单位的名称、

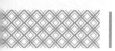
单位的商标以及单位平时所做的宣传相一致，这样的域名容易记忆，容易查找，也能很好地反映单位的形象。

1. 域名的规范性

比如，联想集团的域名"www.lenovo.com.cn"，就是一个选得很好的域名。lenovo 是联想集团的英文注册商标，所以联想在 com.cn 下注册了自己的三级域名。即使有人不知道这个域名，但也能结合平时做的宣传猜出这个域名，然后找到联想的站点。

如果一个单位的域名选得不规范，就好比进入互联网的第一步就走错了，以后再修改也会带来不必要的损失。不规范的域名不便于人们记忆、查找，也不能很好地反映单位的形象。

曾经有个企业使用域名为 boc.cn.net，这就是一个不规范的域名，按照域名的命名规则和国际惯例来看，net 下的域名一般是指网络服务单位，cn 作为中国的国家顶级域代码应放在最后。

一般来说，中国的单位首先应该选择在 cn 下注册域名，因为 cn 域名和国际通用顶级域名在使用上没有任何区别，而 cn 域名可以使别人很清楚地看到公司是来自中国。由于目前国际通用顶级域名数量很多，且简单易记的域名一般已被人注册了，而国内域名资源相对来说还比较丰富，可以很容易地选择一个适合自己且响亮的域名。

> **提示**
>
> 在 cn.net 下注册了不规范域名的单位应该怎么办？
>
> 目前，一些单位由于不了解域名的命名规则和国际惯例，在 cn.net 下注册了不规范的域名，为了减少损失，这些单位应根据性质尽快在 cn 的相应类别域名或行政区域名下注册自己的三级域名。

2. 域名的字符规则

由于 Internet 上的各级域名分别由不同机构管理，所以，各个机构管理域名的方式和域名命名的规则也有所不同。但域名的命名有一些共同的规则，先说明一下域名的字符规则：

域名中只能包含以下字符。

● 26 个英文字母 。

● "0, 1, 2, 3, 4, 5, 6, 7, 8, 9"十个数字 。

● "-"（英文中的连字符）。

3. 域名的字符组合规则

域名中字符的组合规则如下。

① 在域名中，不区分英文字母的大小写。

② 对于一个域名的长度是有一定限制的。cn 下域名命名的规则如下。

● 遵照域名命名的全部共同规则。

● 只能注册三级域名，三级域名用字母（A-Z，a-z，大小写等价）、数字（0-9）和连字符（-）组成，各级域名之间用实点（.）连接，三级域名长度不得超过 20 个字符。

4. 域名的限制字符

不得使用或限制使用以下名称（下表列出了一些注册此类域名时需要提供的材料）。

● 含有"CHINA""CHINESE""CN""NATIONAL"等必须经国家有关部门（指部级以上单位）正式批准。

● 公众知晓的其他国家或者地区名称、外国地名、国际组织名称不得使用。

● 县级以上（含县级）行政区划名称的全称或者缩写，需要相关县级以上（含县级）人民政府正式批准。

● 行业名称或者商品的通用名称不得使用。

● 他人已在中国注册过的企业名称或者商标名称不得使用。

● 对国家、社会或者公共利益有损害的名称不得使用。

● 经国家有关部门（指部级以上单位）正式批准和相关县级以上（含县级）人民政府正式批准是指，相关机构要出据书面文件表示同意 XXXX 单位注册 XXX 域名。如要申请 beijing. com.cn 域名，则要提供北京市人民政府的批文。

7.3.2 域名后缀的分类

网站域名常见的后缀包含如下几种类别。

① .com：主要用于 company（公司），也是最常见的一种顶级域名。如果用户要注册的域名 .com 空着的话，那么它基本上应该作为首选。如果把一系列域名后缀看作要收集的一套邮票的话，.com 无疑是其中最难收集的一枚，因而它的价值也最高，是当之无愧的域名后缀之王，缺点是现在已经很难注册到好的名字。

② .net：最初是用于网络组织，广泛被提供网络服务和产品的企业采用，如因特网服务商和维修商。现在任何人都可以注册以 .net 结尾的域名。

③ .biz：business 的简写，可以看作是通俗化的 .com，没有 .com 正规，有俚语的味道，同时也是 .com 的天然替代者。

④ .cc：是英文 commercial company（商业公司）的缩写，含义明确、简单易记。目前 .cc 域名资源丰富，商业潜力巨大。它作为全球性顶级域名，更便于人们识别和记忆，现已受到新一代互联网用户的广泛认可和接受。.cc 是新的全球性国际顶级域名，具有和 .com、.net 及 .org

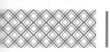
完全一样的性质、功能和注册原则（适合个人和单位申请）。

⑤ .cn：中国国家域名，禁止以个人身份注册。一般有 3 种 3 级域名可以选择".com.cn"".net.cn"和"org.cn"。大多数公司选择 com.cn，而不仅仅使用".cn"。

除以上几种域名外，还有以下几种域名可以供大家选择。

⑥ .info：代表一般的信息服务使用。最大的特点是全球通用、易于使用，并具有很强的识别性，可以替代 .net 的通用顶级域名，非常适合提供信息服务企业。国内使用较少。

⑦ .pro：医师、律师等专业人士专属域名，具有特殊意义的域名，适用面不广，但对于这类职业的人士来说，是一个不错的选择。

⑧ .name：个人域名，不能使用数字。

⑨ .org：多为各种组织包括非盈利组织使用。现在，任何人都可以注册以 .org 结尾的域名。资源较上面两个要丰富的多。

其他国家域名：一些有意义的后缀，比如 .us.in.to.ws 和比较有实力的国家域名比较热门，注册费一般比较高，这类域名有一些可以相当巧妙地转发域名，如 go.to 和 i.am。

7.3.3 域名的选择

选择域名是一项非常重要的工作，好的域名可能会为网站带来更多的访问量，为企业带来更多的利益。

选择域名需要按照以下步骤完成。

第1步 结合自身企业的需求特征拟定几个域名，这些域名要遵循简单、好记、好录入和意义明确的原则。

第2步 去域名注册网站（如万网）查询该域名是否被人注册，被人注册过的域名是不可以使用的。

第3步 如果域名没有被注册，可以通过百度或者 google 等搜索引擎搜索该域名，查看一下是否有该域名的使用记录。如果有，表示该域名曾经被使用过，曾经被使用过的域名被称作老域名，如果感觉这个域名还不错的话就可以直接注册了。

好域名非常重要，如果一直拿不定主意的话，可以多分析一下百度、新浪等热门网站的域名。

7.4 申请域名

国内的域名注册商数不胜数，良莠不齐，常用的域名注册商有如下几家。

（1）万网（http://www.net.cn/）

（2）新网（http://www.xinnet.com）

（3）新网互联（http://www.dns.com.cn）

（4）时代互联（http://www.todaynic.com）

1. 确定网站域名

综上考虑，假定网站的域名为"aleelee"，注册这个域名主要有以下 3 点考虑。网站域名中使用一个字母"A"，这个是 26 个英文字母的第一个字母，便于网站名称排行靠前。

在域名中选择"lee"是这个谐音和注册者的姓相近，同时也有个笑脸的形状。"aleelee"域名的子母组合具有对称、笑脸和易记的特点。

2. 注册域名步骤

下面以个人在新网上注册域名为例，讲述如何注册网站域名。由于 aleelee.com 和 cn 的域名已经注册过了，在此以 aleelee.net 的域名注册为例，讲述域名注册的全过程，通常网站需要注册会员，然后才能进行域名的注册。

第 1 步 打开浏览器，并在地址栏中输入新网网站的地址"http://www.xinnet.com"进入新网网站的首页。

第 2 步 单击【注册】链接，进入注册页面。

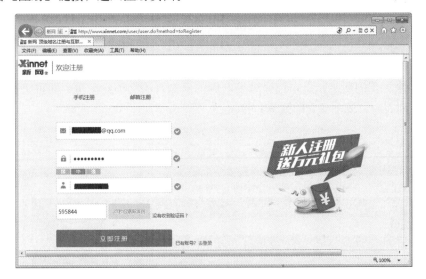

第 3 步 完成注册信息的填写后，单击【立即注册】按钮，系统弹出注册成功的提示。

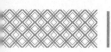

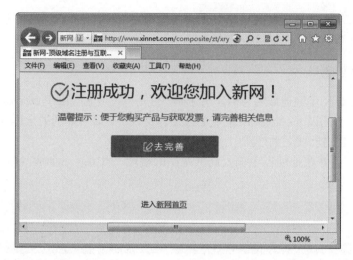

第4步 单击【进入新网首页】链接，进入登录页，输入注册的域名"aleelee"字符后单击【查询】按钮。

第5步 查询结果如下图所示，单击选择域名右侧的【加入购物车】按钮，即可将其加入【购物车中的域名】列表中，单击【立即结算】按钮。

第6步 进入我的购物车页面，即可生成域名注册的订单。这个不代表注册成功了，这只是一个订单，还需要付款。

第7步 单击【接受协议，去结算】链接即可进入付款页面，选择一种付款方式后，单击【立即支付】按钮。

第8步 完成付款后，即可完成域名的申请工作。单击【我的账户】链接，即可查看购买的域名，多数域名一般都是实时生效。

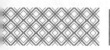

◇ **购买别人注册好的域名时需要注意的问题**

如果你想购买别人已注册的域名，需要考虑以下几个方面。

① 遵循原则：易记、易输入、有内涵。

② 域名注册时间和历史。

③ 域名中内容的质量。

④ 域名中信息的更新。

⑤ 域名下包含的页面数量。

⑥ 高质量的出站链接。

⑦ 死链接与 404 的处理。

⑧ 稳定的服务器。

⑨ 域名下页面符合标准。

⑩ 权重链接的指向。

⑪ 域名所有人的变更。

◇ **理解选择域名的误区**

对于不熟悉域名选择原则或者刚接触不久的人员来说，选择域名也会存在一些常见的问题和误区，以下两个最为突出。

1. 选择含义太宽泛的域名

很多人在优化的时候，习惯性地会选择目标关键词的上一级，甚至上两级关键词作为域名，这样的域名选择方式并不是一无是处，却不够精准。

举例来说，如果你要从头开始优化一个出售鞋子的网站，有经验的优化者选择域名的组成应该是精准而直接的，比如：

www.taoxie.com

上述域名考虑到用户习惯，选择"tao"作为域名组成部分，加上"鞋 xie"构成域名。此类比较直接的域名是完全可以选择的，但是不应该选择直接的 xie 作为域名，比如：

www.xie.com

更不应该选择"鞋帽"这样的大类词作为域名主题，这样的域名至少从访问者心理暗示角度讲是没有用处的。

2. 选择可能产生纠纷的域名

域名注册的时候，一定要注意不要注册其他公司拥有的独特商标名和国际知名企业的商标名。如果选取其他公司独特的商标名作为自己的域名，很可能会惹上一身官司，特别是当注册的域名是一家国际或国内著名企业的驰名商标时。换言之，在挑选域名时，需要留心挑选的域名是不是其他企业的注册商标名。

如果选择其他企业的商标或名称，一般情况下优化的结果都不会很好，因为这样不但无法将寻找别人企业的客户吸引进来，更有可能让人造成"假货""假网站"的印象。

第8章

网站备案

📖 本章导读

　　网站完成后,需要为网站在互联网中申请一个合法的身份,就是进行网站备案。本章将讨论网站备案以及不同类型网站备案的方法和注意事项。通过学习,能对网站备案有个完整系统的了解。

✈ 思维导图

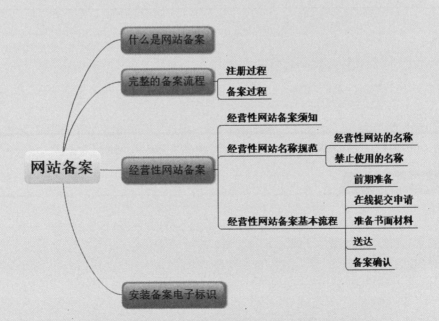

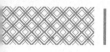
8.1 什么是网站备案

互联网信息服务可分为经营性信息服务和非经营性信息服务两类。

① 经营性信息服务：是指通过互联网向上网用户有偿提供信息或者网页制作等服务活动。凡从事经营性信息服务业务的企事业单位应当向省、自治区、直辖市电信管理机构或者国务院信息产业主管部门申请办理互联网信息服务增值电信业务经营许可证。申请人取得经营许可证后，应当持经营许可证向企业登记机关办理登记手续。

② 非经营性互联网信息服务：是指通过互联网向上网用户无偿提供具有公开性、共享性信息的服务活动。凡从事非经营性互联网信息服务的企事业单位，应当向省、自治区、直辖市电信管理机构或者国务院信息产业主管部门申请办理备案手续。非经营性互联网信息服务提供者不得从事有偿服务。

根据中华人民共和国信息产业部第十二次部委会议审议通过的《非经营性互联网信息服务备案管理办法》规定，在中华人民共和国境内提供非经营性互联网信息服务，应当办理备案。未经备案，不得在中华人民共和国境内从事非经营性互联网信息服务。对没有备案的网站将予以罚款和关闭的处罚。

网站备案的目的是防止不法用户在网上从事非法的网站经营活动，打击互联网不良信息的传播。

> **提示**
>
> 非经营性网站自主备案是不收任何手续费的，所以建议大家可以自行到备案官方网站去备案。从事互联网信息服务的企事业单位，必须要取得互联网信息服务增值电信业务经营许可证或办理备案手续。互联网信息服务，是指通过互联网向上网用户提供信息的服务活动。

8.2 完整的备案流程

自主备案分为两部分：注册过程、备案过程。目前在工业和信息化部网站中无法进行个人用户的备案，需要接入服务商进行备案，因此，需要在服务商网站进行注册。

8.2.1 注册过程

如果域名在阿里购买的就在阿里云备案，在华夏名网购买的就在华夏名网备案。例如，在阿里云备案时，注册的具体操作步骤如下。

第1步 首先打开浏览器，登录工业和信息化部网站(http://www.miibeian.gov.cn)，单击【ICP报备流程】链接。

第2步 即可下载 ICP 报备流程文档，打开文档，即可查看 ICP 报备的流程。

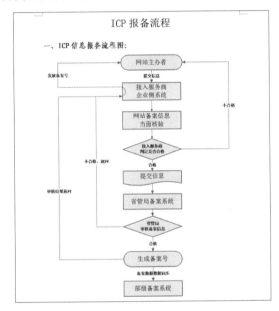

第3步 在浏览器中输入网址 https://beian.aliyun.com，进入阿里云备案主页。单击【免费注册】
按钮。

第4步 进入注册页面，设置名称及密码。单击【同意条款并注册】按钮。

欢迎注册阿里云

已有阿里云、淘宝或1688账号？快捷登录 ➤

| 淘晨月霞 |
| •••••••••• |
| •••••••••• |
| +86 189×××××11 |

验证通过 ✓

同意条款并注册

☑ 《阿里云网站服务条款》《法律声明和隐私权政策》

第5步 弹出【验证手机】窗口，输入短信校验码。单击【提交】按钮。

验证手机　　　　　　　　　　　　　　　　　✕

手机号：189××××××11

*校验码：　301643　　　　　重发(39 s)

提交

第6步 即可完成注册，显示注册相关信息，在下方可以选择所属的行业，之后即可返回阿里云备案主页进行备案操作。

8.2.2 备案过程

备案流程主要包括进入备案系统、填写信息提交初审、上传备案资料、管局审核及备案成功 5 个步骤，具体操作步骤如下。

第1步 进入阿里云备案主页，在下方【备案流程】区域，单击【开始备案】按钮。

第2步 开始进行备案，根据需要填写相应的备案信息，并提交。

> **|提示|**
>
> 登录账号后，需要填写及提交的信息如下。
> 1. 需要填写的备案信息，包括产品验证、主体信息、网站信息、管局规则。
> 2. 上传备案资料，包括证件资料、核验单、域名证书。
> 3. 等待阿里云审核。
> 4. 办理拍照。
> 5. 提交管局。

第3步 所有信息提交完成后，进入登录工业和信息化部网站，单击右下角的【公共查询】按钮。

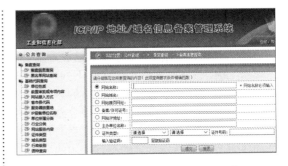

在备案过程中，需要注意以下几点。

（1）审核结果，管局会直接短信和邮件通知用户。

（2）备案成功，请妥善保管备案号和备案密码，以便以后修改备案信息时使用。

（3）备案失败，根据退回原因修改备案信息，修改后再重新提交备案信息。

（4）同一主体下可同时提交多个网站的备案申请。

（5）备案订单通过管局审核之后，系统会在 7 小时左右进行数据同步，可在此期间操作域名解析。

第4步 在打开的【公共查询】页面左侧列表中即可选择要查询的类型，进行备案查询。

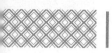
8.3 经营性网站备案

经营性网站备案需要注意以下问题。

8.3.1 经营性网站备案须知

申请经营性网站备案应当具备以下条件。

① 网站的所有者拥有独立域名，或得到独立域名所有者的使用授权。

② 网站的所有者取得各地电信管理机关颁发的《电信与信息服务业务经营许可证》（以下简称《ICP 许可证》）。

网站有共同所有者的，全部所有者均应取得《ICP 许可证》。

③ 网站所有者的《企业法人营业执照》或《个体工商户营业执照》中核定有"互联网信息服务"或"因特网信息服务"经营范围。

网站有共同所有者的，全部所有者的《企业法人营业执照》或《个体工商户营业执照》中均应核定有"互联网信息服务"或"因特网信息服务"经营范围。

8.3.2 经营性网站名称规范

1. 经营性网站的名称

经营性网站的名称要符合下列要求。

① 每个经营性网站只能申请一个网站名称。

② 经营性网站备案名称以通信管理部门批准文件核准为主要依据。

③ 经营性网站名称不得含有下列内容和文字。

• 有损于国家和社会公共利益的。

• 可能对公众造成欺骗或者使公众误解的。

• 有害于社会主义道德风尚或者有其他不良影响的。

• 其他具有特殊意义的不宜使用的名称。

• 法律、法规有禁止性规定的。

2. 禁止使用的名称

使用以下名称的经营性网站备案申请不予受理。

① 网站名称与已备案的经营性网站名称重复的。

② 使用备案失效后未满 1 年的网站名称的。

③ 违反本办法。

备案经营性网站名称含有驰名商标和著名商标的文字部分（含中、英文及汉语拼音或其缩写），应当提交相关证明材料。

8.3.3 经营性网站备案基本流程

经营性网站备案按照以下程序进行。

1. 前期准备

① 申请者向通信管理部门申领《ICP 许可证》。

② 申请者取得《ICP 许可证》后，向工商行政管理机关申请增加"互联网信息服务"或"因特网信息服务"的经营范围。

2. 在线提交申请

① 登录工商行政管理局的网上工作平台，进入"网站备案"系统中的"备案申请"模块。

② 在《经营性网站备案申请书》的栏目中，填写网站的名称、域名、IP 地址、管理负责人、ISP 提供商、服务器所在地地址、联系办法等相关内容。

③ 在线提交《经营性网站备案申请书》。

④ 打印《经营性网站备案申请书》。

3. 准备书面材料

① 加盖网站所有者公章的《经营性网站备案申请书》。

② 加盖网站所有者公章的《企业法人营业执照》或《个体工商户营业执照》的复印件。

如果网站有共同所有者，应提交全部所有者《企业法人营业执照》或《个体工商户营业执照》的复印件。

③ 加盖域名所有者或域名管理机构、域名代理机构公章的《域名注册证》复印件，或其他对所提供域名享有权利的证明材料。

④ 加盖网站所有者公章的《ICP 许可证》复印件及相关批准文件的复印件。

⑤ 对网站所有权有合同约定的，应当提交相应的证明材料。

⑥ 所提交的复印件或下载的材料，均应加盖申请者的公章。

4. 送达

① 将书面材料通过邮寄或当面方式送达至当地工商行政管理局特殊交易监督管理处。

以当面方式送达的，经办人应提交身份证复印件、网站所有者介绍信或法定代表人签署的授权委托书。

② 书面材料应于完成在线申请程序后 30 日内提交。逾期提交视为未申请。

③ 申请者对所提交申请材料的真实、合法、有效性负责。

5. 备案确认

① 确认在线和书面申请材料的内容齐全、符合形式的，受理备案。

② 申请材料存在瑕疵或备案网站名称存在事实或法律冲突的，终止备案申请，并将终止原因告知申请者。

③ 符合备案的申请，自受理申请 5 个工作日内，对该网站备案的主要内容予以公告，公告期为 30 日。

④ 公告期内任何单位和个人如对所公告的经营网站备案申请持有异议，均可向北京市工商行政管理局提出书面异议声明。

与主张权利人所设立的企业、个体工商户名称相同。

与主张权利人已办理备案的网站名称相同或近似，可能造成他人误认。

使用了主张权利人拥有的驰名商标、著名商标的文字部分（含中、英文及汉语拼音或其缩写）。

主张且有证据证明，申请备案的网站所提供的信息不真实。

主张且有证据证明，主张权利人对申请备案的网站拥有所有权。

⑤ 异议处置

对证据充分的有效异议，北京市工商行政管理局将中止相关网站申请备案的程序。

对网站所有权和网站名称所有权提出异议的，异议方应在提出异议之日起 3 个月内，向有管辖权的人民法院提起确定网站名称所有权的民事诉讼。工商行政管理局将依照有关的民事判决结果，恢复网站备案的受理工作。

⑥ 公告期满无异议的，向备案网站发放统一制作的经营性网站备案电子标识。

8.4 安装备案电子标识

安装备案电子标识的具体方法如下。

第1步 将备案证书文件 bazx.cert 放到网站的 cert/ 目录下。该文件必须可以通过 http:// 网站域名 /cert/bazs.cert 访问，其中网站域名是指网站的 Internet 域名。

第2步 将备案号／经营许可证号显示在网站首页底部的中间位置，如果当地电信管理机关另有要求，则以当地电信管理机关要求为准。

第3步 在网站的页面下方已放好的经营许可证号的位置做一个超链接。

◇ 非营业性网站备案的常见问题

1. 非经营性网站备案要履行备案手续需要提供的文件和材料

① 办理备案手续的书面申请；

② 主办单位和网站负责人的基本情况；

③ 网站的网址和服务项目；

④ 从事新闻、出版、教育、医疗保健、药品和医疗器械等互联网信息服务的，应提交有关主管部门前置审批的审核同意文件。

2. 非经营性 ICP 备案需提交的材料

① 主办单位的营业执照复印件或组织机构代码证；

② 网站负责人身份证复印件；

③《互联网信息服务备案登记表》；

④ 涉及从事新闻、出版、教育、医疗保健、药品和医疗器械互联网信息服务，应当提交相关主管部门审核的批准文件；涉及电子公告服务的，要求专项备案。不涉及新闻、出版、教育、医疗保健、药品和医疗器械互联网信息服务和电子公告服务的，提交《保证书》；

⑤ 法人代表签署的《信息安全责任书》。

第**3**篇

页面制作与布局篇

本篇主要介绍页面制作与布局。通过本篇的学习，读者学习搭建网站建设平台、网站风格及框架规划、网站 Logo 与 Banner 的规划与制作、创建网站首页等操作。

第9章
搭建网站建设平台

📖 本章导读

    Dreamweaver 是一款网站建设必备的网页编辑软件，也是业界领先的网页开发工具。通过该工具能够有效地开发和维护基于标准的网站和应用程序。通过本章的学习，对 Dreamweaver 网页设计软件有一个整体的认识，能够运用 Dreamweaver 软件对网页页面进行设置，并能搭建服务器平台。

✈ 思维导图

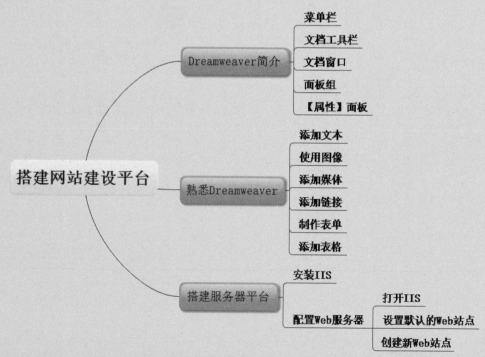

9.1 Dreamweaver 简介

Dreamweaver CC 是 Adobe 公司最新推出的 CC 系列套件中的网页制作软件，具有许多新功能与特性。作为一款所见即所得的可视化网页编辑软件，Dreamweaver 在编辑的时候看到的外观和在 IE 浏览器中看到的基本一致。

使用 Dreamweaver 制作网站的时候，合理地设置网站页面属性是成功建设网站的前提。对页面属性进行设置，不仅可以使网页的内容协调、美观，而且对后期的网站维护也会起到很大的作用。因此，在建站过程中应重视对页面属性的设置。

利用 Dreamweaver CC 中的可视化编辑功能，可以快速地创建 Web 页面。Dreamweaver CC 是一款专业的 HTML 编辑器，用于对 Web 站点、Web 页和 Web 应用程序进行设计、编码和开发。无论是在 Dreamweaver CC 中直接输入 HTML 代码或者在 Dreamweaver CC 中使用可视化编辑都整合了 CSS 功能，强大而稳定，帮助设计和开发人员轻松地创建并管理任何网页站点。Dreamweaver CC 的工作界面包含【菜单栏】【文档工具栏】【文档窗口】【属性】面板和【面板组】，如下图所示。

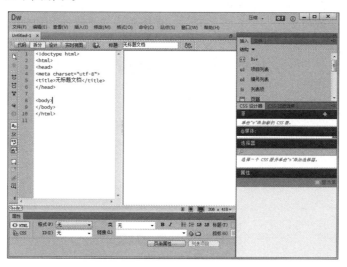

1. 菜单栏

Dreamweaver CC 菜单栏包含【文件】【编辑】【查看】【插入】【修改】【格式】【命令】【站点】【窗口】和【帮助】几个功能，如下图所示。使用这些功能可以便于访问与正在处理的对象或窗口有关的属性，当设计师制作网页时可通过菜单栏选择所需要的功能。

文件(F)	编辑(E)	查看(V)	插入(I)	修改(M)	格式(O)	命令(C)	站点(S)	窗口(W)	帮助(H)

2. 文档工具栏

文档工具栏中包含【代码】【拆分】【设计】【实时视图】【标题】和【文件管理】。单击【代码】按钮将进入代码编辑窗口，单击【拆分】按钮将进入代码和设计窗口，单击【设计】将进入可视化编辑窗口，单击【浏览】可以通过 IE 浏览器对编辑好的程序进行浏览，在【标题】

文本框中输入的文字是用来显示网页的标题信息（代码中 <title> 和 </title> 中间的内容）。文档工具栏如下图所示。

3. 文档窗口

文档窗口显示当前的文档内容。可以选择【设计】【代码】和【拆分】三种形式查看文档。

【设计】视图：是一个可视化页面布局、可视化编辑和快速应用程序开发的设计环境。在该视图中，Dreamweaver CC 显示文档的完全编辑的可视化表现形式，类似于在浏览器查看时看到的内容。

【代码】视图：是一个用于编写和编辑 HTML、JavaScript 和服务器语言代码，如 ASP、PHP 或标记语言，以及其他类型的编码环境。

【拆分】视图：可以在单个窗口中同时看到同一文档的【代码】视图和【设计】视图。

4. 面板组

Dreamweaver CC 的面板组嵌入操作界面之中，在面板中操作时，对文档的改变也会同时显示在窗口之中，使效果更加明了。使用者可以直接看到文档修改后的效果，这样更加有利于编辑。如下图所示。

5. 【属性】面板

【属性】面板可以显示文档中选定对象的属性，同样也可以修改它们的属性值。随着选择元素对象不同，【属性】面板中显示的属性也不同。如下图所示。

9.2 熟悉 Dreamweaver

在各类网页设计软件中，功能多、实用性强的非 Dreamweaver 莫属，它是公认的最佳网

页制作工具。本节将讲述 Dreamweaver 设计网页元素的方法。

9.2.1 添加文本

一般来说，在网页中出现最多的就是文本，所以对文本的样式控制占了很大的比重。下面将介绍如何在 Dreamweaver CC 中插入文本，设置文本属性。具体操作步骤如下。

第1步 首先打开一个文档或新建一个文档。将光标置于文档中，便可以输入文字。

第2步 选中文字，选择【窗口】→【属性】命令，打开【属性】面板，在【大小】文本框中，将文字【大小】设置为【14】像素，设置好文字大小后的效果如右上图所示。

第3步 选中文字。在【属性】面板中设置文字的颜色为红色，得到效果如下图所示。

9.2.2 使用图像

图像在网页中起到的作用主要是美化网页，同时也可以让访问者加深印象。插入和编辑图像的具体操作步骤如下。

第1步 首先打开一个文档或新建一个文档。

第2步 在文档中将光标置于需要插入图像的位置，选择【插入】→【图像】命令，打开【选择图像源文件】对话框，在打开的【选择图像源文件】对话框中，选择本地电脑上的一个图像插入，得到效果如下图所示。

在【选择图像源文件】对话框中还可以插入网上的图像，在对话框下方的【URL】文本框中输入需要插入的图像网络地址就可以了。

第3步 选中图像并右击鼠标，在弹出的快捷菜单中选择【对齐】→【左对齐】菜单命令，

将图像进行左对齐。

第4步 在【替换】文本框中输入文字【黄鹤楼】，设置图像的替换文本。

第5步 在【高】文本框中设置图像的高度，在【宽】文本框中设置图像的宽度。

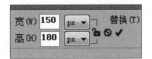

第6步 如果需要裁剪图像，首先选择需要裁剪的图像，选择【窗口】→【属性】命令。在【属性】面板单击▢按钮，图像周围会出现 8 个控制点，拖动这些控制点可以改变图像的大小。

第8步 打开【图像优化】对话框，在该对话框中进行相应的设置后单击【确定】按钮，就可以对图像进行优化。

第7步 选择好裁剪的位置双击鼠标完成图像的裁剪工作。如果需要优化图像，选择【窗口】→【属性】命令。在【属性】面板单击🔗按钮。

9.2.3 添加媒体

　　多媒体对象和图像一样，在网页中起到的作用主要是美化网页。在用 Dreamweaver CC 制作网页的时候可以插入各种媒体对象，如 Flash。具体操作步骤如下。

第1步 先打开一个文档或新建一个文档。

第2步 文档中将光标置于需要插入 Flash 动画的位置，选择【插入】→【媒体】→【Flash SWF】菜单命令，打开【选择 SWF】对话框，选择本地电脑上的一个 swf 文件，得到效果如右图所示。

┤提示├∶∶∶∶∶∶∶

　　Flash 动画是一种高质量的矢量动画。在网络中有大量精美动画素材，能让网页活灵活现。使用 Dreamweaver 制作网页，可以在网页中插入 .swf 或 .swt 格式的 Flash 动画。

9.2.4 添加链接

　　在网页中主要有文字链接、图像链接和电子邮件链接等多种链接类型，通过这些不同类型的链接，来传递网页之间的信息。

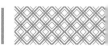

　　创建链接都是在【属性】面板中的【链接】文本框中完成的。使用【属性】面板可以给当前文档中的文本或图像添加链接，单击链接的时候转到另一个位置或另一个网页。创建链接的具体操作步骤如下。

　　首先打开一个文档或新建一个文档。

第 1 步　选中要设置链接的文字，选择【窗口】→【属性】命令，在【属性】面板中单击【链接】文本框后面的按钮 📁，打开【选择文件】对话框，在【选择文件】对话框中选择需要链接的网页。

第 2 步　单击【确定】按钮设置好链接。在【属性】面板中可以设置链接的打开方式。链接的打开方式有【_blank】【_new】【_parent】【_self】和【_top】，在【目标】下拉列表中选择一个打开方式。

第 3 步　图像链接和文本链接一样，在网页中是最基本的链接，创建的方式也一样，都是在【属性】面板中的【链接】文本框中完成的。

第 4 步　图像热点链接可以将一幅图像分割为若干个区域，并将这些区域设置成热点区域，不同的热点区域链接到不同的页面。选中图像，单击【属性】面板中的 按钮，在【爱情诗歌】图像上拖动，绘制一个矩形热点。

第 5 步　在【属性】面板中的【链接】文本框中选择需要转向的页面，这样就完成了矩形热点的绘制。

第 6 步　通过电子邮件，可以将信息传送到对

应的邮箱中，方便用户与网站管理者或服务商之间的沟通。选中文字【邮件联系我们】，选择【插入】→【电子邮件链接】命令，在打开的【电子邮件链接】对话框中输入要链接的电子邮箱。如图所示。

第 7 步　单击【确定】按钮，完成【电子邮件链接】的设置。

9.2.5 制作表单

使用表单可以加强访问者与站点管理员的信息收集工作。从用户那里收集信息后，将这些信息提交给服务器进行处理。如下图所示是创建的表单网页。

用 <form></form> 标记之间的部分都属于表单的内容。表单标记具有 Action、Method 和 Target 属性。

创建表单的具体操作步骤如下。

第1步 打开文档。将光标置于要插入表单的位置，选择【插入】→【表单】命令，插入表单。

第2步 对于创建的表单，可在【属性】面板中进行相应的设置。

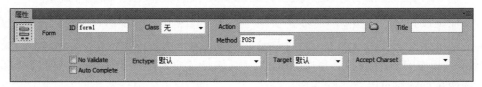

表单对象是允许用户输入数据的机制。在创建表单对象之前，首先必须在页面中插入表单。

表单域有文本域、文件域、隐藏域三种类型。在向表单中添加文本域时，可以指定域的长度、包含的行数、最多可输入的字符数，以及该域是否为密码域。创建表单对象的具体操作步骤如下。

第1步 将光标放置在表单内，选择【插入】→【表格】命令，打开【表格】对话框。

第2步 将【行数】设置为7，【列】设置为2，【表格宽度】为600像素，【边框粗细】设置为0像素，【单元格边距】设置为0，【单元格间距】设置为0，单击【确定】按钮。

插入表如下图所示。

第3步 将光标置于第2行第1列,输入文字【姓名】,并将【属性】面板中的【水平】设置为【居中对齐】。

第4步 将光标置于第2行第2列单元格中,选择【插入】→【表单】→【文本】命令,插入文本域。选中文本域,在【属性】面板中,将【字符宽度】设置为20,【最多字符数】设置为30。

第5步 将光标置于文档的第3行第1列单元格中,输入文字【性别】。将光标置于第3行第2列单元格中,选择【插入】→【表单】→【单选按钮】命令,插入单选按钮,在其右边输入文字【男】,再次选择【插入】→【表单】→【单选按钮】命令,插入单选按钮,在其右边输入文字【女】。

第6步 将光标置于文档的第4行第1列单元

格中,输入文字【爱好】。将光标置于第4行第2列单元格中,选择【插入】→【表单】→【复选框】命令,插入3个复选框,并在其右边输入文字【看书】【打球】【其他】。

第7步 将光标置于文档的第5行第1列单元格中,输入文字【工资情况】。将光标置于第5行第2列单元格中,选择【插入】→【表单】→【选择】命令,插入列表菜单。选中列表菜单,单击【属性】面板中的【列表值】按钮,打开【列表值】对话框,在【列表值】对话框中单击添加按钮,然后再添加所需的内容。

第8步 单击【确定】按钮。将光标置于第6行第1列单元格中,输入文字【个人说明】。将光标置于第6行第2列单元格中,插入文本域,在【属性】面板中,将【字符宽度】设置为30,【行数】设置为7,如下图所示。

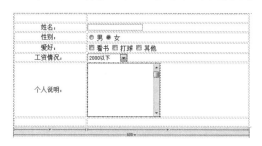

第9步 选中第7行单元格,选择【修改】→【表格】→【合并单元格】命令,合并单元格。将光标置于合并的单元格,选择【插入】→【表单】→【提交】按钮命令,插入一个【提

交】按钮。选择【插入】→【表单】→【重置】按钮命令，插入一个【重置】按钮。

中的【居中对齐】按钮，将其对齐方式设置为居中对齐。

第10步 选中插入的按钮，单击【属性】面板

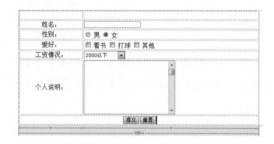

9.2.6 添加表格

表格是用于在页面上显示表格式数据，以及对文本和图形进行布局的有力工具。在Dreamweaver CC 中，用户可以插入表格并设置表格的相关属性，也可以添加和删除表格的行和列，还可以对表格进行拆分和合并，具体操作步骤如下。

第1步 打开 HTML 文档，将鼠标定位在要插入表格的位置。选择菜单栏中的【插入】→【表格】命令。弹出【表格】对话框。

第2步 在【表格】对话框中设置行数为7行，列数为2列，表格宽度为600像素，以及边框粗细等项，其他项都为默认值。再单击【确定】按钮，创建一个简单的 HTML 表格。

在 Dreamweaver CC 中插入表格后，在【设计】视图中可以打开表格的【属性】面板，也可以在面板中设置表格的各种属性。在表格【属性】面板中，选择【宽】文本框，输入一个数字，表示表格的宽度，在右边可以选择像素或百分比单位，默认值是像素。

第3步 在 Dreamweaver CC 中插入表格以后，在【设计】视图中，可以改变单元格的高度和宽度。改变了单元格的高度，也就是改变了单元格所在行的高度；改变了单元格的宽度，也就是改变了单元格所在列的宽度。将鼠标移动到单元格的边框上，当鼠标变成↕形状时，按住鼠标左键上下拖动，可以改变单元格的高度。

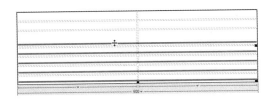

第4步 将鼠标在要改变高度的单元格内单击，或者按住【Ctrl】键的同时单击单元格。选中单元格以后，弹出窗口底部的单元格【属性】面板。在【高】文本框中输入一个数字，比如输入 50，就设定了这个单元格的高度也就是行的高度为 50 像素。

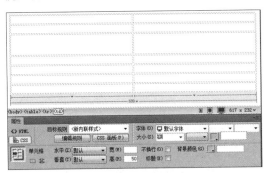

第5步 将鼠标移动到单元格的边框上，当鼠标变成 ++ 形状时，按住鼠标左键左右拖动，可以改变单元格的宽度。

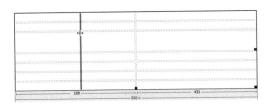

第6步 当鼠标变成 ++ 形状时，按住【Shift】键，再按住鼠标左键左右拖动。停止拖动后，先松开鼠标左键，再松开【Shift】键。这样只改变了鼠标左边的列宽，而表格中的其他列宽度不变，但是，表格的宽度会相应地增加或者减少。

第7步 将鼠标在要改变宽度的单元格内单击，或者按住【Ctrl】键的同时单击单元格。选中单元格以后，在单元格【属性】面板中，在【宽】文本框中输入一个数字，比如输入 360，就设定了这个单元格的宽度，也就是这

一列的宽度为 360 像素。

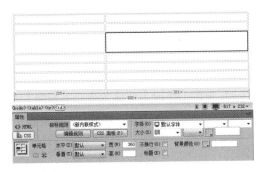

第8步 在 Dreamweaver CC 中选择单元格与选择表格的方法不一样，选择单元格的方法主要有以下几种。

1. 选择单个单元格

如果要选择一个单元格，则在要选择的单元格内单击鼠标左键，即可选择一个单元格。

2. 选择多个单元格

① 按住【Ctrl】键，然后在要选择的多个单元格中依次单击鼠标左键，这样可以随机地选择多个单元格。

② 首先在一个单元格中单击鼠标左键，其次按住【Shift】键，然后在其他要选择的单元格中单击鼠标左键，这样可以连续选择多个单元格。

3. 选择一行或一列单元格

① 移动鼠标到行的左边沿，当光标变成 ➡ 形状时单击鼠标左键，即可选择一行的单元格。

② 移动鼠标到列的上边沿，当光标变成↓形状时单击鼠标左键，即可选择一列的单元格。

第9步 在 Dreamweaver CC 中插入表格以后，单击要添加的或者要删除的行或列中的一个单元格，或者选择该行或该列。增加和删除行列的方式如下。

1. 增加行和列

① 单击【修改】菜单，选择【表格】命令，在弹出的子菜单中选择要使用的命令即可。

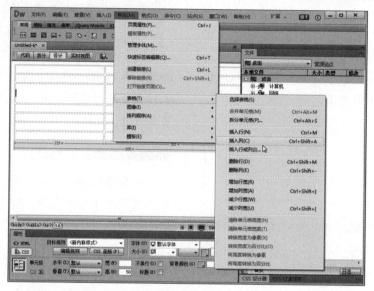

② 单击鼠标右键，在弹出的快捷菜单中选择【表格】命令，在子菜单中选择【插入行】或【插入列】命令也可以增加行和列。

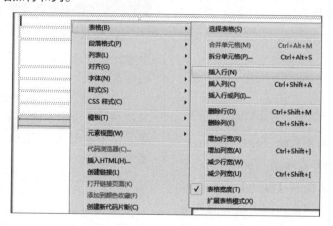

2. 删除行和列

① 单击鼠标右键，选择【表格】命令，在弹出的子菜单中选择【删除行】或者【删除列】命令，也可删除行或列。

② 选择一行或者多行，或者选择一列或者多列，按键盘上的 Delete 键，也可删除行或列。

第10步 在 Dreamweaver CC 中，通过对单元格的合并和拆分可以生成各种各样的、简单的或者复杂的表格。单元格的合并和拆分方法如下。

1. 合并单元格

① 选择要合并的多个单元格，必须是相邻的单元格，如下图所示。

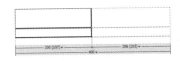

② 在表格的【属性】面板中单击 按钮就可以合并单元格。

③ 合并单元格的结果，如下图所示。

2. 拆分单元格

① 选择一个单元格，如下图所示。

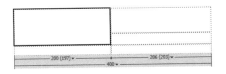

② 在表格的【属性】面板中单击 按钮，弹出【拆分单元格】对话框，设置各项参数如下图所示。

③ 单击【确定】按钮，单元格拆分成功。

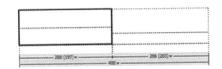

9.3 搭建服务器平台

Dreamweaver 是一款优秀的网页开发工具，但无法独立创建动态网站，所以必须建立相应的 Web 服务器环境和数据库运行环境。Dreamweaver 支持 ASP、JSP、ColdFusion 和 PHP MySQL 共 4 种服务器技术，所以在使用 Dreamweaver 之前必须选定一种，最常用的是 ASP。在进行 ASP 网页开发之前，首先必须安装编译 ASP 网页所需要的软件环境。IIS 是由微软开发、以 Windows 操作系统为平台，运行 ASP 网页的网站服务器软件。IIS 内建了 ASP 的编译引擎，在设计网站的计算机上必须安装 IIS 才能测试设计好的 ASP 网页。因此，在 Dreamweaver 中创建 ASP 文件前，必须安装 IIS 并创建虚拟网站。

9.3.1 安装 IIS

对于操作系统 Windows XP Professional 和 Windows 7 而言，系统已经默认安装了 IIS。下面以 Windows 7 为例，介绍如何安装 IIS 服务器。其具体的步骤如下。

第1步 打开【开始】菜单，然后选择【开始】→【控制面板】命令，打开【控制面板】窗口。

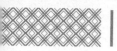

第2步 单击【程序和功能】选项，打开【程序和功能】窗口。

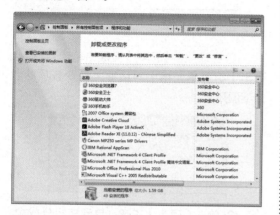

第3步 从左侧列表中选择【打开或关闭Windows功能】图标，打开如下图所示的对话框。在其中勾选【Internet信息服务】。

第4步 单击【确定】按钮，弹出如下图所示信息提示框，提示用户Windows正在更改功能。

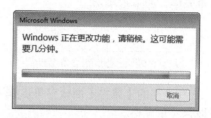

第5步 默认状态下，IIS会被安装到C驱动器下的InetPub目录中，其中有一个名为wwwroot的文件夹，它是访问的默认目录，访问的默认Web站点也放置在这个文件夹中。

9.3.2 配置Web服务器

完成了IIS的安装之后，就可以使用IIS在本地计算机上创建Web站点了。

1. 打开IIS

在不同的操作系统中，启动IIS的方法也不同，下面是在Windows 7下启动IIS的方法。

第1步 打开【开始】菜单，然后选择【控制面板】→【管理工具】命令，打开【管理工具】窗口。

第2步 在【管理工具】窗口中双击【Internet

信息服务管理器】图标，启动 IIS。

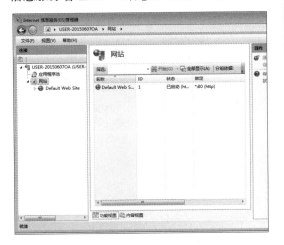

2. 设置默认的 Web 站点

默认 Web 站点是在浏览器的地址栏中输入 http://localhost 或 http://127.0.0.1 后显示的站点。该站点中的所有文件实际上位于 C:\Inetpub\wwwroot 文件夹中，其默认主页对应页面文件的名称是 Default.asp。

在如图所示窗口左侧的默认网站上右击，打开如下图所示的快捷菜单，我们可以通过菜单对默认站点进行设置，这里采用默认设置。

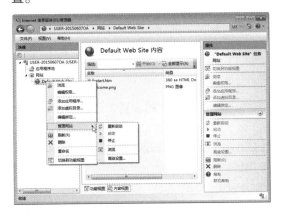

3. 创建新 Web 站点

应用 Dreamweaver 进行 Web 应用程序的开发，首先要为开发的 Web 应用程序建立一个新的 Web 站点。一般来说，可以采用 3 种方法建立 Web 站点：真实目录、虚拟目录

和真实站点。最常用的方法就是采用虚拟目录创建 Web 站点。

使用虚拟目录创建 Web 站点的具体操作步骤如下。

第1步 启动 IIS，在【默认网站】上单击鼠标右键，从快捷菜单中选择【添加虚拟目录】命令，打开【添加虚拟目录】对话框。

第2步 在【别名】文本框中输入【website】，在【物理路径】文本框中输入【D:\designem】，表示 designem 文件夹里放置的就是个人网站的所有文件。

第3步 单击【确定】按钮，返回到【Internet 信息服务（IIS）管理器】窗口中，在其中可以看到添加的虚拟目录。

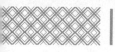

属性】对话框，在其中可以设置虚拟目录的访问权限。

第4步 单击【编辑权限】选项，打开【Designem

◇ 如何设置页面的标题

新建一个空白页面之后，首先可以为网站设置页面标题。选择新建的网站页面，单击【代码】标签，进入代码窗口。在【代码】窗口中，选择 <title> 标签，在 <title> 与 </title> 标签之间，输入"塞里木电子商务网站"。

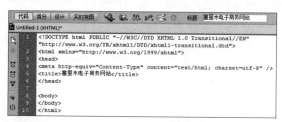

◇ 如何设置页面的属性

创建空白文档并设置标题之后，接下来需要对文件进行页面属性的设置，也就是设置整个网站页面的外观效果。

选择【修改】→【页面属性】菜单命令或者按【Ctrl+J】组合键打开【页面属性】对话框，从中可以设置外观、链接、标题、编码和跟踪图像等属性。

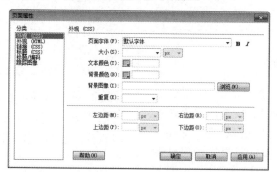

第10章
网站风格及框架规划

本章导读

主页的设计主要是网页设计软件的操作与技术应用的问题。但是要使主页设计、制作得漂亮，必然离不开对主页进行艺术加工和处理，这就要涉及美术的一些基本常识。本章重点学习网站风格和框架规划的知识，供读者在进行主页制作时参考。

思维导图

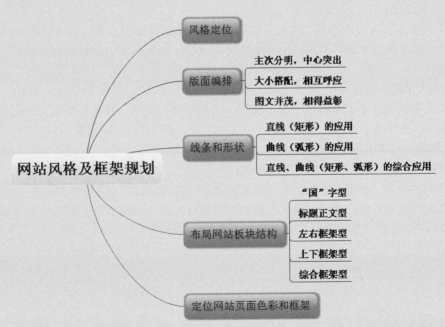

10.1 风格定位

主页的美化首先要考虑风格定位。任何主页都要根据主题的内容决定其风格与形式，因为只有形式与内容的完美统一，才能达到理想的宣传效果。

目前，主页的应用范围日益扩大，几乎包括了所有的行业，但归纳起来大体有几个大类：新闻机构、政府机关、科教文化、娱乐艺术、电子商务、网络中心等。

对于不同性质的行业，应体现出不同的主页风格，就像穿着打扮，应依不同的性别以及年龄层次而异一样。例如，政府部门的主页风格一般应比较庄重，娱乐行业则可以活泼生动一些，文化教育部门的主页风格应该高雅大方，电子商务主页则可以贴近民俗，使大众喜闻乐见。

主页风格的形成主要依赖于主页的版式设计，依赖于页面的色调处理，还有图片与文字的组合形式等。这些问题看似简单，但往往需要主页的设计和制作者具有一定的美术素养，同时，动画效果也不宜在主页设计中滥用，特别是一些内容比较严肃的主页。主页毕竟主要依靠文字和图片来传播信息，它不是动画片，更不是电视或电影。至于在主页中适当链接一些影视作品，那是另外一回事。

10.2 版面编排

主页作为一种版面，既有文字，又有图片。文字有大有小，还有标题和正文之分；图片也有大小之分，而且有横竖之别。图片和文字需要同时展示给浏览者，不能简单地罗列在一个页面上，这样往往会显得杂乱无章。因此，必须根据内容的需要将这些图片和文字按照一定的次序进行合理的编排和布局，使它们组成一个有机整体。可依据如下几条来做。

（1）主次分明，中心突出

在一个页面上，首先考虑视觉中心。这个中心一般在页面的中央，或者在中间偏上的部位。因此，一些重要的文章和图片一般安排在这个部位。在视觉中心以外的地方就可以安排那些稍微次要的内容。这样，在页面上就突出重点，做到主次有别。

（2）大小搭配，相互呼应

较长的文章或标题不要编排在一起，要有一定的距离；同样，较短的文章也不能编排在一起。对待图片的安排也是这样，要互相错开，造成大小之间有一定的间隔。这样可以使页面错落有致，避免重心的偏离。

（3）图文并茂，相得益彰

文字和图片具有一种相互补充的视觉关系。页面上文字太多，就显得沉闷，缺乏生气；页面上图片太多，缺少文字，必然会减少页面的信息量。因此，最理想的效果是文字与图片密切配合，互为衬托，既能活跃页面，又使主页有丰富的内容。

10.3 线条和形状

　　文字、标题、图片等的组合会在页面上形成各种各样的线条和形状，这些线条与形状的组合构成了页面的总体艺术效果。必须注意艺术地搭配好这些线条和形状，才能增强页面的艺术魅力。

　　（1）直线（矩形）的应用

　　直线的艺术效果是流畅、挺拔、规矩、整齐，所谓有轮廓。直线和矩形在页面上的重复组合可以呈现井井有条、泾渭分明的视觉效果，一般应用于比较庄重、严肃的主页题材。

　　（2）曲线（弧形）的应用

　　曲线的效果是流动、活跃，具有动感。曲线和弧形在页面上的重复组合可以呈现流畅、轻快、富有活力的视觉效果，一般应用于青春、活泼的主页题材。

（3）直线、曲线（矩形、弧形）的综合应用

把以上两种线条和形状结合起来运用，可以大大丰富主页的表现力，使页面呈现更加丰富多彩的艺术效果。这种形式的主页适应的范围更大，各种主题都可以应用。但是，在页面的编排处理上难度也会相应大一些，处理不好会产生凌乱的效果。最简单的途径是：在一个页面上以一种线条（形状）为主，只在局部范围内适当用一些其他线条（形状）。

10.4 布局网站板块结构

网页布局大致可分为"国"字型、标题正文型、左右框架型、上下框架型和综合框架型等。

在规划网站的页面前，需要对所要创建的网站有充分的认识和了解。做大量的前期准备工作，做到胸有成竹，才会在规划网页时得心应手，一路畅行。确立网页的特色定位，就是定位该网站的风格。这需要参考网站的性质和访问的客户群体以及网站的主题内容。网站创建的宗旨和服务的项目不同，所面向的访问群体也就不同。

应根据自己网站所潜在的客户群体来对网站进行定位。如访问的群体是科研人员，那么网站应体现出严谨、理性和科学等特点；如访问对象是年轻人，那么网站应具有版式活泼、鲜明和节奏明快的特色；如访问的群体定位于一般家庭，那么网站的整体要体现出一种温馨、轻松、关爱、愉悦的气氛。其实，对网站的特色定位是通过对所要创建网站的类型、风格、栏目设置、内容的安置、链接的结构以及客户群体等诸多要素做过综合分析后，围绕中心主题，用独特的视觉语言和艺术化的修饰来对网站的特色进行描述。

（1）"国"字型

"国"字型也可以称为"同"字型，它是一些大型网站所喜欢的类型。即最上面是网站的标题以及横幅广告条，接下来是网站的主要内容。左右分列一些小条内容，中间是主要部分，与左右一起罗列到底。最下面是网站的一些基本信息、联系方式和版权声明等。这种结构几乎是网上使用最多的一种结构类型。

（2）标题正文型

标题正文类型即最上面是标题或类似的一些东西，下面是正文。比如一些文章页面或注册页面等就是这种类型。

（3）左右框架型

左右框架型是一种左右为两页的框架结构。一般来说，左边是导航链接，有时最上面会有一个小的标题或标志，右边是正文。我们见到的大部分的大型论坛都是这种结构，有一些企业网站也喜欢采用。这种类型结构非常清晰，一目了然。

（4）上下框架型

上下框架型与上面类似，区别仅在于它是一种分为上下两部分的框架。

（5）综合框架型

综合框架型是前两种结构的结合，是相对复杂的一种框架结构，如下图所示。

10.5 定位网站页面色彩和框架

通过对色彩知识和网页布局知识的了解，可以深刻感受到色彩和网站布局在整个网站应用的重要性。一般需要根据网站所面对的用户群体选择设计风格和主题。

在网站布局中采用"综合框架型"结构对网站进行布局：即网站的头部主要用于放置网站Logo 和网站导航；网站的左框架主要用于放置商品分类、销售排行框等；网站的主体部分则为显示网站的商品和对商品购买交易；网站的底部主要放置版权信息等。

在 Photoshop 中先勾画出框架，后来的设计就在此框架基础上进行布局，具体操作步骤如下。

第 1 步 打开 Photoshop CC，【文件】→【新建】菜单命令，如下图所示。

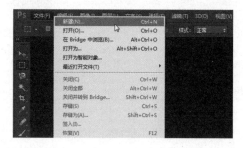

第2步 打开【新建】对话框，创建 1024×800 尺寸画布，如下图所示。

第3步 选择左侧工具框中的矩形工具，并调整为路径状态，画一个矩形框，如下图所示。

第4步 使用文字工具，创建一个文本图层，

输入"网站的头部"，如下图所示。

第5步 依次绘出中左、中右和底部，网站的结构布局最终如下图所示。

确定好网站框架后，就可以进行不同区域的布局设计了。

◇ 如何理解封面型网页布局

封面型网页布局基本上出现在一些网站的首页，大部分为一些精美的平面设计，再结合一些小的动画，放上几个简单的链接，或者仅是一个"进入"的链接，甚至直接在首页的图片上做链接而没有任何提示。这种类型大部分出现在企业网站和个人主页。如果处理得好，会给人带来赏心悦目的感觉。如下图所示。

◇ 如何理解 Flash 型网页布局

其实 Flash 型与封面型结构是类似的，只是这种类型采用了目前非常流行的 Flash。与封面型不同的是，Flash 具有强大的功能，所以页面所表达的信息更丰富，其视觉效果及听觉效果如果处理得当，绝不亚于传统的多媒体，如下图所示。

第11章
网站 Logo 与 Banner 的规划与制作

本章导读

一个网站成功与否，能否给人留下深刻的记忆是很重要的一个评审指标。本章将详细讨论与网站标识相关的知识，通过本章的学习，读者能对网站标识 Logo 设计、网站广告以及网站 Banner 等领域有个较完整的认识。

思维导图

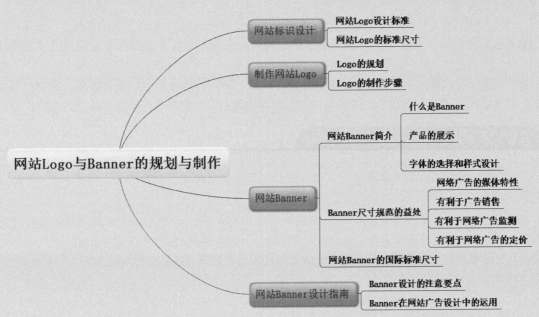

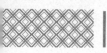
11.1 网站标识设计

在网站的建设过程中，网站标识也是比较重要的一个环节。Logo 是标志的意思，是一个网站形象的重要体现。如同产品的商标一样，Logo 是互联网上各个网站用来链接和识别的一个图形标志。下图为一组国外优秀的网站标识（Logo）。

11.1.1 网站 Logo 设计标准

网站 Logo 的设计要能够充分体现一个网站的核心理念，并且在设计上要追求动感、活力、简约、大方和高品位。另外，在色彩搭配、美观方面也要多加注意，要让人看后印象深刻。

在设计网站 Logo 时，需要针对各种应用做出相应规范，如用于广告类的 Logo、用于链接类的 Logo，这对指导网站的整体建设有着极现实的意义。

（1）色彩需要规范 Logo 的标准色、设计时可能应用的背景配色体系、反白，在清晰表现 Logo 的前提下制订 Logo 最小的显示尺寸。另外也可以为 Logo 制订一些特定条件下的配色、辅助色带等，便于 Banner 等场合的应用，如 IBM 的 Logo。

（2）布局应注意文字与图案边缘要清晰，字与图案不宜相交叠。另外还可考虑 Logo 的竖排效果，考虑作为背景时的排列方式等。

（3）视觉与造型应该考虑到网站发展到一个高度时相应推广活动所要求的效果，使其在应用于各种媒体时，也能发挥充分的视觉效果。同时应使用能够给予多数观众好感而受欢迎的造型。

（4）介质效果应该考虑到 Logo 在传真、报纸、杂志等纸介质上的单色效果、反白效果、在织物上的纺织效果、在车体上的油漆效果，制作徽章时的金属效果、墙面立体的造型效果等。

11.1.2 网站 Logo 的标准尺寸

Logo 的国际标准规范是为了便于在 Internet 上的信息传播。目前国际上常用的 Logo 标准尺寸有如下 3 种，并且每一种规格的使用也都有一定的范围（单位：像素 px）。

① 88×31，主要用于网页链接，或网站小型 Logo。这种规格的 Logo 是网络中最普通的友情链接 Logo，通常被放置到别人的网站中显示，让别的网站用户单击这个 Logo 进入你的网站。几乎所有网站的友情链接所用的 Logo 尺寸均是这个规格，好处是视觉效果好，占用空间小。如下图所示。

② 120×60，这种规格主要用于做 Logo 使用。一般用在网站首页面的 Logo 广告。如下图所示。

11.2 制作网站 Logo

本节学习如何规划和制作网站的 Logo。

Logo 是标志、徽标的意思，在互联网上是各个网站用来与其他网站链接的图形标志。Logo 是一个网站设计时的重要部分，它可以让访问者很清楚地知道自己处于哪个网站，同时 Logo 还是一个网站或公司的形象代表。

11.2.1 Logo 的规划

作为具有传媒特性的 Logo，为了在最有效的空间内实现所有的视觉识别功能，一般是通过特定图案及文字的组合，达到对被标识体的出示、说明、沟通和交流，从而引导受众的兴趣，达到增强美誉、记忆等目的。

表现形式的组合方式一般分为特定图案、特定文字和合成文字。

① 特定图案：属于表象符号。独特、醒目，且图案本身易被区分、记忆，通过隐喻、联想、概括、抽象等绘画表现方法表现被标识体，对其理念的表达概括而形象，但与被标识体关联性不够直接。受众容易记忆图案本身，但对被标识体的关系的认知需要相对较曲折的过程。一旦建立联系，印象较深刻，对被标识体记忆相对持久。

② 特定文字：属于表意符号。在沟通与传播活动中，反复使用的被标识体的名称或是其产

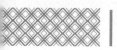

品名称，用一种文字形态加以统一。含义明确、直接，与被标识体的联系密切，易于被理解、认知，对所表达的理念也具有说明的作用。但因为文字本身的相似性易模糊受众对标识本身的记忆，从而对被标识体的长久记忆发生弱化。

③ 合成文字：是一种表象表意的综合。文字与图案结合的设计，兼具文字与图案的属性，但都导致相关属性的影响力相对弱化。为了不同的对象取向，制作偏图案或偏文字的 Logo，会在表达时产生较大的差异。例如，只对印刷字体做简单修饰，或把文字变成一种装饰造型让大家去猜。

11.2.2 Logo 的制作步骤

制作文字 Logo 之前，需要事先制作一个文件背景。具体操作步骤如下。

第1步 打开 Photoshop CC，选择【文件】→【新建】菜单命令，打开【新建】对话框。在【名称】文本框中输入"文字 Logo"，将高度设置为 300 像素，宽度设置为 400 像素，分辨率设置为 72 像素／英寸。

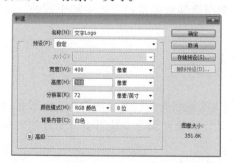

第2步 单击【确定】按钮新建一个空白文档。

第3步 新建一个【图层1】，设置前景色为 C59、M53、Y52、K22，背景色为 C0、M0、Y0、K0。

第4步 选择【工具箱】中的【渐变工具】，在其工具栏选项中设置过渡色为【前景色到背景色】，渐变模式为【线性渐变】。

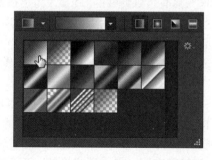

第5步 按【Ctrl+A】键进行全选，选择【图层1】，再回到图像窗口，在选区中按【Shift】键的同时由上至下画出渐变色，然后按【Ctrl+D】键取消选区。

文字 Logo 的背景制作完成后，下面就可以制作文字 Logo 的文字内容了。具体操作步骤如下。

第1步 在工具箱中选择【横排文字工具】，在文档中输入文字"YOU"，并设置文字的字体格式为 Times New Roman，大小为 100pt，字体样式为 Bold，颜色为 C0、M100、Y0、K0。

第2步 在【图层】面板中选中文字图层，然后将其拖曳到【新建图层】按钮上，复制文字图层。

第3步 选中【YOU 副本】图层，选择【编辑】→【变换】→【垂直翻转】菜单命令，翻转图层，然后调整图层的位置。

第4步 选中【YOU 副本】图层，在图层面板中设置该图层的不透明度为 50%，最终的效果如下图所示。

第5步 重复上面的步骤，设置字母"J"的显示效果，其中字母"J"为白色。

第6步 设置字母"IA"的显示效果，其中字母"IA"为白色。

11.3 网站 Banner

网站中通常会有许多长条状图片广告，称为网站 Banner。

11.3.1 网站 Banner 简介

网站 Banner 一般可以放置在网页上的不同位置，在用户浏览网页信息的同时吸引用户对广告信息的关注，从而获得网络营销的效果。在网络营销术语中，Banner 是一种网络广告形式。

1. 什么是 Banner

Banner 是旗帜的意思，在网站中称为旗帜广告或横幅广告，是网络广告的主要形式。一般使用 GIF 格式的图像文件，可以使用静态图形，也可用多帧图像拼接为动画图像。现在最常用的是用 Flash 软件所制作的 SWF 动画视频文件，可以在其中添加更多的视频特效效果，如光效和声效等，较 GIF 格式的图像文件更加绚丽，具有视觉冲击效果。

网页中的广告条可分为两类。

① 产品展示型，主要是对客户需要展示的产品做一个排版和设计。

② 可能是一个活动，没有产品展示，需要自己发挥更多。

客户提供的产品一般分两类：一类是有完整外观的，比如下面这双 NIKE 鞋，它本身就有一个很好的外形轮廓，一般都把这种产品单独扣出来制作。

另一类是没有明显外形特点的，比如下面的床上用品。这样的素材处理方法就会有些特别。

2. 产品的展示

我们来分析一下下面的两张图。月饼那张图中，里面的月饼盒都有漂亮明显的外形轮廓，所以我们选择把它们抠出来处理。可能有些图形轮廓比较难抠，抠出来以后会有毛刺。可以加个外发光效果。

床上用品这张图，由于没有外形轮廓的特点，我们给它加了外框来让几个物品摆放时感觉更加整齐。另外，如果前面一种抠出的效果还是感觉凌乱，或者产品本身比较迷你，也可以考虑加一个统一的背景来增加统一感。

3. 字体的选择和样式设计

字体选择得好，往往就能把握住整个广告条的风格。一个广告条上的文字一般有大有小，要突出的字应当大一点并加个样式；有些需要活泼气氛的，不妨把字都独立出来，做个旋转效果，这样看起来就更加清爽活泼，如下图所示。

下面举例一些字体及样式的设计给大家做个参考（主要是渐变 / 描边 / 做产生立体感的白细线）。如下图所示。

11.3.2　Banner 尺寸规范的益处

随着互联网技术的发展，新的网络广告形式也不断出现，如 FLASH、SVG 等，网络广告的规格也体现出多样性，如近期出现的巨型网络广告等。这里强调网络广告的规范化并不是要将网络广告规格"一刀切"，网络广告也是需要不断创新的。但是应该有个较为规范的标准，这样有利于网络广告的创作和广告主的投放选择。

广告规格尺寸规范具体如下。

（1）网络广告的媒体特性

网络广告作为第四媒体的产物，仍需要在一定程度上遵循媒体的要求。虽然互联网有着非常多的自由和创意空间，但随着互联网走向大众，将网络广告规格规范化会促使网络广告进一步发展。

传统媒体的广告规格也是逐渐规范起来的，电视广告的规格是以秒作为单位，一般分为 5"、15"、30"、60" 等；广播广告的规格也是以时间为单位，规格和电视广告比较类似；报纸广告是以版面尺寸为单位，一般以整版、半版、四分之一版、通栏、通版计算，实际尺寸会因报纸版面的大小（对开、4 开等）而不同。传统媒体广告规格的规范化已经成为一种媒体发展必经的过程，在一定程度上表明广告媒体的成熟和壮大。

网络广告由于互联网自身的特性，制定规格不可能以时间为单位，以版面为单位实际上又因为客户端显示器的大小、分辨率不同，广告版面在浏览器的大小比例也会有差别。但规范化的规格，仍有利于广告的销售、管理等，也使网络广告更加系统和规范，有利于其在多种广告媒体中的竞争。

（2）有利于广告销售

网络广告规格的规范对其销售有着极为重要的作用。现在网站的数量很多，如果每个网站各自为政，网络广告规格不统一，那么广告主在投放广告时不得不制作各种不同规格的网络广告，这样既浪费网络广告制作的费用和时间，同时也影响广告主的投放选择。

微软曾经有个网络广告投放计划，预先选择了 14 家媒体网站，但经调查发现，14 家网站竟有超过 35 种不同的规格。要全部投放，需要花大量的时间进行网络广告的重新设计，最后只

选择了 4 家规格比较规范的进行集中投放。可见不规范的网络广告规格，对广告主的广告投放会有很大影响，有可能会失去不少潜在的广告机会。

虽然现在大部分网站开始采用国际上流行的网络广告规格标准，但对这方面并没有足够的重视，有些网站为了更多的广告销售开始采用更大规格尺寸。IAB 推出的大规格网络广告也是为了规范网络广告规格而及时推出的标准，希望这种规格能够很好地采用，以免失去商机。

（3）有利于网络广告监测

网络广告与传统媒体广告相比较的最大优势之一就是可以有效地监测网络广告的发布情况，如播放次数、点击率等。规范的网络广告规格可以对不同网站相同规格的广告投放进行比较，可以分析在哪个网站的投放更有效果，从而将有限的资源投放到更合适的位置。

（4）有利于网络广告的定价

网络广告的定价有不少形式，最常用的是 CPM（千印象费用），CPC（每点击成本）和 CPA（每行动成本）3 种计价法，它们的价格计算方法不同。

一般网站也会有针对性地推出两种或三种计价方法给客户选择，不同规格收费会不同，如果按照规范规格标准去定价，有利于广告主选择和评估广告媒体。

11.3.3 网站 Banner 的国际标准尺寸

国际上常用的 Banner 尺寸如下：468×60（全尺寸 Banner）、392×72（全尺寸带导航条 Banner）、234×60（半尺寸 Banner）、125×125（方形按钮）、120×90（按钮类型 1）、120×60（按钮类型 2）、88×31（小按钮）和 120×240（垂直 Banner）。其中 468×60 的和 88×31 最常用。下面就常用的尺寸解释一下。

（1）468×60 全尺寸 Banner

虽然尺寸为国际标准，但是在设计页面时，完全可以根据页面占用空间来定制 Banner 广告位和广告条大小。

一个页面内不宜超过两个 468×60 全尺寸 Banner。设计两个 Banner 时，一般是上面一个，下面一个的设计。Banner 配合页面的两种情况：有些 Banner 单独看时会觉得很难看，但是放入网页中却会使网页设计丰富而炫目，一般也就是 468×60 的 Banner 有这本事了。还有设计时必须要考虑 Logo 与别的站互换时如何更适合他人网页的风格，所以应该多做一些不同颜色不同情况的 Banner。

（2）88×31 的 Banner

88×31 的 Banner 最好在 5K 左右，不要超过 7K 太大的会引起网页打开速度,导致浏览下降,这里面也有个量的问题，太多的广告而影响浏览者浏览网页，导致反感这也是一个问题。所以放广告条的时候要考虑到广告的大小和多少，还有就是搭配问题。

在某些位置，88×31 Banner 也可以用来丰富页面。这样的情况很少见，但值得注意。

11.4 网站 Banner 设计指南

由于本实例的 Banner 设计也是纯文字，在制作步骤上与 Logo 有很多一致的情况，这里不再赘述。下面讨论 Banner 设计的注意要点和 Banner 在网站广告设计中的应用。

11.4.1 Banner 设计的注意要点

设计 Banner 时需要注意以下几点。

Banner 上的字体：建议采用 Bold Sans Serif 字体。

Banner 上文字的方向：文字的方向应尽量调整为一个方向，这样更方便浏览者阅读。

Banner 上图片的位置：图片是视线的第一焦点，所以图片应该放在 Banner 的左边，如下图所示。

Banner 上按钮的位置：一般浏览者阅读的习惯是从左到右，所以将按钮放在 Banner 的右边比较合适，如下图所示。

Banner 上文字的间距：一般情况下，文字越小间距越大，这样可以提高文字的可读性。而文字越大，间距就应越小。

Banner 上文字的数量：文字数量尽量不要太多。

Banner 上的文字之间应尽量留空：这样更容易做出精彩的动画效果。

Banner 的大小：网站 Banner 被浏览者观看时，可能会下载，所以 Banner 不宜设置得太大。

11.4.2 Banner 在网站广告设计中的运用

Banner 设计对广告投放效果影响较大，建议设计网站 Banner 广告时应考虑到以下问题。

（1）减少矢量图形路径的节点数

矢量图形显示是由计算机通过 CPU 即时运算得到的，矢量图形通过对节点的位置定义、线的曲度定义、面的填充色的各种属性定义来得到图形，而作为基本元素的节点数量直接影响到线、面的数量，也就影响到 CPU 占用量。

（2）重复使用文字、Logo 时尽量用位图

这是在下载字节量和 CPU 占用量间做一个平衡。因为文字本身就是比较复杂的矢量图形，然而，很多情况下作为背景和装饰使用时不需要矢量的清晰程度，这时使用位图会很大程度地降低 CPU 消耗，并把部分消耗转移到显卡的 GPU 和显存上。只要位图的绝对面积不太大，使

用位图和矢量的字节量差异不大。

（3）避免多个 MC 在同一帧内运动

多个 MC 同时运动会造成 CPU 使用率高涨，播放速度减慢。可以在设计创意时加以避免，把 MC 的运动比较平均地放于不同帧图形中。

（4）避免大面积位图的移动、变形

能在外部软件中变形的，就不要放到 Flash 中来做，放大缩小后再导入。

（5）尽量减少 MC 做大小、旋转的急剧变化

如果是复杂图形，或是位图，或是动态 MC 多层套嵌，那必然会引起 CPU 使用率的急剧升高，图像会忽然变得很慢。

（6）尽量减小 Flash 动画占屏幕比例

可以理解为尽量做得面积小一些，或是包含的运动区域小一点。例如，做遮幅以减少动画面积，较大的底图上做些有创意的小面积动画。只利用 Flash 做透明的关键动画，使它浮在底图上面。这样既结合底图减少 CPU 占用，又可以分成 Flash 和图片两个线程下载，加快了下载速度。

（7）减少每秒帧数

在效果损失不大的情况下，尽量减少每秒帧数。

◇ 设计 Banner 需要注意的问题

① 一定要设置背景颜色，因为投放网站不会每次为你改 HTML 的背景色代码。

② 尽量针对不同尺寸的 Banner 单独制作 Flash，而非做出一个后用 HTML 放大缩小。

③ 静态文字在导出前统统打散，可以减少文件大小。为避免以后修改麻烦，可以先复制一个引导层放原始文字。

④ 所有的图片在外部用图像压缩工具压缩，比如 Photoshop，最好是 Fireworks，不要用 Flash 中的压缩。

⑤ 能用纯色尽量用纯色，不能用的话也尽量用不透明过渡色，尽量少用透明过渡色，少用透明渐变。

⑥ 千万不要在网站的 Banner 中加声音，大忌。

◇ 如何重复利用设置好的渐变色

在设置渐变填充时，设置一个比较满意的渐变色很不容易。设置好的渐变色也有可能在多个对象上使用。所以，能将设置好的渐变色保存下来就再好不过了。具体操作步骤如下。

在【渐变编辑器】对话框中设置好渐变色后，在【名称】文本框中输入名称，单击【新建】按钮，可以将已经设置好的渐变色保存到预设中。对其他对象设置渐变时可以从预设中找到保存的渐变设置。

第12章
创建网站首页

本章导读

通过前面知识的学习，读者在本章可以通过创建一个网站的首页来综合巩固所学的知识。在网站首页制作过程中，根据网站框架结构，把整个首页分为五个组成部分，分别是顶部（top.asp）、中左侧分类导航(left.asp)、中上搜索框(search.asp)、中部主体(middle.asp)和底部（help.asp,bottom.asp）。

思维导图

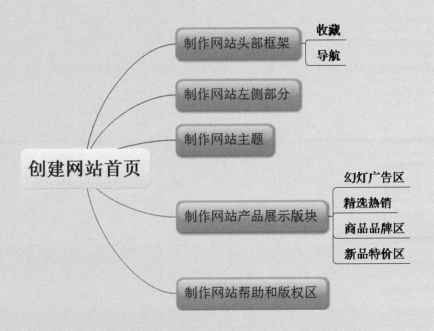

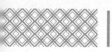

 12.1 制作网站头部框架

顶部主要用来呈现网站 Logo、Banner、导航和一些常用功能，如注册、登陆、收藏等。注册、登陆都是做链接方式，链接到另外一个页面，Logo、Banner 直接用 Dreamweaver 插入图片，这里以信乐购商城为例对收藏和导航的代码进行讲解。

12.1.1 收藏

收藏功能在大多数网站的右上角都可以看到，主要是让那些对网站感兴趣的人把网站收藏到浏览器的收藏夹里面，方便下次打开。一般收藏里面包含两个要素：网站名称和网站的链接，示例代码如下。

```
<script type="text/javascript">
functionaddFavorite() {
var a = document.title;'获取当前页面标题
    var b = location.href;'获取当前页面地址
try {
window.external.addFavorite(b, a)'添加
    } catch(c) {'重试
try {
if (document.all) {
window.external.addFavorite(b, a)
        } else {
if (window.sidebar) {
window.sidebar.addPanel(a, b, "")
        }
        }
    } catch(c) {
        alert("加入收藏失败，请使用Ctrl+D进行添加")'失败后提示
        }
    }
}
</script>
```

为了确保添加收藏成功，这里不仅使用重试，而且还会给出失败后解决的办法。

12.1.2 导航

导航对网站来说至关重要。导航的主要作用就是把网站中对访客来说最重要的东西展现出来，方便访客很快浏览。基于这样的目标，对于一个网站有多个分类的情况首先要确定哪些分类可以在导航中出现，出现在分类导航中的先后顺序也要根据主次进行排序。本站导航实现示

例代码如下。

```
<%
dimi
i=0
set rs_2=server.createobject("adodb.recordset")
sql="select distinct top 6 LarCode,LarSeq from bclass order by LarSeq"
rs_2.Open sql,conn,1,1
  Do While Not rs_2.eof
  if i=0 then  '当是第一个导航时
  %>
<liclass="navFirst">
<a href="class.asp?LarCode=<%=rs_2("LarCode")%>" ><%=rs_2("LarCode")%></a><li>
<%
elseif  i=5 then '当是最后一个导航时
  %>
<li  class="navLast">
<a  href="class.asp?LarCode=<%=rs_2("LarCode")%>" ><%=rs_2("LarCode")%></a><li>
<%
  else '中间其他导航
  %>
<li  >
<a href="category.asp?class=<%=rs_2("LarCode")%>" ><%=rs_2("LarCode")%></a><li>
<%
end if
  rs_2.movenext
i=i+1
    if rs_2.eof then exit do
loop
  rs_2.close
set rs_2=nothing
  %>
```

在效果图中看到,导航的第一个部分和最后一个部分都有个角,所以要把导航分为三个部分,这样我们就需要定义一个变量 i 去记录哪个是第一个,哪个是最后一个。

12.2 制作网站左侧部分

在 left.asp 中，主要实现对商品的分类导航。

在电子商务网站中，除了网站的主导航外，一般还有整站商品分类的类导航。这样做的优点是让访客浏览商品时候更有针对性，能快速在网站中找到需要的商品。

如上图所示，可以看到商品分类显示是先显示一个主分类，然后再显示主分类下的小分类，然后再显示一个主分类，再显示主分类下的小分类。这样的过程通过一个嵌套循环完成。示例代码如下。

```asp
<%
    sqlbiglar="select Distinct LarCode,LarSeq from bclass order by LarSeq"   '读取大类
    Set rsprodbigtree=Server.CreateObject("ADODB.RecordSet")
    rsprodbigtree.Open sqlbiglar,conn,1,1
    if  rsprodbigtree.bof and rsprodbigtree.eof then
            response.write "对不起，本商城暂未开业"
            else
        Do While Not rsprodbigtree.eof
%>
<dl class="last" >
<dtonMouseOver="this.className='mhover'" onmouseout="this.className="">
<div class="clear"></div>
<a href="class.asp?LarCode=<%=rsprodbigtree("LarCode")%>"><%=rsprodbigtree("LarCode")%></a>
</dt>
    <%
    '是否显示中类
```

```
'以下是根据前面读取的大类名称，读取各个大类下的中类
sqllar="select MIDCode,MIDSeq from bclass where larcode='"&rsprodbigtree("LarCode")&"' order by MIDSeq"
        Set rsprodtree=Server.CreateObject("ADODB.RecordSet")
rsprodtree.Open sqllar,conn,1,1
        Do While Not rsprodtree.eof
    %>
<dd><a href='class.asp?LarCode="<%=rsprodbigtree("LarCode")%>"&MidCode="<%=rsprodtree("midCod
e")%>"'><%=rsprodtree("midCode")%></a></dd>
<%
rsprodtree.movenext
        Loop
setrsprodtree=nothing
setsqllar=nothing
    %>
</dl>
<%

                    rsprodbigtree.movenext
                        Loop
                end if
    set  rsprodbigtree=nothing
    set  sqlbiglar=nothing
%>
```

嵌套循环的意思就是一个循环中包含另外一个循环。在这里，第一个循环选择出所有的商品大类，并把第一个循环检出的结果带到第二个检索中作为检索的条件，检索出商品大类的所有子类（商品子分类）。

12.3 制作网站主题

一个电子商城，商品少则几百，多则成千上万。这样一个分类可能产生几十个分页，根据访问习惯，大家一般只访问前 6 页。面对这个问题，分类导航就有点力不从心。一个全站产品的搜索功能非常有必要。访客可以根据产品分类，输入关键词去查找自己想购买的商品。实现效果如下图所示。

请输入商品关键字　　　　　搜索　热门搜索：美素 | 每伴 | 消毒 | NUK |

在搜索后边还有一些热门搜索的链接，这个功能对于用户和网站运营者来说都很重要。对于用户，可以充分了解商城被关注的产品；对于网站运营者来说，这个搜索排行有助于调整产品库存和合理安排营销计划。

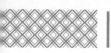
12.4 制作网站产品展示版块

Middle.asp 是全站商品首页展示推广区域。相关数据表明，首页区域商品销售占全站商品销售的 80%，也就是网站的销售绝大部分都是由首页转化来的。所以如何制作一个合理的受用户欢迎的展示布局和合理安排推荐产品，对于网站成功营销至关重要。由于每个商家主打的产品不一样，商品推荐不是一成不变的，通过总结有以下两个要点。

① 展示主打产品。主打产品指的是在商家产品中重点推出的产品，该产品具有长久的盈利点。

② 产品展示要结合活动，展示形式要丰富。对于今天的网络购物用户来说，普通简单的商品展示已激发不了他们的关注。而网络购物就是基于眼球经济的，如果首页商品激不起关注，二级分类页面被访问的可能几乎不存在。这就意味着付出的努力毁于一旦，网络营销彻底失败。

下面介绍合理构建展示布局的实现。

12.4.1 幻灯广告区

幻灯广告区的图片尺寸一般都比较大，通常是为了一个活动或新品而专门做的广告图。与普通的商品图片相较而言，这里的图片更具有宣传性，常用来展示商城最新产品、最新活动产品、主打产品。如下图所示。

主要实现原理是通过 JavaScript 脚本控制 li 的切换，代码如下。

```
<div class="mod_slide">
<div class="main_slide" id="slide_lunbo_first">
<div class="widgets_box" style="OVERFLOW: hidden" name="__pictureLetter_12578" wid="12578">
<ul class="body_slide" id="slide_panel12578">
<li><a href='<%=hf5url%>' title='<%=hf5tit%>' target=_blank><img border=0 width=565 height=295 src
='<%=hf5pic%>'></a></li>
<li><a href='<%=hf4url%>' title='<%=hf4tit%>' target=_blank><img border=0 width=565 height=295 src
='<%=hf4pic%>'></a></li>
```

```
<li><a href='<%=hf3url%>' title='<%=hf3tit%>' target=_blank><img border=0 width=565 height=295 src
='<%=hf3pic%>'></a></li>
    <li><a href='<%=hf2url%>' title='<%=hf2tit%>' target=_blank><img border=0 width=565 height=295 src
='<%=hf2pic%>'></a></li>
    <li><a href='<%=hfurl%>' title='<%=hftit%>' target=_blank><img border=0 width=565 height=295 src=
'<%=hfpic%>'></a></li>
</ul>
</div>
<div class="bor_slide" name="__pictureLetter_12578" wid="12578">
<ul class="custom_slide" id=slide_nav12578>
<li class="current"><a href='<%=hf5url%>' target=_blank><%=hf5tit%></a></li>
<li ><a href='<%=hf4url%>'  target=_blank><%=hf4tit%></a></li>
<li ><a href='<%=hf3url%>'  target=_blank><%=hf3tit%></a></li>
<li ><a href='<%=hf2url%>'  target=_blank><%=hf2tit%></a></li>
<li ><a href='<%=hfurl%>'  target=_blank><%=hftit%></a></li>
</ul>
</div>
</div>
</div>
<SCRIPT type=text/javascript>
$(document).ready(function(){
    // 主图片轮换展示
    varfirst_con_id = $("#slide_lunbo_first").children(".bor_slide").children(".custom_slide").attr("id");
    $("#slide_lunbo_firstdiv:first").imgscroller({controllId:first_con_id});
    // 频道内图片轮换展示
    var slide_nav001 = $("#channel_slide_001").children(".bor_slide").children(".custom_slide").attr("id");
    var slide_nav002 = $("#channel_slide_002").children(".bor_slide").children(".custom_slide").attr("id");
    var slide_nav003 = $("#channel_slide_003").children(".bor_slide").children(".custom_slide").attr("id");
    if(slide_nav001){
            $("#channel_slide_001 div:first").imgscroller({controllId:slide_nav001});
    }
    if(slide_nav002){
            $("#channel_slide_002 div:first").imgscroller({controllId:slide_nav002});
    }
    if(slide_nav003){
            $("#channel_slide_003 div:first").imgscroller({controllId:slide_nav003});
    }
    // 图片延迟加载
    $("img").filter(function(){
            return $(this).attr('realsrc') != null;
    }).lazyload({
```

```
            threshold: 300
          }
    );
    // 图片滚动显示
    widget_pic_slide(104);
    // widget_pic_slide_auto(104,5);
    });
</SCRIPT>
```

12.4.2 精选热销

精选热销栏目目的是推荐当前商品库中热销的产品，把热销的几个主打产品提炼出来，让访客第一时间看到。如下图所示。

图例右下角的 go 图标可以链接到更多的热销商品列表。这个实现过程可以通过一个简单的循环处理，不再详述。

12.4.3 商品品牌区

商品具有品牌属性，而每个品牌都有自己的忠实用户。特别是那些知名品牌，它们对网站访客来说，具有很大的说服力。好的品牌一定要推荐出来，这些都会提高网站的销售额。如下图所示。

12.4.4 新品特价区

前边我们已经介绍了，新产品要特别推荐出来，要有各种商品促销活动，这样的网站布局安排，网站盈利才可能提升。如下图所示。

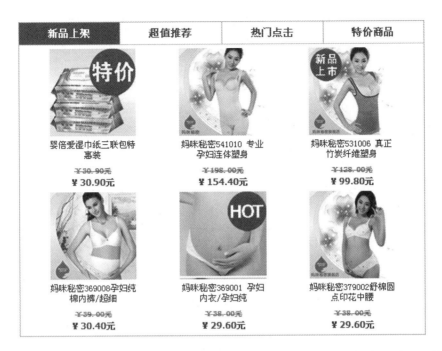

设定有新品上架、超值推荐、热门点击、特价商品四个功能，根据商品的不同情况，把受关注和需要关注的商品推荐出来，给访客了解。这是一个选项卡切换的功能。四个实现方式基本一样，只是 sql 语句筛选条件不同的区别。新品上架实现代码如下。

```
<ol class="female">
<%
setrs=conn.execute("select top 6 * from bproduc where online=true  order by AddDatedesc")
ifrs.bof and rs.eof then
response.write " 暂时没有新上架商品"
else
    Do While Not rs.eof
    %>
<div class="index_fourFrameGoods">
<div class="goodsPic">
<a href=list.asp?ProdId=<%=rs("ProdId")%>><img  border=0 onload='DrawImage(this)'
alt='<%=rs("ProdName")%>'
src='<%=rs("ImgPrev")%>' style="height:120px; width:120px;"></a>
</div>
<div class="goodsName">
<a href='list.asp?ProdId=<%=rs("ProdId")%>'><%=lleft(rs("ProdName"),30)%></a>
</div>
    <div class="goodsPrice01">￥<%=FormatNum(rs("PriceOrigin"),2)%>元</div>
    <div class="goodsPrice02">￥<%=FormatNum(rs("PriceList"),2)%>元</div>
</div>
<%
```

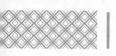

```
        rs.movenext
        loop
    end if
        setrs=nothing
    %>
    </ol>
```

代码中 order by desc 语句可以使商品按上架时间进行倒序排列，这样最新添加的商品就被排在前面。另外，商品还设有会员价和市场价，这样的鲜明的对比更能突出网站商品在价格上的优势，激发用户的购买欲望。

12.5 制作网站帮助与版权区

网站底部区域在电子商务网站中常常被用来放购物指南和版权声明。相对来说这部分的内容基本不会有变化，涉及不到语句，只是把需要做链接的地方做好链接就行。如下图所示。

第**4**篇

数据库篇

　　本篇主要介绍数据库。通过本篇的学习，读者可以了解数据库知识，学习数据库基础知识、SQL 语法等操作。

第13章
数据库基础知识

本章导读

    信息已成为各个部门的重要财富和资源。建立一个满足各级部门信息处理要求的有效信息系统也成为企业或组织生存和发展的重要条件。因此，作为信息系统核心和基础的数据库技术得到越来越广泛的应用。从小型单项事务处理系统到大型信息系统，从联机事务处理到联机分析处理，越来越多新的应用领域采用数据库存储和处理信息资源。本章重点学习数据库的基本概念和数据的常见操作等技能。

思维导图

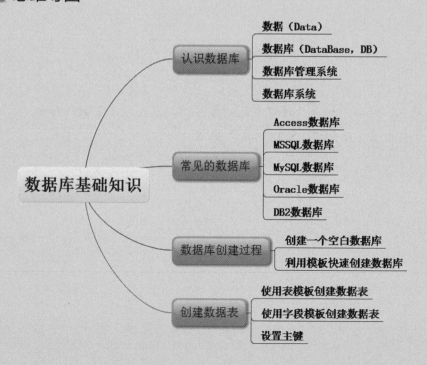

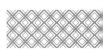

13.1 认识数据库

数据库（DataBase）是按照数据结构来组织、存储和管理数据的仓库。它产生于距今 50 年前，随着信息技术和市场的发展，特别是 20 世纪 90 年代以后，数据管理不再仅仅是存储和管理数据，而是转变成管理用户所需的各种数据的方式。数据库有很多种类型，从最简单的存储有各种数据的表格到能够进行海量数据存储的大型数据库系统，在各个领域得到了广泛的应用。

1. 数据（Data）

数据是数据库中存储的基本对象。数据在大多数人头脑中的第一个反应就是数字。其实数字只是最简单的一种数据，是数据的一种传统和狭义的理解。广义的理解，数据的种类很多，包括文字、图形、图像、声音、视频、学生的档案记录等。

数据是描述事物的符号记录。描述事务的符号可以是数字，也可以是文字、图形、图像、声音、语言等。数据有多种表现形式，都可以经过数字化后存入计算机。

数据的形式还不能完全表达其内容，需要经过解释。所以数据和关于数据的解释是密不可分 的，数据的解释是指对数据含义的说明，数据的含义称为数据的语义，数据与其语义也是密不可分的。

2. 数据库（DataBase，DB）

所谓数据库是指长期储存在计算机内、有组织、可共享的数据集合。数据库中的数据按一定的数据模型组织、描述和存储，具有较小的冗余度、较高的数据独立性和易扩展性，并可以为各种用户共享。

数据库系统分为数据库管理系统和数据库系统两个方面。

3. 数据库管理系统

数据库管理系统（DataBase Management System，DBMS）是数据库系统的一个重要组成部分。它是位于用户与操作系统之间的一层数据管理软件。主要包括以下几方面的功能。

① 数据定义功能：DBMS 提供数据定义语言（Data Definition Language，DDL），通过它可以方便地对数据库中的数据对象进行定义。

② 数据操纵功能：DBMS 还提供数据操纵语言（Data Manipulation Language，DML），可以使用 DML 操纵数据实现对数据库的基本操作，如查询、插入、删除和修改等。

③ 数据库的运行管理：数据库在建立、运用和维护时由数据库管理系统统一管理、统一控制，以保证数据的安全性、完整性、多用户对数据的并发使用及发生故障后的系统恢复。

④ 数据库的建立和维护功能：它包括数据库初始数据的输入、转换功能，数据库的转储、恢复功能，数据库的管理重组织功能和性能监视、分析功能等。这些功能通常是由一些实用程序完成的。

4. 数据库系统

数据库系统（DataBase System，DBS）是指在计算机系统中引入数据库后的系统，一般由数据库、数据库管理系统（及其开发工具）、应用系统、数据管理员和用户组成。应当指出的是，数据库的建立、使用和维护等工作只靠一个 DBMS 远远不够，还要有专门的人员来完成，这些人被称为数据库管理员（DataBase Administrator，DBA）。

在一般不引起混淆的情况下，常常把数据库系统简称为数据库。数据库系统在整个计算机系统中的地位如下图所示。

数据库技术是应数据管理任务的需要而产生的。数据的处理是指对各种数据进行收集、存储、加工和传播的一系列活动的总和。数据管理则是指对数据进行分类、组织、编码、存储、检索和维护，它是数据处理的中心问题。

与人工管理和文件系统相比，数据库系统的特点主要有以下几个方面。

（1）数据结构化

数据结构化是数据库与文件系统的根本区别。在文件系统中，相互独立的文件的记录内容是有结构的。传统文件的最简单形式是等长与格式的记录集合。

在文件系统中，尽管其记录内容已有了某些结构，但记录之间没有联系。数据库系统实现整体数据的结构化是数据库的主要特征之一，也是数据库系统与文件系统的区别。

在数据库系统中，数据不再针对某一应用，而是面向全组织，具有整体的结构化。不仅数据是结构化的，而且存取数据的方式也很灵活，可以存取数据库中的某一个数据项、一组数据项、一个记录或一组记录。而在文件系统中，数据的最小存取单位是记录，粒度不能细到数据项。

（2）数据的共享性高、冗余度低、易扩充

数据库系统从整体角度看待和描述数据，数据不再面向某个应用而是面向整个系统，因此数据可以被多个用户、多个应用共享使用。数据共享可以大大减少数据冗余，节约存储空间。数据共享还能够避免数据之间的不相容性与不一致性。

所谓数据的不一致性是指同一数据不同复制的值不一样。采用人工管理或文件系统管理时，由于数据被重复存储，当不同的应用使用和修改不同的复制时就很容易造成数据的不一致。在数据库中数据共享，减少了由于数据冗余造成的不一致现象。

由于数据面向整个系统，是有结构的数据，不仅可以被多个应用共享使用，而且容易增加新的应用，这就使得数据库系统弹性大、易于扩充，可以适应各种用户的要求。可以取整体数据的各种子集用于不同的应用系统。当应用需求改变或增加时，只要重新选取不同的子集或加上一部分数据便可以满足新的需求。

（3）数据独立性高

数据独立性是数据库领域中一个常用术语，包括数据的物理独立性和逻辑独立性。

物理独立性是指用户的应用程序与存储在磁盘上的数据库中数据是相互独立的。也就是说，数据在磁盘上的数据库中怎样存储是由 DBMS 管理的，用户程序不需要了解。应用程序要处理的只是数据的逻辑结构，这样当数据的物理存储改变了，应用程序不用改变。

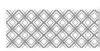
逻辑独立性是指用户的应用程序与数据库的逻辑结构是相互独立的，也就是说，数据的逻辑结构改变了，用户程序也可以不变。

数据独立性是由 DBMS 的二级映像功能来保证的。数据与程序的独立，把数据的定义从程序中分离出去，加上数据的存取又由 DBMS 完成，从而简化了应用程序的编制，大大减少了应用程序的维护和修改。

（4）数据由 DBMS 统一管理和控制

数据库的共享是并发的共享，即多个用户可以同时存取数据库中的数据，甚至可以同时存取数据库中同一个数据。

为此，DBMS 还必须提供以下几方面的数据控制功能。

① 数据的安全性（Security）保护：数据的安全性是指保护数据，以防止不合法的使用造成数据的泄密和破坏。每个用户只能按规定对某些数据以某些方式进行使用和处理。

② 数据的完整性（Integrity）检查：数据的完整性指数据的正确性、有效性和相容性。完整性检查将数据控制在有效的范围内，或保证数据之间满足一定的关系。

③ 并发（Concurrency）控制：当多个用户的并发进程同时存取、修改数据库时，可能会发生相互干扰而得到错误的结果或使得数据库的完整遭到破坏，因此必须对多用户的并发操作加以控制和协调。

④ 数据库恢复（Recovery）：计算机系统的硬件故障、软件故障、操作员的失误以及故意的破坏也会影响数据库中数据的正确性，甚至造成数据库部分或全部数据的丢失。DBMS 必须具有将数据库从错误状态恢复到某一已知的正确状态（亦称为完整状态或一致状态）的功能，这就是数据库的恢复功能。

13.2 常见的数据库

常用的几种关系型数据库如下。

1. Access 数据库

Access 是微软公司推出的基于 Windows 的桌面关系数据库管理系统（Relational Database Management System，RDBMS），是 Office 系列应用软件之一。它提供了表、查询、窗体、报表、页、宏、模块 7 种用来建立数据库系统的对象；提供了多种向导、生成器、模板，把数据存储、数据查询、界面设计、报表生成等操作规范化；为建立功能完善的数据库管理系统提供了方便，也使普通用户不必编写代码就可以完成大部分数据管理的任务。

Access 在很多地方得到广泛使用，例如小型企业、大公司的部门，以及喜爱编程的开发人员专门利用它来制作处理数据的桌面系统。它也常被用来开发简单的 Web 应用程序，这些应用程序都利用 ASP 技术在 IIS 运行。

2. MSSQL 数据库

MSSQL 是指微软的 SQL Server 数据库服务器。它是一个数据库平台，提供数据库从服务器到终端的完整解决方案。其中，数据库服务器部分是一个数据库管理系统，用于建立、使用和维护数据库。

3. MySQL 数据库

MySQL 是一个小型关系型数据库管理系统，2009 年被 Oracle 收购。MySQL 是一种关联数据库管理系统，关联数据库将数据保存在不同的表中，而不是将所有数据放在一个大仓库内。这样就增加了速度并提高了灵活性。MySQL 使用 SQL"结构化查询语言"，SQL 是用于访问数据库的最常用标准化语言。由于其体积小、速度快、总体拥有成本低，尤其是开放源码这一特点，使许多中小型网站为了降低网站总体成本而选择 MySQL 作为网站数据库。

4. Oracle 数据库

Oracle 数据库，又名 Oracle RDBMS，或简称 Oracle，是甲骨文公司的一款关系数据库管理系统，目前仍在数据库市场上占有主要份额。Oracle 是以高级结构化查询语言（SQL）为基础的大型关系数据库。通俗地讲，它是用方便逻辑管理的语言操纵大量有规律数据的集合，是目前最流行的客户 / 服务器（CLIENT/SERVER）体系结构的数据库之一。

5. DB2 数据库

DB2 是 IBM 公司的产品，起源于 System R 和 System R*。它支持从 PC 到 UNIX，从中小型机到大型机，从 IBM 到非 IBM（HP 及 SUN UNIX 系统等）各种操作平台。它既可以在主机上以主 / 从方式独立运行，也可以在客户 / 服务器环境中运行。

13.3 数据库创建过程

这里以最简单的数据 Access 2013 为例讲解数据库的创建过程。

Access 2013 有多种方式可以创建数据库。建立了数据库以后，就可以在里面添加表、报表、模块等数据库对象了。下面介绍 2 种创建数据库的方法。

13.3.1 创建一个空白数据库

数据库是存放各个对象的容器，若需要向空数据库中添加表、窗体、宏等对象，首先需要创建一个空白数据库。创建空白数据库的具体操作步骤如下。

第1步 依次选择【开始】→【所有程序】→【Microsoft Office 2013】→【Access 2013】菜单命令，启动 Access 2013。

第2步 进入 Access2013 的工作首界面，单击【空白桌面数据库】选项。

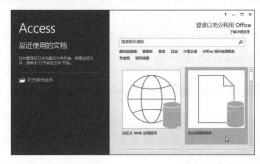

第3步 弹出【空白桌面数据库】对话框，在【文件名】文本框中输入新建空白数据库的名称，例如命名为"数据库1"，然后单击文本框右侧的【文件夹】按钮。

第4步 弹出【文件新建数据库】对话框，在其中可以设置数据库保存的位置，例如将该数据库保存到"E：/access 2013"。设置完毕后，单击【确定】按钮。

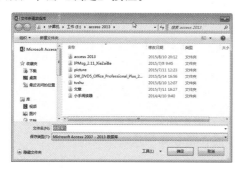

第5步 返回到【空白桌面数据库】对话框，在其中可以查看设置好的保存位置。

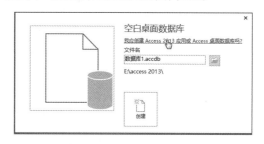

第6步 单击【创建】按钮，即可完成新建一个空白数据库的操作，并在数据库中自动创建一个名为"表1"的数据表。

13.3.2 利用模板快速创建数据库

Access 2013 提供了 14 个数据库模板，其中包含 5 个应用程序模板。使用这些数据库模板，用户只需要一些简单操作，就可以创建一个包含表、查询等数据库对象的数据库。下面利用 Access 2013 中的模板，创建一个"资产"数据库，具体操作步骤如下。

第1步 启动 Access 2013，进入工作首界面，在 Access 2013 提供的 14 个数据库模板中，单击【资产】选项。

第2步 弹出【资产】对话框，在【文件名】文本框中输入新建数据库的名称，单击右侧的【文件夹】按钮，设置其保存的位置。设置完毕后，单击【创建】按钮。

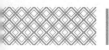

第3步 这时将新建一个"资产"数据库。在 Access 2013 的窗口左侧可以看到"资产"数据库预设的所有表。

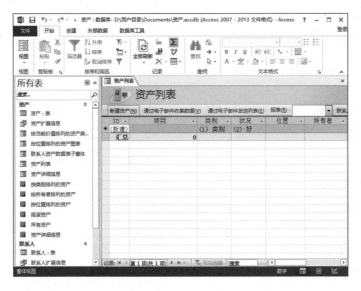

13.4 创建数据表

表作为整个数据库的基本单位，表结构设计的好坏直接影响到数据库的性能，因此设计一个结构和关系良好的数据表在系统开发中相当重要。下面介绍 6 种创建数据表的方法。

13.4.1 使用表模板创建数据表

对于常用的联系人、任务等数据库表，使用系统提供的表模板创建会比手动创建更加方便和快捷。下面利用 Access 2013 中的表模板，创建一个"任务"表。具体操作步骤如下。

第1步 启动 Access 2013，创建一个空白数据库，并命名为"应用"。

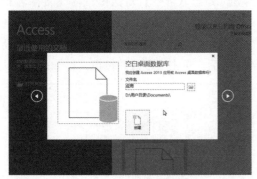

第2步 选择【创建】选项卡，单击在【模板】组的【应用程序部件】选项的下拉按钮，在

弹出的下拉列表框中单击【任务】选项。

第3步 弹出【Microsoft Access】对话框，提

示安装此应用部件之前必须关闭所有打开的对象，单击【是】按钮。

第4步 此时就成功创建了"任务"表。在左侧的导航窗格中双击"任务"表，即可进入该表的【数据表视图】界面。

13.4.2 使用字段模板创建数据表

Access 2013在字段模板中已经提前设计好各种字段属性，用户只需要直接使用即可。下面在"应用"数据库中，使用字段模板创建一个"水果信息"表。具体操作步骤如下。

第1步 启动Access 2013，打开新建的"应用"数据库。选择【创建】选项卡，单击【表格】组的【表】选项。

第2步 此时将新建一个名为"表1"的空白表，并自动进入"表1"的【数据表视图】界面。

第3步 在"表1"的工作窗口中可以看到，功能区增加了两个选项卡：【字段】选项卡和【表】选项卡。其中，【字段】选项卡包括【视图】组、【添加和删除】组、【属性】组、【格式】组和【字段验证】组。

第4步 单击【添加和删除】组的【其他字段】选项右侧的下拉按钮，弹出系统提供的各种数据类型，包括基本类型、数字、日期和时间等。

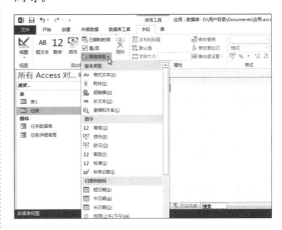

第5步 单击某一选项即可添加相应的字段类型。例如单击【格式文本】选项，即添加一个类型为"格式文本"的"字段1"。

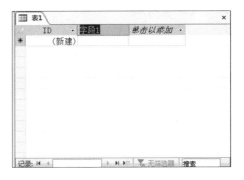

第6步 添加完成后，将光标定位在"字段1"文本框中，更改字段名称为"水果名称"，按回车键（【Enter】）。

第7步 使用同样的方法，再次添加2个字段，数据类型别分为"格式文本"和"货币"，更改字段名称为"供应商"和"价格"。

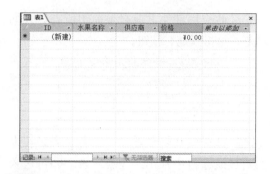

第8步 单击快速访问工具栏中的【保存】按钮 🖫，弹出【另存为】对话框，在【表名称】文本框中输入表的名称"水果信息"，单击【确定】按钮。至此，即完成使用字段模板创建"水果信息"表的操作。

13.4.3 设置主键

主键是表中的一个字段或字段集，用来唯一标识该表中存储的每条记录。每个表中都应该有一个主键，通过主键字段可以将多个表中的数据迅速关联起来，以一种有意义的方式将这些数据组合在一起。主键包括单字段主键和多字段联合主键。其中，多字段联合主键是将几个字段组合起来作为主键。

主键能够保证表中的记录被唯一的识别。例如，一家大规模的公司，为了更好地管理客户，需要建立一个客户表，包括客户的公司名称、公司地址、姓名、邮箱等信息，但是姓名可能重名，电话可能会改变，如何能够在表中快速查找到该客户的信息呢？此时就需要给每个客户赋予一个客户ID，它是唯一且不可改变的，通过客户ID可以快速查找客户信息。

下面就以"客户"表为例，介绍如何设置、更改和删除主键。设置主键的具体操作步骤如下。

第1步 打开"应用"数据库，使用表设计新建一个空白表，命名为"客户表"，并在表中添加以下字段：客户ID、客户姓名、联系电话等。如下图所示。

第2步 选中"客户ID"字段，然后选择【设计】选项卡，单击【工具】组的【主键】选项。如下图所示。

第3步 此时"客户ID"字段的行首出现 🔑▶ 图标，表示已设置该字段为主键。

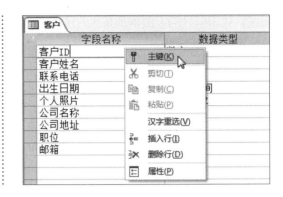

第4步 将光标定位于"客户ID"字段行中，右击鼠标，在弹出的快捷菜单中选择【主键】菜单命令，也可以设置该字段为主键。

◇ 使用表设计创建数据表

利用"表设计器"也可以创建数据表。这种方法要求用户在【设计视图】界面中完成表的创建。具体操作步骤如下。

第1步 启动 Access 2013，打开"应用"数据库。选择【创建】选项卡，单击【表格】组的【表设计】选项。

第2步 此时将新建一个名为"表1"的空白表，并自动进入"表1"的【设计视图】界面。

第3步 在【字段名称】列中输入字段的名称"工号"。

第4步 单击【数据类型】列的下拉按钮，在弹出的下拉列表中选择"数字"类型

第5步 【说明（可选）】列中的内容是选择性的，可以输入也可以不输入。这里输入"工号唯一，作为主键"。

第6步 使用同样的方法添加其他的字段名称，并设置相应的数据类型。

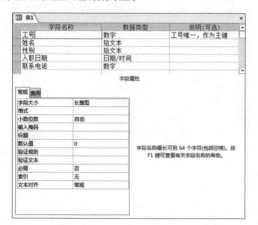

第7步 添加完成后，单击【保存】按钮弹出【另存为】对话框，在【表名称】文本框内输入表的名称"员工信息"表，单击【确定】按钮。

第8步 弹出【Microsoft Access】对话框，提示尚未定义主键，单击【否】按钮，暂时不定义主键。

第9步 选择【开始】选项卡，单击【视图】组的【视图】选项的下拉按钮，在弹出的下拉列表中单击【数据表视图】选项。

第10步 进入【数据表视图】界面，在其中可以看到创建好的"员工信息"表。至此，就

完成了使用表设计创建数据表的操作。

◇ **如何删除主键**

用户如何删除主键呢？常用方法有以下两种。

方法1：选中需要删除主键的字段，然后选择【设计】选项卡，单击【工具】组的【主键】选项，即可删除主键。

方法2：将光标定位于"客户ID"字段行中，右击鼠标，在弹出的快捷菜单中选择【主键】菜单命令，也可以删除主键。

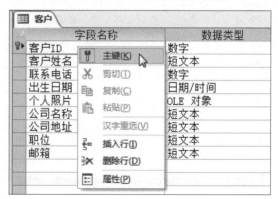

第14章
SQL 语法

📖 本章导读

在关系数据库中，普遍使用一种介于关系代数和关系演算之间的数据库操作语言 SQL，即结构化查询语言（Structured Query Language）。SQL 不仅具有丰富的查询功能，还具有数据定义和数据控制功能，是集查询、DDL（数据定义语言）、DML（数据操纵语言）、DCL（数据控制语言）于一体的关系数据语言。它充分体现了关系数据语言的特点和优点，是关系数据库的标准语言。

✈ 思维导图

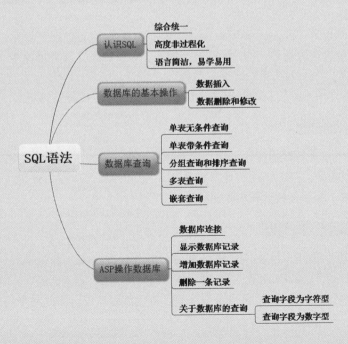

14.1 认识 SQL

SQL 最早由 Boyce 和 Chamberlin 在 1974 年提出，并作为 IBM 公司研制的关系数据库管理系统原型 System R 的一部分付诸实施。它功能丰富，不仅具有数据定义、数据控制功能，还有着强大的查询功能，而且语言简洁，容易学习，容易使用。

现在 SQL 已经成了关系数据库的标准语言，并且发展了 3 个主要标准，即 ANSI（美国国家标准机构）SQL；对 ANSI SQL 修改后在 1992 年采纳的标准，称为 SQL-92 或 SQL2；最近又出了 SQL-99，也称 SQL3 标准。SQL-99 从 SQL2 扩充而来，并增加了对象关系特征和许多其他的新功能。

现在各大数据库厂商提供不同版本的 SQL。这些版本的 SQL 不但都包括原始的 ANSI 标准，而且还在很大程度上支持新推出的 SQL-92 标准。另外，它们均在 SQL2 的基础上做了修改和扩展，包含了部分 SQL-99 标准。这使不同的数据库系统之间的互操作有了可能。

SQL 语言之所以能够为用户和业界所接受成为国际标准，是因为它是一个综合的、通用的、功能极强的、简学易用的语言。其主要特点如下。

1. 综合统一

数据库的主要功能是通过数据库支持的数据语言来实现的。SQL 语言的核心包括如下数据语言。

① 数据定义语言（Data Definition Language，DDL）。DDL 用于定义数据库的逻辑机构，是对关系模式一级的定义，包括基本表、视图及索引的定义。

② 数据查询语言（Data Query Language，DQL）。DQL 用于查询数据。

③ 数据操纵语言（Data Manipulation Language，DML）。DML 用于对关系模式中的具体数据的增、删、改等操作。

④ 数据控制语言（Data Control Language，DCL）。DCL 用于数据访问权限的控制。

SQL 语言集这些功能于一体，语言风格统一，可以独立完成数据库生命周期中的全部活动，包括定义关系模式、录入数据到已建立数据库、查询、更新、维护、数据库重构、数据库安全控制等一系列操作要求，这就为数据库应用系统开发提供了良好的环境。

2. 高度非过程化

使用 SQL 语言进行数据操作，用户只需提出"做什么"，而不必指出"怎么做"，因此用户无须了解存取路径，存取路径的选择以及 SQL 语句的操作过程由系统自动完成。这不但大大减轻了用户负担，而且有利于提高数据独立性。

3. 语言简洁，易学易用

SQL 语言功能极强，但其语言十分简洁，完成数据定义、数据操纵、数据控制的核心功能只用了 9 个动词：CREATE、DROP、ALTER、SELECT、INSERT、UPDATE、DELETE、GRANT、REVOKE。而且 SQL 语言语法简单，接近英语口语，因此易学易用。

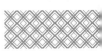

 14.2 数据库的基本操作

SQL 语言中对数据库的基本操作包括数据的插入、删除和修改。

14.2.1 数据插入

当基本表建立以后，就可以往表中插入数据了，在 SQL 中，数据插入使用 INSERT 语句。INSERT 语句有两种插入形式：插入单个行和插入多个行。

（1）插入单个行

插入单个行代码如下。

> INSERT INTO < 基本表名 > [(< 列名 1>,< 列名 2>,…,< 列名 n>)]
> VALUES（< 列值 1>,< 列值 2>,…,< 列值 n>）

其中，< 基本表名 > 指定要插入行的表的名字；< 列名 1>，< 列名 2>，…，< 列名 n> 为要添加列值的列名序列；VALUES 后则一一对应要添加列的输入值。若列名序列省略，则新插入的记录必须在指定表每个属性列上都有值；若列名序列全部省略，则新记录在列名序列中未出现的列上取空值。所有不能取空值的列必须包括在列名序列中。

例如，在学生表中插入一个学生记录（20120388，张三，男，20，河南）。

> INSERT INTO student
> VALUES（'20120388','张三','男',19,'河南'）

（2）插入多个行

插入多个行的代码如下。

> INSERT INTO < 基本表名 > [(< 列名 1>,< 列名 2>,…,< 列名 n>)] 子查询

这种形式可将子查询的结果集一次性插入基本表中。如果列名序列省略，则子查询所得到的数据列必须和要插入数据的基本表的数据列完全一致。如果列名序列给出，则子查询结果与列名序列要一一对应。

例如，如果已建有课程平均分表 course_avg（Cid,average），其中 average 表示每门课程的平均分，向 course_avg 表中插入每门课程的平均分记录。

> INSERT INTO course_avg（Cid,average）
> SELECT Cid , avg（grade）FROM study
> GROUP BY Cid

14.2.2 数据删除和修改

数据的删除与修改说明如下。

1. 数据删除

SQL 提供了 DELETE 语句用于删除每一个表中的一行或多行记录。要注意区分 DELETE 语句与 DROP 语句。DROP 是数据定义语句，作用是删除表或索引的定义。当删除表定义时，连同表所对应的数据都被删除；DELETE 是数据操纵语句，只是删除表中的某些记录，不能删除

表的定义。DELETE 语句的一般格式如下。

DELETE FROM <表名>[WHERE <条件>]

其中，WHERE <条件> 是可选的，如果不选，则删除表中所有行。

例如，删除籍贯为河南的学生基本信息：

DELETE FROM student

WHERE Birthplace LIKE '河南'

此查询会将籍贯列上值为"河南"的所有记录全部删除。

WHERE 条件中同样可以使用复杂的子查询。

例如，删除成绩不及格的学生的基本信息：

DELETE FROM student

WHERE Sid IN

（SELECT Sid FROM study

WHERE grade < 60）

> **提示** ::::::::
>
> DELETE 语句一次只能从一个表中删除记录，而不能从多个表中删除记录。要删除多个表的记录，就要写多个 DELETE 语句。

2. 数据修改

SQL 中修改数据使用 UPDATE 语句，用以修改满足指定条件行的指定列值。满足指定条件的行可以是一个行，也可以是多个行。UPDATE 语句一般格式如下。

UPDATE <基本表名>

SET <列名> = <表达式> [,<列名> = <表达式>]…

[WHERE <条件>]

对指定基本表中满足条件的行，用表达式值作为对应列的新值。其中，WHERE< 条件 > 是可选的，如果不选，则更新指定表中的所有行的对应列。

例如，将数据库原理的学分改为 5 的代码如下。

UPDATE course SET credit = 5

WHERE cname LIKE "数据库原理"

WHERE 条件中同样可以使用复杂的子查询。

14.3 数据库查询

SQL 数据查询是 SQL 语言中最重要、最丰富也是最灵活的内容。建立数据库的目的就是查询数据。关系代数的运算在关系数据库中主要由 SQL 数据查询来体现。SQL 语言提供 SELECT 语句进行数据库的查询，其基本格式如下。

SELECT <列名或表达式 1>,<列名或表达式 2>,…,<列名或表达式 n>

FROM <表名或视图名 1>,<表名或视图名 2>,…,<表名或视图名 m>

WHERE 条件表达式

查询基本结构包括 3 个子句：SELECT、FROM、WHERE。

① SELECT 子句，用于列出查询结果的各属性。

② FROM 子句，用于列出被查询的关系：基本表或视图。

③ WHERE 子句，用于指出连接、选择等运算要满足的查询条件。

另外，SQL 数据查询除了 3 个子句，还有 ORDER BY 子句和 GROUP BY 子句，以及 DISTINCT、HAVING 等短语。

SQL 数据查询的一般格式如下。

SELECT [ALL | DISTINCT] <列名或表达式> [别名 1] [,<列名或表达式> [别名 2]]···

FROM <表名或视图名> [表别名 1] [,<表名或视图名> [表别名 2]]···

[WHERE <条件表达式>]

[GROUP BY <列名 1>] [HAVING <条件表达式>]

[ORDER BY <列名 2>] [ASC | DESC]

| 提示 |

一般格式的含义是：从 FROM 子句指定的关系（基本表或视图）中，取出满足 WHERE 子句条件的行，最后按 SELECT 的查询项形成结果表。若有 ORDER BY 子句，则结果按指定列的次序排列。若有 GROUP BY 子句，则将指定列中相同值的行都分在一组，并且若有 HAVING 子句，则将分组结果中不满足 HAVING 条件的行去掉。

由于 SELECT 语句的成分多样，可以组合成非常复杂的查询语句。

例如，学籍管理数据库中包含以下 3 个基本表。

人员表：Student (Sid, Sname, Age, sex, Birthplace)

成绩表：Study (Sid,Cid, grade)

课程表：Course (Cid, Cname, Credit)

其中 Student 表中 Sid 为主键，Study 表中 Sid 和 Cid 合起来做主键，Course 表中 Cid 为主键。

1. 单表无条件查询

单表无条件查询是指只含有 SELECT 子句和 FROM 子句的查询，由于这种查询不包含查询条件，所以它不会对所查询的关系进行水平分割，适合于记录很少的查询。它的基本格式如下。

SELECT [ALL | DISTINCT] <列名或表达式> [别名 1] [, <列名或表达式> [别名 2]]···

FROM <表名或视图名> [表别名 1] [, <表名或视图名> [表别名 2]]···

| 提示 |

① [ALL /DISTINCT]：若从一个关系中查询出符合条件的行，结果关系中就可能有重复行存在。DISTINCT 表示每组重复的行只输出一行；ALL 表示将所有查询结果都输出。默认为 ALL。

② 每个目标列表达式本身将作为结果关系列名，表达式的值作为结果关系中该列的值。

（1）查询关系中的指定列

例如，查询所有学生学号、姓名、年龄的代码如下。

SELECT Sid, sname, age FROM student

说明：

当所查询的列是关系的所有属性时，可以使用 * 来表示所显示的列，因此等价于

```
SELECT *FROM student
```

这两种方法的区别是前者的列顺序可根据 SELECT 的列名显示查询结果，而后者只能按表中的顺序显示。

（2）DISTINCT 保留字的使用

当查询的结果只包含原表中的部分列时，结果中可能会出现重复列，使用 DISTINCT 保留字可以使重复列值只保留一个。

例如，查询学生的籍贯的代码如下。

```
SELECT  DISTINCT  Birthplace  FROM student
```

（3）查询列中含有运算的表达式

SELECT 子句的目标列中可以包含带有 +、−、×、÷ 的算术运算表达式，其运算对象为常量或行的属性。

例如，查询所有学生的学号，姓名和出生年份的代码如下。

```
SELECT Sid, sname, 2005−age  FROM student
```

SQL 显示查询结果时，使用属性名作为列标题。用户通常不容易理解属性名的含义。要使这些列标题能便于用户理解，可以为列标题设置别名。上例 SELECT 语句可改为。

```
SELECT Sid 学号, sname 姓名, 2005−age  出生年份 FROM student
```

（4）查询列中含有字符串常量

例如，查询每门课程的课程名和学分的代码如下。

```
SELECT cname, ' 学分 ', credit  FROM course
```

这种书写方式可以使查询结果增加一个原关系中不存在的字符串常量列，所有行在该列上的每个值就是字符串常量。

（5）查询列中含有集函数（或称聚合函数）

为了增强查询功能，SQL 提供了许多集函数。各 DBMS 实际提供的集函数不尽相同，但基本都提供以下几个。

COUNT（*）	统计查询结果中的行个数
COUNT（<列名>）	统计查询结果中一个列上值的个数
MAX（<列名>）	计算查询结果中一个列上的最大值
MIN（<列名>）	计算查询结果中一个列上的最小值
SUM（<列名>）	计算查询结果中一个数值列上的总和
AVG（<列名>）	计算查询结果中一个数值列上的平均值

说明：

① 除 COUNT（*）外，其他集函数都会先去掉空值再计算。

② 在 <列名> 前加入 DISTINCT 保留字，会将查询结果的列去掉重复值再计算。

例如，COUNT 函数的使用代码如下。

```
SELECT  COUNT（*）FROM  student    统计学生表中的记录数
SELECT  COUNT（Birthplace）FROM  student 统计学生的籍贯（去掉空值）
SELECT  COUNT（DISTINCT Birthplace）FROM  student 统计学生的籍贯种类数
```

2. **单表带条件查询**

一般来说，数据库表中的数据量都非常大，显示表中所有的行是很不现实的事，也没有必要这样做。因此，可以在查询时根据查询条件对表进行水平分割，可以使用 WHERE 子句来实现。

它的基本格式如下。

> SELECT [ALL | DISTINCT] <列名或表达式> [别名 1] [, <列名或表达式> [别名 2]]…
>
> FROM <表名或视图名> [表别名 1] [, <表名或视图名> [表别名 2]]…
>
> WHERE <条件表达式>

WHERE 子句给出的查询条件是总的查询条件表达式，可以是通过逻辑运算符（AND、OR 等）组成的符合条件，但 WHERE 子句中不能用聚集函数作为条件表达式。如果查询条件是索引字段，则查询效率会大大提高，因此在查询条件中应尽可能地利用索引字段。根据查询条件的不同，单表带条件查询又可分为以下几种。

（1）使用关系运算表达式的查询

使用比较运算符的条件表达式的一般形式为：

<列名> 比较运算符 <列名> 和 <列名> 比较运算符常量值。

通常 SQL 中使用的比较关系运算符有 >、<、<>、=、>=、<=。

例如，查询籍贯是河南的学生信息的代码如下。

> SELECT * FROM student
>
> WHERE Birthplace='河南 '

（2）使用特殊运算符

ANSI 标准 SQL 允许 WHERE 子句中使用特殊运算符。如下表所示列出了特殊运算符的含义。

运 算 符	含 义
IN、NOT IN	判断属性值是否在一个集合内
BETWEEN…AND…、NOT BETWEEN…AND…	判断属性值是否在某个范围内
IS NULL、IS NOT NULL	判断属性值是否为空
LIKE、NOT LIKE	判断字符串是否匹配

例如，查询籍贯为河南和北京两地的学生信息的代码如下。

> SELECT *FROM student
>
> WHERE Birthplace in (' 河南 ',' 北京 ')

或者使用以下语句：

> SELECT *FROM student
>
> WHERE Birthplace =' 河南 ' OR Birthplace=' 北京 '

（3）字符串比较

在上例中我们使用了 '=' 来比较字符串，其实在 SQL 中我们可以使用刚才介绍的关系运算符来进行字符串比较。

SQL 也提供了一种简单的模式匹配功能用于字符串比较，可以使用 LIKE 和 NOT LIKE 来实现 '=' 和 '<>' 的比较功能，但前者还可以支持模糊查询条件。例如，不知道学生的全名，但知道学生姓王，因此就能查询出所有姓王的学生情况。SQL 中使用 LIKE 和 NOT LIKE 来实现模糊匹配。基本格式如下。

> <列名> LIKE / NOT LIKE <字符串常数>

注意，列名必须是字符型的。字符串常数中通常要使用通配符。在字符串常数中除通配符外的其他字符只代表自己。有关字符串常数中使用通配符及其含义如下表所示。通配符可以出现在字符串的任何位置，但通配符出现在字符串首时查询速度会变慢。

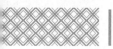

通 配 符	含 义
%	表示任意长度的字符串
_ （下画线）	表示任意的单个字符

例如，查询姓王的学生的学号、姓名、年龄的代码如下。

```
SELECT Sid, sname, age  FROM  student
WHERE sname LIKE ' 王 %'
```

3. 分组查询和排序查询

前面介绍了 SQL 的一般格式，下面将详细介绍如何使用 SQL 的分组和排序功能。

（1）GROUP BY 与 HAVING

含有 GROUP BY 的查询称为分组查询。GROUP BY 子句把一个表按某一指定列（或一些列）上的值相等的原则分组，然后再对每组数据进行规定的操作。分组查询一般和查询列的集函数一起使用。当使用 GROUP BY 子句后，所有的集函数都将是对每一个组进行运算，而不是对整个查询结构进行运算。

例如，查询每一门课程的平均得分。

```
SELECT Cid, AVG（grade）FROM  study
GROUP BY  Cid
```

在 study 关系表中记录着学生选修的每门课程和相应的考试成绩。由于一门课程可以有若干个学生学习，SELECT 语句执行时首先把表 study 的全部数据行按相同课程号划分成组，即每一门课程有一组学生和相应的成绩，然后再对各组执行 AVG（grade）。因此查询的结果就是分组检索的结果。

在分组查询中 HAVING 子句用于分完组后，对每一组进行条件判断。这种条件判断一般与 GROUP BY 子句有关。HAVING 是分组条件，只有满足条件的分组才被选出来。

例如，查询被 3 人以上选修的每一门课程的平均成绩、最高分、最低分的代码如下。

```
SELECT Cid, AVG（grade）, MAX（grade）, MIN（grade）
FROM  study
GROUP BY  Cid
HAVING  COUNT（*）>=3
```

本例中 SELECT 语句执行时，首先按 Cid 把表 study 分组，然后对各组的记录执行 AVG(grade)、MAX(grade)、MIN(grade) 等集函数，最后根据 HAVING 子句的条件表达式 COUNT（*）>=3 过滤出组中记录数在 3 条以上的分组。

GROUP BY 是写在 WHERE 子句后面的。当 WHERE 子句默认时，它跟在 FROM 子句后面。上面两个例子都是 WHERE 子句默认的情况。此外，一旦使用 GROUP BY 子句，则 SELECT 子句中只能包含两种目标列表达式：要么是集函数，要么是出现在 GROUP BY 后面的分组字段。

同样是设置查询条件，但 WHERE 与 HAVING 的功用是不同的，不要混淆。WHERE 所设置的查询条件是检索的每一个记录必须满足，而 HAVING 设置的查询条件是针对成组记录，而不是针对单个记录；也就是说，WHERE 用在集函数计算之前对记录进行条件判断，HAVING 用在计算集函数之后对组记录进行条件判断。

（2）排序查询

SELECT 子句的 ORDER BY 子句可使输出的查询结果按照要求的顺序排列。由于是控制输

出结果，因此 ORDER BY 子句只能用于最终的查询结果。基本格式如下。

    ORDER BY <列名> [ASC | DESC]

有了 ORDER BY 子句后，SELECT 语句的查询结果表中各行将按照要求的顺序排列：首先按第一个 <列名> 值排列；前一个 <列名> 之相同者，再按下一个 <列名> 值排列，依此类推。列名后面有 ASC，则表示该列名值以升序排列；有 DESC，则表示该列名值以降序排列；省略不写，默认为升序排列。

例如，查询所有学生的基本信息，并按年龄升序排列，年龄相同按学号降序排列的代码如下。

    SELECT * FROM student
    ORDER BY age, Sid DESC

如果排序字段在索引字段内，并且排序字段的顺序和定义索引的顺序一致，则会大大提高查询效率。反之，则降低查询效率。

4. 多表查询

在数据库中通常存在多个相互关联的表，用户常常需要同时从多个表中找出自己想要的数据，这就要涉及多个数据表的查询。SQL 提供了关系代数中 5 种运算功能：连接、乘积、交、并、差。下面分别介绍 5 种运算的使用方法。

（1）连接查询

连接查询是指两个或两个以上的关系表或视图的连接操作来实现的查询。SQL 提供了一种简单的方法把几个关系连接到一个关系中，即在 FROM 子句中列出每个关系，然后在 SELECT 子句和 WHERE 子句中引用 FROM 子句中关系的属性，而 WHERE 子句中用来连接两个关系的条件称为连接条件。

例如，查询籍贯为河南的学生的学号、选修的课程号和相应的考试成绩。

该查询需要同时从 student 表和 study 表中找出所需的数据，因此使用连接查询实现，查询语句如下。

    SELECT student.Sid, Cid, grade
    FROM student, study
    WHERE student.Sid = study.Sid AND Birthplace LIKE '河南'

说明：

① student.Sid = study.Sid 是两个关系的连接条件，student 表和 study 表中的记录只有满足这个条件才连接。Birthplace LIKE '河南'是连接以后关系的查询条件，它和连接条件必须同时成立。

②使用运算符 "=" 的连接称为等值连接，若用其他比较运算符（如：>、<、>=、<=、<>）连接，则称为非等值连接。

③二义性问题：注意 SELECT 和 WHERE 后面 Sid 前的 "student ."和 "study ."，由于两个表中有相同的属性名，存在属性的二义性问题。SQL 通过在属性前面加上关系名及一个小圆点来解决这个问题，表示该属性来自这个关系。而 Cid 和 grade 来自 study，没有二义性，DBMS 会自动判断，因此关系名及一个小圆点可省略。

④在等值连接中，目标列可能出现重复的列，例如：

    SELECT student .*, study . *
    FROM student, study
    WHERE student.Sid = study.Sid AND Birthplace LIKE '河南'

SQL 语句使用非常灵活、方便，一条 SELECT 语句可同时完成选择和连接操作。在以上语义中可以是先选择后连接，也可以是先连接后选择，它们在语义上是等价的。但查询按哪种次序执行取决于 DBMS 的优化策略。

以上的例子是两个表的连接，同样可以进行两个以上的连接。若有 m 个关系进行连接，则一定会有 m-1 个连接条件。

例如，查询籍贯为河南的学生的姓名、选修的课程名称和相应的考试成绩。

该查询需要同时从 student、study 和 course3 个表中找出所需的数据，因此用 3 个关系的连接查询，查询语句如下。

```
SELECT sname, cname, grade
FROM  student, study, course
WHERE  student.Sid = study.Sid
AND  study.Cid=course.Cid
AND  student .Birthplace LIKE ' 河南 '
```

有一种连接，是一个关系与自身进行的连接，这种连接称为自身连接。SQL 允许为 FROM 子句中的关系 R 的每一次出现定义一个别名。这样在 SELECT 子句和 WHERE 子句中的属性前面就可以加上"别名 .< 属性名 >"。

例如，查询籍贯相同的两个学生基本信息，代码如下。

```
SELECT A.*
FROM  student  A, student  B
WHERE   A.Birthplace = B.Birthplace
```

该列中要查询的内容属于表 student。上面的语句将表 student 分别取两个别名 A、B。这样 A、B 相当于内容相同的两个表。将 A 和 B 中籍贯相同的行进行连接，经过投影就得到了满足要求的结果。

（2）乘积

乘积运算是一种特殊的连接运算，它不带连接条件，不关注是否有相同的属性列。例如：

```
SELECT student.Sid, Cid, grade
FROM  student, study
```

两个关系的乘积会产生大量没有意义的行，并且这种操作要消耗大量的系统资源，一般很少使用。

（3）并操作

SQL 使用 UNION 把查询的结果并起来，并且去掉重复的行。如果要保留所有重复，则必须使用 UNION ALL。

例如，查询籍贯是河南的学生以及姓张的学生基本信息，代码如下。

```
SELECT *FROM  student
WHERE  Birthplace LIKE' 河南 '
UNION
SELECT *FROM  student
WHERE  Sname LIKE' 张 %'
```

可以用多条件查询来实现，上述查询代码可以等价于下述代码。

```
SELECT * FROM  student
WHERE  Birthplace LIKE ' 河南 ' OR  sname LIKE ' 张 %'
```

（4）交操作

SQL 使用 INTERSECT 把同时出现在两个查询的结果取出，实现交操作，并且也会去掉重复的行。如果要保留所有重复，则必须使用 INTERSECT ALL。

例如，查询年龄大于 18 岁姓张的学生的基本信息，代码如下。

```
SELECT *FROM  student
WHERE  age >18
INTERSECT
SELECT *FROM  student
WHERE  sname LIKE ' 张 %'
```

可以用多条件查询来实现，上述查询代码可以等价于下述代码。

```
SELECT *FROM  student
WHERE  age > 18  AND  sname LIKE ' 张 %'
```

（5）差操作

SQL 使用 MINUS 把出现在第一个查询结果中，但不出现在第二个查询结果中的行取出，实现差操作。

例如，查询年龄大于 20 岁的学生基本信息与女生的基本信息的差集，代码如下。

```
SELECT *FROM  student
WHERE  age >20
MINUS
SELECT *FROM  student
WHERE  sex LIKE ' 女 '
```

可以用多条件查询来实现，上述查询代码可以等价于下述代码。

```
SELECT *FROM  student
WHERE  age > 20  AND  sex NOT LIKE ' 女 '
```

在并、交、差运算中要求参与运算的前后查询结果的关系模式完全一致。

5. 嵌套查询

嵌套查询是指一个 SELECT—FROM—WHERE 查询块嵌入在另一个 SELECT—FROM—WHERE 查询块 WHERE 子句中的查询。这也是涉及多表的查询，其中外层查询称为父查询，内层查询称为子查询。子查询中还可以嵌套其他子查询，即允许多层嵌套查询，其执行过程是有里有外的，每一个子查询是在上一级查询处理之前完成的，这样上一级的查询就可以利用已完成的子查询的结果。注意子查询中不能使用 ORDER BY 子句。

子查询可以将一系列简单的查询组合成复杂的查询，SQL 的查询功能就变得更加丰富多彩。一些原来无法实现的查询，也因为有了多层嵌套的子查询而迎刃而解。

（1）返回单值的子查询

在很多情况下，子查询返回的检索信息是单一的值。这类子查询看起来就像常量一样，因此，我们经常把这类子查询的结果与父查询的属性用关系运算符来比较。

例如，查询选修了英语的学生的学号和相应的考试成绩。

因为所要查询的信息涉及 study 关系和 course 关系，查询语句如下。

```
SELECT Sid, grade  FROM  study
WHERE  Cid =
```

```
（SELECT Cid  FROM course
WHERE cname LIKE ' 英语 ' ）
```

本例括号内的 SELECT—FROM—WHERE 查询块是内层查询块（子查询），括号外的 SELECT—FROM—WHERE 查询块是外层查询块（父查询）。本查询的执行过程是：先执行子查询，在 course 表中查得"英语"的课程号；然后执行父查询，在 study 表中根据课程号为"C02"查得学生的学号和成绩。显然，子查询的结果用于父查询建立查询条件。

该例也可以用连接查询来实现，查询语句如下。

```
SELECT Sid, grade
FROM  study, course
WHERE  study.Cid =course.Cid
ANDcourse.cname LIKE ' 英语 '
```

| 提示 |

只有当连接查询投影列的属性来自一个关系表时才能用嵌套查询等效实现。若连接查询投影列的属性来自多个关系表，则不能用嵌套查询实现。

例如，查询考试成绩大于总平均分的学生学号。

```
SELECT DISTINCT Sid  FROM  study
WHERE  grade >
（ SELECT AVG（ grade ） FROM study ）
```

在嵌套查询中，若能确切知道内层查询返回的是单值，才可以直接使用关系运算符进行比较。

（2）相关子查询

前面介绍的子查询都不是相关子查询。相关子查询比较简单，在整个过程中只求值一次，并把结果用于父查询，即子查询不依赖于父查询。更复杂的情况是子查询要多次求值，子查询的查询条件依赖于父查询，每次要对子查询中的外部行变量的某一项赋值，这类子查询称为相关子查询。

在相关子查询中经常使用 EXISTS 谓词。子查询中含有 EXISTS 谓词后不返回任何结果，只得到"真"或"假"。

例如，查询选修了英语的学生的学号。

```
SELECT SidFROM study
WHERE EXISTS
 （ SELECT *FROM course
WHERE study.Cid=course.Cid AND cname LIKE ' 英语 ' ）
```

该查询的执行过程是，首先取外层查询中 study 表的第一个行，根据它与内层查询相关的属性值（即 Cid 值）处理内层查询，若 WHERE 子句返回值为真（即内层查询结果非空），则取此行放入结果表；其次再检查 study 表的下一个行；重复这一过程，直至 study 表全部检查完毕为止。

与 EXISTS 谓词相对应的是 NOT EXISTS 谓词。使用存在量词 NOT EXISTS 后，若内层查询结果为空，则外层的 WHERE 子句返回真值，否则返回假值。

例如，查询所有没选 C04 号课程的学生的姓名。

```
SELECT sname  FROM student
WHERE NOT EXISTS
（SELECT *FROM study
WHERE study.Sid=student.Sid AND Cid = 'C04'）
```

本例的查询也可使用含 IN 谓词的非相关子查询完成，其 SQL 语句如下。

```
SELECT sname  FROM student
WHERE Sid NOT IN
（SELECT Sid  FROM study
WHERE Cid = 'C04'）
```

一些带 EXISTS 或 NOT EXISTS 的谓词的子查询不能被其他形式的子查询等价替换，但所有带 IN 谓词、比较运算符、ANY 和 ALL 谓词的子查询都能用带 EXISTS 谓词的子查询等价替换。由于带 EXISTS 量词的相关子查询只关心内层查询是否有返回值，并不需要查具体值，因此，其效率并不一定低于不相关子查询，甚至有时是最高效的方法。

例如：查询选修了全部课程的学生姓名。

该查询涉及 3 个关系表，存放学生姓名的 student 表，存放所有课程信息的 course 表，存放学生选课信息的 study 关系表。其 SQL 语句如下。

```
SELECT sname FROM student
WHERE NOT EXISTS
（SELECT *FROM course
WHERE NOT EXISTS
（SELECT *FROM study
WHERE Sid=student.Sid AND Cid=course.Cid））
```

例如：查询选修了学生 03061 选修的全部课程的学生学号。

本题的查询要求可作如下解释：查询这样的学生，凡是学生 03061 选修的课程，他都选了。用 SQL 语言可表示如下。

```
SELECT DISTINCT Sid FROM study  X
WHERE NOT EXISTS
（SELECT *FROM study  Y
WHERE Y.Sid='03061' AND NOT EXIST
（SELECT *FROM study  Z
WHERE Z.Sid=X.Sid  AND Z.Cid=Y.Cid））
```

| 提示 |

嵌套查询可以理解为把一个查询子句作为一个表或者视图，再从这个表或视图中构造新的查询语句。

 14.4 ASP 操作数据库

前面学习了 SQL 语句，接下来学习 ASP 常用操作数据库的方式。在 ASP 中一般通过 ADO

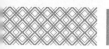
的方式去操作数据库。

ADO 即 ActiveX Data Object，是 ActiveX 数据对象，可以对几乎所有数据库进行读取和写入操作。可以使用 ADO 来访问 Microsoft Access、Microsoft SQL Server 和 Oracle 等数据库。

ADO 常用的 4 种对象及其功能如下。

① 连接对象（Connection）：用来连接数据库。

② 记录集对象（RecordSet）：用来保存查询语句返回的结果。

③ 命令对象（Command）：用来执行 SQL（Structured Query Language）语句或者 SQLServer 的存储过程。

④ 参数对象（Parameter）：用来为存储过程或查询提供参数。

14.4.1 数据库连接

数据库连接是动态程序最基本也是必不可少的操作，示例代码如下。

```
<%
Set conn = Server.CreateObject("ADODB.Connection")
conn.Open "DRIVER={Microsoft Access Driver (*.mdb)}; DBQ=" &
Server.MapPath("\bbs\db1\user.mdb")
%>
```

此代码功能是用来连接 bbs\db1\ 目录下的 user.mdb 数据库。

| 提示 |

　　通常我们将以上代码单独编制成连接文件 conn.asp，这样整个站点都可以使用一个连接文件，方便维护。

14.4.2 显示数据库记录

数据存储在数据库中，必须通过一定的方式从数据库中读取出来，才能呈现在我们面前。读取原理：将数据库中的记录一一显示到客户端浏览器，依次读出数据库中的每一条记录。如果是从头到尾，用循环并判断指针是否到末尾使用，not rs.eof；如果是从尾到头，用循环并判断指针是否到开始使用，not rs.bof，代码如下。

```
<!--#include file=conn.asp-->
（包含 conn.asp 用来打开 bbs\db1\ 目录下的 user.mdb 数据库）
<%
set rs=server.CreateObject("adodb.recordset")----->（建立 recordset 对象）
sqlstr="select * from message" ----->(message 为数据库中的一个数据表，即你要显示的数据所存放的
数据表）
rs.open sqlstr,conn,1,3 ----->（表示打开数据库的方式）
rs.movefirst ----->（将指针移到第一条记录）
while not rs.eof ----->（判断指针是否到末尾）
response.write(rs("name")) ----->（显示数据表 message 中的 name 字段）
rs.movenext ----->（将指针移动到下一条记录）
```

```
wend ----->( 循环结束 )
rs.close
conn.close ----> 这几句是用来关闭数据库的
set rs=nothing
set conn=nothing
%>
```

其中，response 对象是服务器端向客户端浏览器发送的信息。

14.4.3 增加数据库记录

增加数据库记录用到 rs.addnew，rs.update 两个函数，例如：

```
<!--#include file=conn.asp-->
( 包含 conn.asp 用来打开 bbs\db1\ 目录下的 user.mdb 数据库 )
<%
set rs=server.CreateObject("adodb.recordset") ( 建立 recordset 对象 )
sqlstr="select * from message" ----->(message 为数据库中的一个数据表，即你要显示的数据所存放的
数据表 )
rs.open sqlstr,conn,1,3 ----->( 表示打开数据库的方式 )
rs.addnew ----> 新增加一条记录
rs("name")="xx" ----> 将 xx 的值传给 name 字段
rs.update ----> 刷新数据库
rs.close
conn.close ----> 这几句是用来关闭数据库的
set rs=nothing
set conn=nothing
%>
```

提示 ::::::::

rs.addnew 要与 rs.update 进行配对使用。

14.4.4 删除一条记录

删除数据库记录主要用到 rs.delete，rs.update，例如：

```
<!--#include file=conn.asp--> ( 包含 conn.asp 用来打开 bbs\db1\ 目录下的 user.mdb
数据库 )
<%
dim name
name="xx"
set rs=server.CreateObject("adodb.recordset")----> ( 建立 recordset 对象 )
sqlstr="select * from message" ----->(message 为数据库中的一个数据表，即你要显示的数据所存放的
数据表 )
```

```
rs.open sqlstr,conn,1,3 ----->( 表示打开数据库的方式 )
while not rs.eof
if rs.("name")=name then
rs.delete
rs.update
```

查询数据表中的 name 字段的值是否等于变量 name 的值 "xx"。如果符合就执行删除，否则继续查询，直到指针到末尾为止。

```
rs.movenext
emd if
wend
rs.close
conn.close ----> 这几句是用来关闭数据库的
set rs=nothing
set conn=nothing
%>
```

14.4.5 关于数据库的查询

查询数据库的常用操作如下。

1. 查询字段为字符型

查询字段为字符型，语句如下。

```
<%
dim user,pass,qq,mail,message
user=request.Form("user")
pass=request.Form("pass")
qq=request.Form("qq")
mail=request.Form("mail")
message=request.Form("message")
if trim(user)&"x"="x" or trim(pass)&"x"="x" then ( 检测 user 值和 pass 值是否为空，可以检测到空格 )
response.write(" 注册信息不能为空 ")
else
set rs=server.CreateObject("adodb.recordset")
sqlstr="select * from user where user=""&user&"""----> ( 查询 user 数据表中的 user 字段，其中 user 字段为字符型 )
rs.open sqlstr,conn,1,3
if rs.eof then
rs.addnew
rs("user")=user
rs("pass")=pass
rs("qq")=qq
```

```
rs("mail")=mail
rs("message")=message
rs.update
rs.close
conn.close
set rs=nothing
set conn=nothing
response.write(" 注册成功 ")
end if
rs.close
conn.close
set rs=nothing
set conn=nothing
response.write(" 注册重名 ")
%>
```

2. 查询字段为数字型

查询字段为数字型，语句如下。

```
<%
dim num
num=request.Form("num")
set rs=server.CreateObject("adodb.recordset")
sqlstr="select * from message where id="&num----> （查询 message 数据表中 id 字段的
值是否与 num 相等，其中 id 为数字型）
rs.open sqlstr,conn,1,3
if not rs.eof then
rs.delete
rs.update
rs.close
conn.close
set rs=nothing
set conn=nothing
response.write(" 删除成功 ")
end if
rs.close
conn.close
set rs=nothing
set conn=nothing
response.write(" 删除失败 ")
%>
```

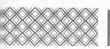

◇ 如何在 Access 中输入 SQL 语句

利用查询向导和设计视图创建查询时，Access 会自动在后台生成等效的 SQL 语句。即任何一个查询都对应着一个 SQL 语句。查询创建完成后，可以通过 SQL 视图查看对应的 SQL 语句。单击状态栏的【SQL 视图】按钮 sql 切换到【SQL 视图】界面，用户即可以查看对应的删除查询的 SQL 语句。如下图所示。当然，用户也可以在 SQL 视图中直接编写 SQL 语句来实现这些查询功能。

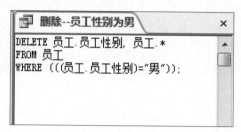

◇ Access 中什么样的查询必须用 SQL 语句

Access 中有 3 种不能利用查询向导和设计视图创建的查询，创建这 3 种查询需要在 SQL 视图中直接输入相应的 SQL 语句。这 3 种查询称为 SQL 特定查询。

① 联合查询：将一个或多个表、一个或多个查询的字段结合为一个记录集。

② 传递查询：用 ODBC（开放式数据库互联）数据库的 SQL 语法将 SQL 命令直接传递到 ODBC 数据库进行执行处理，然后将结果传递回 Access。

③ 数据定义查询：直接创建、修改或删除数据表，或者在数据表中创建或删除索引。

第
5
篇

网站后台系统构建篇

　　本篇主要介绍网站后台系统构建。通过本篇系统构建的操作，读者可以学习制作会员管理系统、在线购物系统、网站后台管理系统等。

第15章

制作会员管理系统

本章导读

　　会员中心也是购物网站中的常用功能。它不仅可以记录会员信息，而且可以提供订单管理。在订单没有被商家确认之前，会员可以进行订单的撤销，查看订单处理状态等。会员中心可以增加用户对网站的黏度。

思维导图

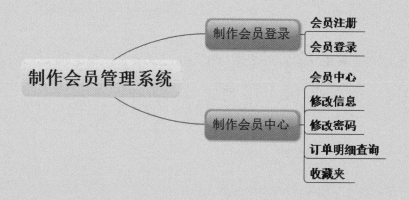

 制作会员登录

在制作会员中心之前，要先制作会员注册和会员登录这两个页面，否则会员中心也就无法从页面到达。

15.1.1 会员注册

从第 12 章的首页我们可以看到会员注册和会员登录、会员中心 3 个导航，它们的位置也是相当显眼的。在网站制作中，重要的信息一定要放在显眼的位置。因此可以明白本章内容在电子商务网站中的地位。

会员注册页面在根目录下 reg_member.asp 页面中，效果如下图所示。

注册所需资料（带*为必填项）		注册步骤: 1.填写资料 2.注册成功
*通行证用户名	[ ] [检测用户名]	长度为4~16个字符。可使用数字、字母、中文，禁用特殊符号。为了避免重复，推荐您使用自己的电话号码、QQ号码
*输入登录密码 *登录密码确认	[ ] [ ]	汉字以外的任何字符，长度为6~16个字符，英文字母需区分大小写；密码请不要与帐号名相同。
*邮箱地址	[ ]	如果将来您忘记了二级密码，您可以通过邮箱重设。
真实姓名 联系电话 移动电话	[ ] [ ] [ ]	收货人真实姓名，请准确填写！留下您的联系电话或移动电话，以备不时之需
联系地址 邮政编码	[ ] [ ]	收货人的真实地址和邮政编码，请准确填写
推荐人	[ ]	介绍您来我们网站的会员帐号，若没有可不填
	[提交注册] [重填]	

在会员注册过程中，要先检测该会员名称是否已经注册过，然后再输入其他相关信息并提交。会员检测实现代码如下。

```
<%
userid=request.ServerVariables("query_string")
ifuserid = "" then
    response.write "<img border=0 src=images/small/wrong.gif alt=' 出错了。您没有输入用户名，或者
输入的用户名中含有非法字符 '>"
    response.end
elseif  buyoktxtcheck(userid)<>userid then
    response.write "<img border=0 src=images/small/wrong.gif alt=' 出错了。您没有输入用户名，或者
输入的用户名中含有非法字符 '>"
    response.end
else
```

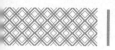
```
setrs = conn.execute("SELECT * FROM buser where UserId= '" &UserId& "'")
if not (rs.Bof or rs.eof) then
    response.write "<img border=0 src=images/small/no.gif alt=' 非常遗憾，此用户名已被他人注册，
请选用其他用户名。'>"
    else
    response.write "<img border=0 src=images/small/yes.gif alt=' 恭喜，您可以使用此用户名。'>"
end if
setrs=nothing
end if
conn.close
set conn=nothing
%>
```

在注册提交密码信息时，一般使用 md5 对密码进行加密，增强用户信息的安全性，这个过程在注册信息保存页面 reg_save.asp 中处理，代码如下。

```
<!--#include file="include/md5.asp"--> 引入 md5 文件
<%
User_Password=request.form("pw1")' 取得提交的密码信息
User_Password=md5(User_Password)' 使用 md5 进行加密获取到的提交密码信息
%>
```

15.1.2 会员登录

注册过会员信息之后，就可以进行会员登录，只有成功登录才能跳转到会员中心。会员登录的制作分为两步，第一步输入会员信息用户名、密码，第二步对输入信息进行验证。当输入有误时会提示相关信息。

>>会员登录区

新会员注册
会员登录
更改顾客密码
申请/更改密码保护
查询/修改登记信息
订单明细查询
汇款确认

会员登录

用 户 名：

密　　码：

>> 登录　　>> 注册　忘记密码了？

会员登录处理代码如下。

```
<%
Userid=trim(request.form("userid"))' 取提交的用户名
```

```
    Password=trim(request.form("password")) ' 取提交的密码
    if request.form("Login")<>"ok" then response.redirect "index.asp"' 判断提交动作不是 login 时 , 返回首页
    if Userid = "" or Password ="" then response.redirect "error.asp?error=004"' 判断输入为空时提示信息
    if Userid = request.cookies("buyok")("userid") then response.redirect "error.asp?error=005"' 判断已登录时提
示信息
    sql = "select * from buser where userid='"&Userid&"'"' 根据用户名进行检索用户表
    Set rs=Server.CreateObject("ADODB.RecordSet")
    rs.open sql,conn,1,3
    if (rs.bof and rs.eof) then
        response.redirect "error.asp?error=003"' 检索不到时提示信息
        response.end
    end if
    if rs("Status")<>" 正常 " and rs("Status")<>"1" then' 如果用户状态不正常提示信息
    response.write "<script language='javascript'>"
    response.write "alert(' 出错了，您的会员号已被锁定或者未通过审核。');"
    response.write "location.href='javascript:history.go(-1)';"
    response.write "</script>"
    response.end
    end if
    if rs("UserPassword")<> md5(Password) then' 比较输入的密码
    session("login_error")=session("login_error")+1' 记录用户登录次数
    response.write "<script language='javascript'>"
    response.write "alert(' 您输入的密码不正确，请检查后重新输入。\n\n 出错 "&session("login_
error")&" 次 ');"
    response.write "location.href='javascript:history.go(-1)';"
    response.write "</script>"
    response.end
    else
        rs("lastlogin")=now()' 记录用户登录时间
        rs("IP")=Request.serverVariables("REMOTE_ADDR")' 记录用户登录 IP
        rs("TotalLogin")=rs("TotalLogin")+1' 记录用户登录次数
        rs.update
        response.cookies("buyok")("userid")=lcase(userid) ' 验证成功后，设置用户 cookies 信息
        ifrequest.form("cook")<>"0" then response.cookies("buyok").expires=now+cook
        response.write "<meta http-equiv='refresh' content='0;URL=user_center.asp'>"' 返回会员中心
    end if
    rs.close
    setrs=nothing
%>
```

在代码中使用 if request.form("Login")<>"ok" then response.redirect "index.asp" 可以避免
非法的 url 提交，并且验证成功后要记录用户的登录时间、IP、登录次数，方便统计分析用户的

行为和用户对网站的忠诚度。

15.2 制作会员中心

会员中心主要实现会员信息的维护、登录密码的修改、订单查询。

15.2.1 会员中心

登录之后，进入会员中心，界面如下图所示。

会员中心主界面分为3部分，左边导航，包括查看购物车、安全退出、会员中心、修改信息、修改密码、订单明细查询、我的收藏夹。右边上方是会员的个人信息，右下是最近的订单情况。

从会员中心的主体界面可以看出会员中心是会员快速了解个人购物积分、订单和个人登录信息的快捷方式。该功能的提供，可以提高用户的使用体验，使网站更加符合用户购物习惯。

15.2.2 修改信息

修改信息的功能主要是用来变更用户个人信息，包括地址、电话等会员基础信息。用户通过维护自己的信息，在购物结算时可以减少输入。如下图所示。

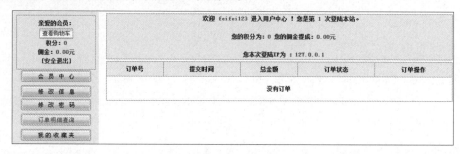

制作这个页面时一般考虑验证邮政编码、电话、E-mail是否符合特定的格式，提醒和保障用户提交信息的正确性。

15.2.3 修改密码

从安全角度上来看，用户的登录密码一般都需要定期更换。长时间不更换密码很容易造成密码的丢失和被盗。密码修改制作相对简单，界面如下图所示。

会员修改密码
会员称谓: **feifei123**
* 会员旧登录密码: ☐
* 会员新登录密码: ☐
* 确认新登录密码: ☐
确认修改

首先要提示输入旧密码验证用户修改密码权限，只有输入正确的旧密码才能更改新密码。这样做也是为了增强密码安全性，防止通过 url 地址的方式直接修改密码。检查验证代码如下。

```
<%
oldpassword=trim(request("oldpassword"))' 获取旧密码
Pw1=trim(request("pw1"))' 获取新密码
Pw2=trim(request("pw2"))
if oldpassword="" or Pw1="" or pw2="" then ' 验证输入是否为空
response.write "<script language='javascript'>"
response.write "alert(' 出错了，填写不完整，请输入原密码及新密码。');"
response.write "location.href='javascript:history.go(-1)';"
response.write "</script>"
response.end
end if
if Pw1<>pw2 then ' 验证新密码是否输入准确
response.write "<script language='javascript'>"
response.write "alert(' 出错了，两次输入的新密码不符。');"
response.write "location.href='javascript:history.go(-1)';"
response.write "</script>"
response.end
end if
if llen(pw1)<6  then ' 验证新密码长度是否符合安全要求
response.write "<script language='javascript'>"
response.write "alert(' 出错了，您输入的新密码的长度不够，要求最低6位。');"
response.write "location.href='javascript:history.go(-1)';"
response.write "</script>"
response.end
end if
setrs=conn.execute("select * from buser where UserId='"&request.cookies("buyok")("userid")&"'")
```

```
if rs("userpassword")<>md5(oldpassword) then ' 验证原密码是否正确
response.write "<script language='javascript'>"
response.write "alert(' 出错了，您输入的原密码不正确。');"
response.write "location.href='javascript:history.go(-1)';"
response.write "</script>"
response.end
end if
if ucase(request.cookies("buyok")("userid"))<>ucase(request.form("userid")) then' 验证会员是否登录处于
有效状态
response.write "<script language='javascript'>"
response.write "alert(' 出错了，您无权进行此操作。');"
response.write "location.href='javascript:history.go(-1)';"
response.write "</script>"
response.end
end if
%>
```

15.2.4 订单明细查询

在订单明细查询中，首先进入订单列表

feifei123 的订单明细查询（点击定单号查看详细信息）				
订单号	提交时间	总金额	订单状态	订单操作
16081018012633	2016-08-10 18:01:27	212.40	新订单	取消　删除

然后可以单击查看具体某个订单的详细情况，进行取消订单、订单恢复或者订单删除等操作，如图 16.6 所示。

订单明细查询			
订单号为 16081018012633　　提交时间: 2016-08-10 18:01:27			

定货人:			
联系电话:			
电子邮箱:			
收货地址:			
邮政编码:	100000		
配送方式:	货到付款，配送费用0元		
配送费用:	0.00		
订单备注:			
客服处理:			

商品名称	购买数量	结算单价	合 计
妈咪秘密541010 专业孕妇连体塑身衣/产后塑身/塑身内衣	1	154.40	154.40
爱乃士轻火因子幼儿开味清和宝（罐装）	1	58.00	58.00
商品总价: 212.40			
配送费用: 0.00			
总计费用: 212.40 元			

订单明细中显示订单的详细情况，包括订货人、收货地址、购买商品等。在订单取消中需

要附加判断，判断订单撤销是否由本人操作，订单状态是否容许取消（在订单被商家确认后不能被撤销），代码如下。

```
<%
sql="select * from bOrderList where OrderNum='"&request("cancel")&"'"
setrs=Server.Createobject("ADODB.RecordSet")
rs.Open sql,conn,1,3
    if  rs.eof and rs.bof then
            tishi=" 出错了，没有此订单！ "
    elseif  rs("userid")<>request.cookies("buyok")("userid") then' 判断是否本人操作
            tishi=" 出错了，您不能操作此订单！ "
    else
            if rs("Status")="11" then' 订单处于 11 状态可以被恢复
            rs("Status")="0"
            rs.update
            tishi=" 操作成功，所选订单已被恢复！ "
            elseifrs("Status")="0" then' 订单状态值是 0 时可以被撤销
            rs("Status")="11"
            tishi=" 操作成功，所选订单已被取消！ "
            rs.update
            else
            tishi=" 操作失败，此订单不能自行取消！ " ' 如果订单状态不是 0,11 时订单不能被撤销
            end if
    end if
            rs.close
            setrs=nothing
    response.write "<script language='javascript'>" ' 操作提示
    response.write "alert('"&tishi&"');"
    response.write "location.href='my_order.asp';" ' 返回订单列表页
    response.write "</script>"
%>
```

同样，在删除订单时候也不要进行判断，是否可以被删除，代码如下：

```
<%
    if  rs.eof and rs.bof then
            tishi=" 出错了，没有此订单！ "
    elseif  rs("userid")<>request.cookies("buyok")("userid") then
            tishi=" 出错了，您不能操作此订单！ "
    else
            conn.execute("update bOrderList set del=true where OrderNum='"&request("Del")&"'")
            tishi=" 操作成功，所选订单已被删除！ "
    end if
%>
```

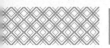
15.2.5 收藏夹

收藏夹对用户来说，可以提供很多的便捷。如果没有这个功能，辛辛苦苦找到的有兴趣的产品以后，下次想购买的时候还要从头再找一遍，费时费力。对于网站运营者来说，这个功能能提高用户潜在的购买。用户在登录的情况下，只需在发现感兴趣商品时单击【收藏】按钮即可，操作非常便捷。加入收藏后的效果如图所示。

选择	商品编号	商品名称	市场价	优惠价	购买
☑	0095	爱乃士轻火因子幼儿开味清和宝（罐装）	58.00元	58.00元	放入购物车

注意：若要删除收藏箱中的商品，请去掉商品前的小勾，再单击"更新收藏"。

更新收藏箱

在需要购买时，只需勾选收藏夹中对应商品，点【放入购物车】就能进行购买操作。

第16章

制作在线购物系统

本章导读

在前面的章节中已经讲述了购物网站首页的布局和关键代码知识点，同时介绍了会员管理系统制作中的关键技术点。本章将继续学习在线购物系统的制作方法，包括电子商城的列表页、内容页和购物车的实现过程。

思维导图

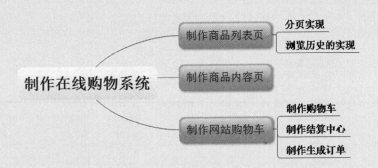

16.1 制作商品列表页

在网站中，商品都是分类的。这样每个分类下会有一定数量的商品，一屏已不能满足显示了，就需要一种新的表现形式，那就是列表页。如下图所示。

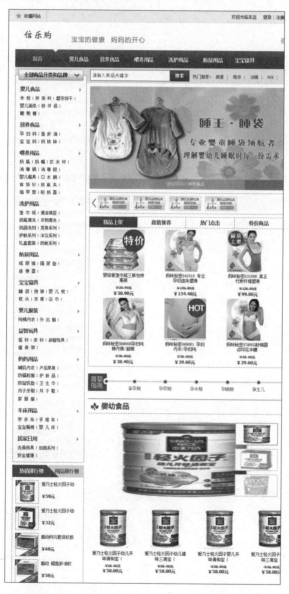

从上图中可以看到，在商品列表页分为 3 部分，左侧的全新商品分类和品牌、热销排行榜及用品排行榜列表。

16.1.1 分页实现

将数据库中的记录分割成若干段"分页显示"。为什么叫"分页显示"？因为其实显示的

原始页面只有 1 页，通过控制数据库显示，来刷新页面的显示内容。

① rs.pagesize---> 定义一页显示记录的条数。

② rs.recordcount---> 统计记录总数。

③ rs.pagecount----> 统计总页数。

④ rs.absolutepage---> 将数据库指针移动到当前页要显示的数据记录的第一条记录，比如有 20 条记录的一个数据库，我们分为 10 条记录显示一页，当你的页面为 2 时，通过使用 rs.absolutepage 将指针移动到第 11 条记录处，依次类推……

例如：

```
<%
    Set rsprolist=Server.CreateObject("ADODB.RecordSet")
    rsprolist.Open sqlprod,conn,1,1
    if rsprolist.bof and rsprolist.eof then
            response.write " 对不起，本商城暂未开业 "
            else
rsprolist.pagesize=8  '定义一页显示的记录数目
tatalrecord=rsprolist.recordcount '获取记录总数目
tatalpages=rsprolist.pagecount '获取分页的数目
rsprolist.movefirst
nowpage=request("page")  '用 request 获取当前页数，注意 page 是自己定义的变量并非函数
if nowpage&"x"="x" then  '处理页码为空时的情况
nowpage=1
else
nowpage=cint(nowpage)  '将页码转换成数字型
end if
rsprolist.absolutepage=nowpage  '将指针移动到当前显示页的第一条记录
n=1
    Do While Not rsprolist.eof and n<= rsprolist.pagesize
%>
    <div class="globalProductWhitegoodsItem_res_w" onMouseOver="this.className='globalProductGraygo
odsItem_res_w'"
    onmouseout="this.className='globalProductWhitegoodsItem_res_w'" >
    <div class="goodsItem_res">
    <a href="list.asp?ProdId=<%=rsprolist("ProdId")%>"><imgsrc="<%=rsprolist("ImgPrev")%>" alt="<%=lleft
(rsprolist("ProdName"),15)%>" class="goodsimg" /></a><br />
    <p><a href="list.asp?ProdId=<%=rsprolist("ProdId")%>" title="<%=lleft(rsprolist("ProdName"),15)%>"><
%=lleft(rsprolist("ProdName"),15)%></a></p>
    <font class="market_s"> ￥<%=lleft(rsprolist("PriceOrigin"),5)%> 元 </font><br />
    <font class="shop_s"> ￥<%=lleft(rsprolist("pricelist"),5)%> 元 </font><br />
    <a href=shop.asp?ProdId=<%=rsprolist("ProdId")%>target="_blank"><imgsrc="css/images/goumai.gif"></
a><a href=fav.asp?ProdId=<%=rsprolist("ProdId")%> target="_blank"><imgsrc="css/images/shoucang.gif"></a>
    </div>
    </div>
<%
```

```
                    n=n+1
                                    rsprolist.movenext
                                    Loop
                    end if
            setrsprolist=nothing
%>
</div>
<h4>
共 :<%=tatalpages%> 页当前为 :<%=nowpage%> 页 <%if nowpage>1 then%><a href="class.asp?page=<%
=nowpage-1%>"> 上一页 </a><%else%> 上一页 <%end if%>
<%for k=1 to tatalpages%>
<%if k<>nowpage then %>
<a href="class.asp?page=<%=k%>"><%=k%></a><%else%><%=k%>
<%end if%>
<%next%>
<%if nowpage<tatalpagesthen%><a href="class.asp?page=<%=nowpage+1%>"> 下一页 </a><%else%> 下
一页 <%end if%>
<%if nowpage<>1 then%><a href="class.asp?page=<%=1%>"> 首页 </a><%else%> 首页 <%end if%>
<%if nowpage<>tatalpages then %><ahref="class.asp?page=<%=tatalpages%>"> 末页 </a><%else%> 末页
<%end if%>
</h4>
```

分页可以分为 4 个过程：首先建立数据链接；其次设置分页参数；再次读取数据；最后翻页设定。

16.1.2 浏览历史的实现

浏览历史功能可以方便购物者查看自己访问网站的记录，方便选择自己感兴趣的商品，给网络购物提供更多方便，代码如下。

```
<div class="boxCenterListclearfix" id='history_list'>
                        <!-- 最近浏览开始 !-->
                                <table cellSpacing=0 cellPadding=0 width=178 >
                                <%
                                liulan = request.cookies("liu")
                                liuid = Request("Prodid")
                                If Len(liulan) = 0 Then
                                liulan = """ &buyid& "', '1'"
                                ElseIfInStr(liulan, liuid ) <= 0 Then
                                liulan = liulan& ", '" &liuid& "', '1'"
                                End If
                                response.cookies("liu") = liulan
                                response.cookies("liu").expires=now()+365
                                %>
                                <%
                                setcqrsprod=conn.execute("select * from bproduc where ProdId
```

```
in ("&liulan&") order by ProdId")
                                        b=rsprod("PriceOrigin")-rsprod("PriceList")
                                        s=1
                                        Do While Not cqrsprod.eof
                                        prodname=lleft(cqrsprod("ProdName"),23)
                                        response.write "<tr><td class=td1 height=30  >  
<imgsrc='images/ico_"&s&".jpg'>  <a href='list.asp?ProdId="&cqrsprod("ProdId")&"'>"&prodname&
"</a></td></tr>"

                                        response.write "<tr><td height=1 background=images/top/
histroy._line.gif></td></tr>"

                                        s=s+1
                                        k=k+1
                                        if k>renmen_num-1 then exit do
                                        ifcqrsprod.eof then exit do
                                        cqrsprod.movenext
                                        loop
                                        response.write "<tr><td height=5 ></td></tr>"
                                        setcqrsprod=nothing
                                        %>
                                        </table>
                                        <!-- 最近浏览结束!-->
    </div>
```

浏览历史的实现是用 Cookie 来记录访客的访问商品编号，然后进行商品检索。使用 Cookie 进行记录有两个好处，一是不增加数据库的负担，二是当 Cookie 过期后能自动清除。

16.2 制作商品内容页

商品内容页制作不仅要把商品展现出来，而且还要能与访客进行交互，可以增加顾客评论、购买记录、如何购买，还可以把相关商品推荐给访客。不仅方便购物，提高服务质量，而且可以把整个网站商品贯穿起来。

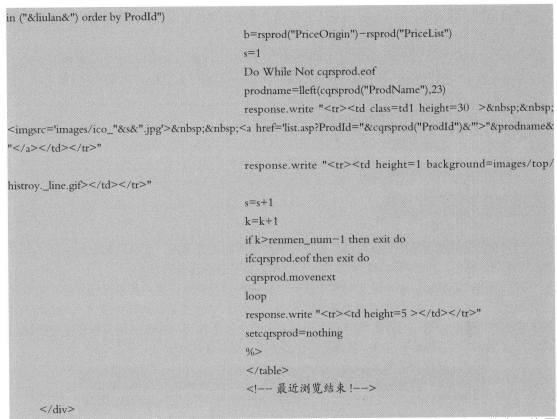

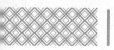
在商品详情页面中，除了以上几个工作要做，通常还要去记录商品的点击量。点击量高的商品一般销售情况都不错。具体代码如下。

```
conn.execute "UPDATE bproduc SET ClickTimes ="&rsprod("ClickTimes")+1&" WHERE ProdId ="'&id&'""
```

通过设置 ClickTimes 字段进行计数，在商品详情页被打开时，使 ClickTimes 自增 1。

16.3 制作网站购物车

下面来说明如何制作购物车。

16.3.1 制作购物车

购物系统是购物网站中最核心的部分。如果网站不能进行购物，那么网站也就失去了基本功能与常见的特色。本节将会对购物车如何实现网上购物进行详细讲解。

用户单击商品展示页面中的【购买】按钮，系统会进行判断该用户是否已经登录，如果已经成功登录，那么可以将该商品添加至购物车中，购物车中的商品数量初始值为 1。如果需要对该商品进行团购的话，可以在购物车页面中单击【修改】按钮，对商品购买数量进行修改。同时，也可以单击【删除】按钮，将商品移出购物车，如下图所示。

购物车页面位于根文件夹下的 check.asp 页面文件中。下面对购物车页面的制作关键代码进行详细讲述。代码主要用来实现购物车添加商品、修改商品数量、删除购物车中的商品。

```
<%
buylist=request.cookies("buyok")("cart")' 取 Cookies 记录所选代购商品
if trim(request("del"))<>"" then ' 删除购物车中某个商品
buylist=replace(buylist,trim(request("del")),"XXXXXXXX")
response.cookies("buyok")("cart")=buylist
end if
If Request("edit") = "ok" Then' 修改购物车中商品数量
buylist = ""
buyid = Split(Request("ProdId"), ", ")
For I=0 To UBound(buyid)
if  i=0 then
buylist = """ &buyid(I) & ", '"&request(buyid(I))&"""
else
```

```
buylist = buylist& ", '" &buyid(I) & "', '"&request(buyid(I))&"'"
end if
Next
response.cookies("buyok")("cart") = buylist' 把修改过的购物情况记录到 cookies
End If
Set rs=conn.execute("select * from bproduc where ProdId in ("&buylist&") order by ProdId")
' 从商品表中根据商品 ID 进行读取商品信息
%>
```

如果是已登录会员将显示会员价格，否则提示提示会员登录，代码如下：

```
<%
if request.cookies("buyok")("userid")="" then ' 使用 cookies 进行判断会员是否登录
    response.write "<a href='alogin.asp'><font color=red>"&huiyuanjia&"</font></a><br>"
    else
    response.write"<font color=red>"&FormatNum(rs("PriceList")*checkuserkou()/10,2)&"</font><br>"
' 已登录显示会员价格
    end if
%>
```

另外还需要统计购物总金额，方便购物者了解要为购物车中商品支付多少钱。代码如下。

```
<%
Sum = 0
While Not rs.eof' 获取选购商品数量
buynum=split(replace(buylist,"'",""),", ")
for  i=0 to ubound(buynum)
ifrs("prodid")=buynum(i) then
Quatity=buynum(i+1)' 取得商品数量
exit for
end if
next
if not isNumeric(Quatity) then Quatity=1
If Quatity<= 0 Then Quatity = 1
Sum = Sum + csng(rs("PriceList"))*Quatity*checkuserkou()/10' 合计商品总价
%>
```

Checkuserkou 用来获取会员折扣。

16.3.2 制作结算中心

当确定要去结算时，单击购物车下方的【结账】按钮，进入【结算中心】按钮，如下图所示。

在结算中心可以看到购物车中的商品，并可以根据情况返回修改订单。但结算中心的主要目的是输入送货信息，包括订货人姓名、地址、电话和送货方式等。

16.3.3 制作生成订单

在确定购买商品和收货信息之后，就可以提交生成订单，如下图所示。

这里需要注意的是订单号的生成，通常我们使用时间与随机数组合。代码如下。

```
<%
Randomize' 强制使用随机数
d=right("00"&int(99*rnd()),2) ' 生成一个两位随机数
yy=right(year(date),2) ' 获取年份的后两位
mm=right("00"&month(date),2) ' 获取月份
dd=right("00"&day(date),2) ' 获取日期
riqi=yy& mm &dd
xiaoshi=right("00"&hour(time),2) ' 获取小时
fenzhong=right("00"&minute(time),2) ' 获取分钟
miao=right("00"&second(time),2) ' 获取秒
inBillNo=yy& mm &dd&xiaoshi&fenzhong&miao& d' 组合订单号
%>
```

生成订单号之后就可以提交订单数据到数据库表，然后就可以选择合适的支付方式进行付款了，商家会在确认订单之后发货。

第 17 章
制作网站后台管理系统

📖 本章导读

在动态网站制作的过程中，网站后台是必不可少的一步。前台页面的信息都是通过后台的操作进行维护更新，所以网站后台在满足功能的同时需要考虑安全性。

✈ 思维导图

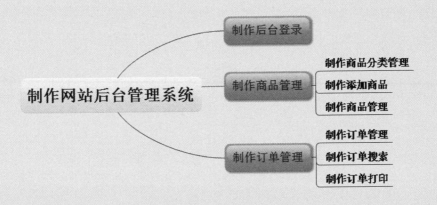

17.1 制作后台登录

后台登录过程同会员登录过程在原理和实现上是一样的。由于后台对于网站经营者相当重要，所以应该加强安全性建设。本例网站后台放在根目录 admin.asp 文件中，如下图所示。

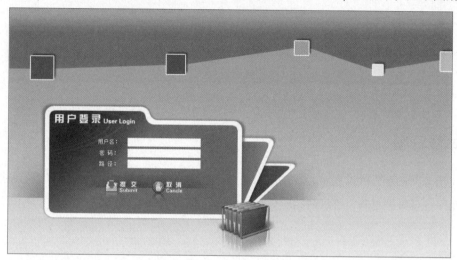

这里使用登录时候输入后台路径进行安全性设定，我们把后台路径设定为一个不常见的个性文件夹名称，能有效阻止一些人的恶意猜测登录。主要代码如下。

```
<%
if session("buyok_admin_login")>=5 then' 判断登录次数,如果错误登录次数大于5,记录IP,锁定禁止登录
Set rs=Server.CreateObject("ADODB.RecordSet")
sql="select * from bconfig"
rs.open sql,conn,1,3
userip=Request.serverVariables("REMOTE_ADDR")
ifinstr(rs("ip"),userip)<0 then rs("ip")=rs("ip")&"@"&userip
rs.update
rs.close
setrs=nothing
response.write "<script language='javascript'>"
response.write "alert(' 您涉嫌非法登录网站后台，已被系统锁定。请与技术人员联系。');"
response.write "location.href='index.asp';"
response.write "</script>"
response.end
end if
path=trim(request("path"))' 取得后台路径
username=trim(request("username"))
password=trim(request("password"))
    if buyoktxtcheck(request("username"))<>request("username") or buyoktxtcheck(request("password"))<>re
```

```
quest("password") then' 验证登录用户名密码是否有非法字符, 避免 sql 攻击
        response.write "<script language='javascript'>"
        response.write "alert(' 您填写的内容中含有非法字符, 请检查后重新输入!  ');"
        response.write "location.href='javascript:history.go(-1)';"
        response.write "</script>"
        response.end
        end if
        if path = "" or username="" or password="" then' 判断输入是否为空
                response.write "<script language='javascript'>"
                response.write "alert(' 填写不完整, 请检查后重新提交!  ');"
                response.write "location.href='javascript:history.go(-1)';"
                response.write "</script>"
                response.end
        end if
        Set fso = Server.CreateObject("Scripting.FileSystemObject")' 检查路径是否存在
                if fso.FolderExists(server.MapPath("./"&path))=false then
                    session("buyok_admin_login")=session("buyok_admin_login")+1' 记录登录次数
                response.write "<script language='javascript'>"
                response.write "alert(' 您填写的目录不存在, 请检查后重新提交。\n\n 提示: 出错
"&session("buyok_admin_login")&" 次 ');"
                response.write "location.href='javascript:history.go(-1)';"
                response.write "</script>"
                response.end
                end if
        set  fso=nothing
        set rs=conn.execute("select * from manage where password='"&md5(password)&"' and username=
'"&username&"'")' 判定用户名密码是否正确
        if not(rs.bof and rs.eof) then
                session("buyok_admin_login")=0
                Response.cookies("buyok")("admin")=username   ' 设置 cookies
                Response.Redirect (path&"/index.asp")           '登入真实后台
        else
                response.write "<script language='javascript'>"
                    session("buyok_admin_login")=session("buyok_admin_login")+1' 记录用户名密码错误次数
                response.write "alert(' 您填写的用户名或者密码有误, 请检查后重新输入。\n\n 提示: 出
错 "&session("buyok_admin_login")&" 次 ');"
                response.write "location.href='javascript:history.go(-1)';"
                response.write "</script>"
                response.end
        end if
        set  rs=nothing
```

```
        conn.close
        set conn=nothing
%>
```

总地来说，本例中使用 4 种安全措施保障后台安全有效登录：

后台路径判定。

用户名密码判定。

密码使用 md5 加密技术。

锁定非法用户登录 IP。

当输入正确的用户名、密码后台地址之后，方可进入管理后台。

17.2 制作商品管理

商品管理是商城类网站后台的根本，前台的商品信息都是由商品管理功能进行维护更新。在本例中实现以下几种功能。

商品分类管理：对商品类别进行维护，包括增加、删除、修改。

商品管理：对商品进行维护，包括增加、删除、修改。

品牌管理：对商品品牌进行维护，包括增加、删除、修改。

17.2.1 制作商品分类管理

通过前面的介绍我们知道，为了提高用户检索商品的效率，最方便快捷的方法就是把商品分类管理。这个功能的实现在目录 admin 的 prod0.asp 中。如下图所示。

商品分类管理						
，婴儿食品 （添加二级分类）	编辑	↑ ↓	删除	浏览		添加一级分类
米 粉	修改	↑ ↓	删除	浏览		
拌 饭 料	修改	↑ ↓	删除	浏览		
磨牙饼干	修改	↑ ↓	删除	浏览		
婴儿面条	修改	↑ ↓	删除	浏览		
奶 伴 侣	修改	↑ ↓	删除	浏览		
葡 萄 糖	修改	↑ ↓	删除	浏览		
，营养食品 （添加二级分类）	编辑	↑ ↓	删除	浏览		
孕 妇 钙	修改	↑ ↓	删除	浏览		
鱼 肝 油	修改	↑ ↓	删除	浏览		
宝 宝 钙	修改	↑ ↓	删除	浏览		
钙 铁 锌	修改	↑ ↓	删除	浏览		
，喂养用品 （添加二级分类）	编辑	↑ ↓	删除	浏览		
奶 瓶	修改	↑ ↓	删除	浏览		
奶 嘴	修改	↑ ↓	删除	浏览		
饮 水 杯	修改	↑ ↓	删除	浏览		
消 毒 锅	修改	↑ ↓	删除	浏览		
消 毒 钳	修改	↑ ↓	删除	浏览		
婴儿餐具	修改	↑ ↓	删除	浏览		
口 水 肩	修改	↑ ↓	删除	浏览		
食 饭 衫	修改	↑ ↓	删除	浏览		

在本例中商品可以进行两级分类，一级分类的实现代码如下。

```
<%
subaddlarclass()
    '增加一级分类
```

```
if request("add")="ok" then' 验证是否是添加动作
If trim(request("newclass"))="" or instr(request("newclass"),"&")>0 or instr(request("newclass"),"%")>0 or instr
(request("newclass"),"'")>0 or instr(request("newclass"),"&quot;")>0 then' 验证输入是否完整
response.write "<script language='javascript'>"
response.write "alert(' 出错了，资料填写不完整或不符合要求，请检查后重新提交。');"
response.write "location.href='javascript:history.go(-1)';"
response.write "</script>"
response.end
end if
set rs=conn.execute("select * from bclass where LarCode='"&trim(request("newclass"))&"'")
if not (rs.eof and rs.bof) then' 检查输入是否已经存在
response.write "<script language='javascript'>"
response.write "alert(' 出错了，已经有一个同名分类存在，请使用其他名称。');"
response.write "location.href='javascript:history.go(-1)';"
response.write "</script>"
response.end
end if
set rs=nothing
set rs=conn.execute("select * from bclass order by larseqdesc")' 生成排序号
if not (rs.eof and rs.bof) then
count=clng(rs("larseq"))+1
else
count=1
end if
set rs=nothing
set rsadd=Server.CreateObject("ADODB.Recordset")' 添加操作
sql="SELECT * FROM bclass"
rsadd.open sql,conn,3,3
rsadd.addnew
rsadd("LarSeq")=count
rsadd("MidSeq")=1
rsadd("LarCode")=trim(request.form("newclass"))
rsadd("MidCode")=trim(request.form("newclass"))
rsadd.update
rsadd.close
set rsadd=nothing
response.write "<script language='javascript'>"
response.write "alert(' 操作成功，已添加一级分类 "&trim(request.form("newclass"))&"，及一个同名
的二级分类。');"
response.write "location.href='prod0.asp';"
response.write "</script>"
```

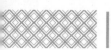

```
response.end
else
…
End if
End sub
%>
```

二级分类添加实现过程与一级分类一样。另外在分类管理中还有个功能是对分类进行排序。前面介绍过，重要的信息总要显示在显眼的位置，商城中主打产品分类同样也要优先显示，这就需要通过后台进行排序操作。一级分类排序提升的代码如下。

```
<%
' 一级分类向上提升
if action="larup" then' 判断是否提升动作
LarCode=request("LarCode")' 获得要提升的类名
i=0
set rs=server.createobject("adodb.recordset")
sql="select * from bclass order by LarSeqasc, MidSeqasc"' 对类别按照大类排列
rs.open sql,conn,1,3
old=""
do while not rs.eof' 循环取得待排序在检索结果中的序号
if rs("larcode")<>old then i=i+1
if rs("larcode")=larcode then
g=i' 把序号赋给变量 G
exit do
end if
if rs.eof then exit do
old=rs("larcode")' 用 old 记录下一个类名
rs.movenext
loop
rs.movefirst' 移动指针到记录集首行
i=0
old=""
do while not rs.eof
if rs("larcode")<>old then i=i+1
if i=g-1 then' 对于排序在上边一位的排序字段加 1
rs("larseq")=i+1
elseif  i>1 and i=g then' 对于待排序的排序字段减 1
rs("larseq")=i-1
else
rs("larseq")=I' 除此之外的排序不变
end if
rs.update
```

```
ifrs.eof then exit do
old=rs("larcode")
rs.movenext
loop
response.Redirect "prod0.asp"
rs.close
setrs=nothing
end if
%>
```

这段代码的作用是把待提升排序商品类别的序号与原先排在它上一位商品类别的序号进行交换，这样就达到提升排序的目的。另外，一级分类降序、二级分类升降序的实现过程都是一样的，不再一一介绍。

17.2.2 制作添加商品

商品的添加是在新商品入库的地方，具体实现在 admin 目录下 prod1.asp 文件中。如下图所示。

添加商品		设置帮助
商品分类	---选择商品所属分类--- ▼	
商品品牌	请选择商品品牌 ▼	
商品编号：	0236	
商品名称：		
商品型号：		
商品产地：		
市场价：	0 元	
会员价：	0 元	
获得积分：	0	
备货状态	⊙ 有货 ○ 缺货	
商品略图	pic/none.gif	浏览
商品大图	pic/none.gif	浏览
商品简介(200字内)		
商品常规信息	常规属性一： ○ 引用 ⊙ 不引用 常规属性二： ○ 引用 ⊙ 不引用 常规属性三： ○ 引用 ⊙ 不引用 常规属性四： ○ 引用 ⊙ 不引用 常规属性五： ○ 引用 ⊙ 不引用	
商品介绍		

只要根据数据库字段设定好要提交的表单进行提交编制、保存代码即可。

17.2.3 制作商品管理

商品管理对已保存在库的商品进行管理，包括编辑、设为推荐、设为特价等。如下图所示。

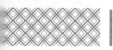

商品管理							设置帮助	
选	编号	名称 [点击名称预览该商品]	添加/提升日期	编辑			状态	点击数
☐	0235	婴倍爱湿巾纸三联包特惠装	2016-05-05	编辑	设为推荐	设为特价	显示	21
☐	0234	妈咪爱密541010 专业孕妇连体塑身衣	2016-05-05	编辑	设为推荐	设为特价	显示	24
☐	0233	妈咪秘密531006 真正竹炭纤维塑身背	2016-05-05	编辑	设为推荐	设为特价	显示	20
☐	0232	妈咪秘密369008孕妇纯棉内裤/超细锦	2016-05-05	编辑	设为推荐	设为特价	显示	19
☐	0231	妈咪秘密369001 孕妇内衣/孕妇纯棉	2016-05-05	编辑	设为推荐	设为特价	显示	21
☐	0230	妈咪秘密379002舒棉圆点印花中腰孕	2016-05-05	编辑	设为推荐	设为特价	显示	21
☐	0229	妈咪秘密279002孕妇文胸 专业孕妇内	2016-05-05	编辑	设为推荐	设为特价	显示	21
☐	0228	妈咪秘密769006专业孕妇家居服 孕妇	2016-05-05	编辑	设为推荐	设为特价	显示	20
☐	0227	妈咪秘密769002专业孕妇家居服 孕妇	2016-05-05	编辑	设为推荐	设为特价	显示	20
☐	0226	妈咪秘密769005专业孕妇家居服 孕妇	2016-05-05	编辑	设为推荐	设为特价	显示	18
☐	0225	妈咪秘密769004专业孕妇家居服 孕妇	2016-05-05	编辑	设为推荐	设为特价	显示	17
☐	0224	妈咪秘密211009孕妇文胸 哺乳文胸	2016-05-05	编辑	设为推荐	设为特价	显示	17

单击【编辑】按钮可以对商品进行编辑，通过【设为推荐】按钮可以把该商品推荐到首页推荐区，通过单击【设为特价】按钮可以控制商品在首页特价区进行显示，【关闭】按钮是停止该商品的显示。比如季节性产品需要在季节过后不再显示，下一年销售季节来时再显示，这就是【打开】按钮要实现的功能。

17.3 制作订单管理

下面来说明如何制作订单的管理功能。

17.3.1 制作订单管理

购物商城前台最核心的功能就是购物车的实现，而在后台最核心的功能就是订单的管理。一个合理的订单管理流程，能大大提高订单处理和发货速度。本例中正常订单管理的流程是【新订单】→【已确认待付款】→【在线支付成功】→【已发货待收货】→【订单完成】。另外，当用户自行取消订单时显示【会员自行取消】，当审核信息不全无法更正时要作为【无效单已取消】处理。订单状态如下图所示。

定单管理						
选	订单号	金额	会员ID	收货人姓名	下单时间	订单状态
☐	16081111453349	58.00	feifei123	王先生	2016-08-11 11:45:34	新订单
☐	16081018012633	212.40	feifei123	vccv	2016-08-10 18:01:27	新订单
☐	12060715291923	39.00	ceshi2	ceshi2	2012-06-07 15:29:20	新订单
☐	12060715185784	32.00	游客	王先生	2012-06-07 15:18:57	新订单
☐	12060617165561	56.00	ceshi2	ceshi2	2012-06-06 17:16:55	已发货,待收货
☐	12060616594319	32.00	ceshi2	ceshi2	2012-06-06 16:59:43	新订单
☐	12060615312648	32.00	游客	vccv	2012-06-06 15:31:26	新订单
☐	12053100131405	184.80	游客	111	2012-05-31 00:13:14	新订单
☐	12052123200447	497.50	游客	111	2012-05-21 23:20:04	新订单
☐ 删除						
总订单数9　每页　首页 前页 下页 末页　第1页 共1页						

订单管理的实现在 admin 目录 order1.asp 中。在订单管理中可以更改订单的各种状态和删除订单。在进行相关操作前需要先检测用户是否有权限处理。权限检测实现功能代码如下。

```
<%
subcheckmanage(str)
Set mrs = conn.Execute("select * from manage where username='"&request.cookies("buyok")("admin")&"'")
if not (mrs.bof and mrs.eof) then
```

```
    manage=mrs("manage")
    ifinstr(manage,str)<=0 then
    response.write "<script language='javascript'>"
    response.write "alert(' 警告：您没有此项操作的权限！ ');"
    response.write "location.href='quit.asp';"
    response.write "</script>"
    response.end
    else
    session("buyok_admin_login")=0
    end if
    else
    response.write "<script language='javascript'>"
    response.write "alert(' 没有登录，不能执行此操作！ ');"
    response.write "location.href='quit.asp';"
    response.write "</script>"
    response.end
    end if
    set mrs=nothing
    end sub
%>
```

订单修改过程实现还是比较简单的。需要注意的是，如果有会员积分，就需要在订单状态更改后处理。代码如下。

```
<%
userid=rs("userid")
OrderNum=rs("OrderNum")
if request.form("edit")="ok" then' 修改订单状态
    setrs=Server.Createobject("ADODB.RecordSet")
    sql="select * from bOrderList where OrderNum='"&OrderNum&"'"
    rs.Open sql,conn,1,3
    rs("LastModifytime")                        = now()
    if trim(request("Memo"))     <>"" then rs("Memo")        = trim(request("Memo"))
    if trim(request("Status"))    <>"" then rs("Status")     = trim(request("Status"))

setrstjr=conn.execute("select * from buser where UserId='"&userid&"'")
setrsjifensum=conn.execute("select * from bOrder where OrderNum='"&OrderNum&"'")
    if request("Status")="99" then' 如果订单完成，更新会员积分
    conn.execute("update buser set totalsum= totalsum+"&rs("ordersum")&" where userid='"&userid&"'")
    conn.execute("update buser set jifen= jifen+"&rs("ordersum")&" where userid='"&userid&"'")
    conn.execute("update buser set jifensum= jifensum+"&rsjifensum("jifensum")&" where userid='"&userid&"'")
    end if
    rs.update
    rs.close
    set rs=nothing
```

```
response.write "<script language='javascript'>"
response.write "alert(' 操作成功，您已经修改一个订单。');"
response.write "location.href='order1.asp?action=list&id="&request("ID")&"';"
response.write "</script>"
response.end
end if
%>
```

17.3.2 制作订单搜索

订单搜索功能对订单管理来说必不可少。在订单数以千计的情况下，依靠分页进行检索订单是不现实的。订单搜索就是通过对订单中的几个主要字段进行组合，在数据库中筛查条件匹配的订单。如下图所示。

筛选条件包括订单状态、订单号、会员名、收货人姓名、联系电话、订单提交时间等。通过这些关键条件，能快速检索需要查找的订单。

17.3.3 制作订单打印

在电子商务活动中，货物配送人员只有收到打印出来的订单凭证才能发货，所以订单打印功能也很重要。订单打印实现文件在 admin 目录下 order4.asp 中。如图所示。

通过调整表格布局和定义表格的样式，使表格符合打印格式，最后通过 window.print() 函数进行 Web 页打印。

网站优化与管理

　　本篇主要介绍网站优化与管理。通过本篇的实战操作，读者可以了解网站发布与 SEO、网络营销推广、网站安全维护与数据采集。

第 18 章
网站发布与 SEO

本章导读

将本地站点中的网站建设好后，接下来需要将网站发布到远端服务器上，供 Internet 上的用户浏览。另外，网站发布完成后还需要提升在搜索引擎中的排名，从而让更多的用户搜索到上传的网站。

思维导图

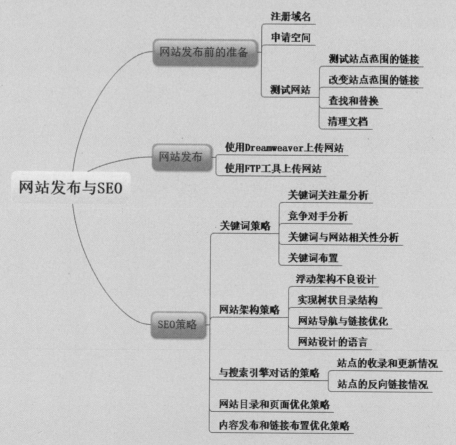

18.1 网站发布前的准备

在将网站上传到网络服务器之前，首先要在网络服务器上注册域名和申请网络空间。同时，还要对本地计算机进行相应的配置，以完成网站的上传。

18.1.1 注册域名

域名可以说是企业的"网上商标"，所以在域名的选择上要与注册商标相符合，以便于记忆。

在申请域名时，应该选择短且容易记忆的域名，另外最好还要和本公司有直接的关系，尽可能地使用本公司的商标或企业名称。

18.1.2 申请空间

域名注册成功，接下来需要为自己的网站在网上安个"家"，即申请网站空间。网站空间是指用于存放网页的置于服务器中的可通过国际互联网访问的硬盘空间（就是用于存放网站的服务器中的硬盘空间）。

自己注册了域名之后，还需要进行域名解析。

域名是为了方便记忆而专门建立的一套地址转换系统。要访问一台互联网上的服务器，最终还必须通过 IP 地址来实现。域名解析就是将域名重新转换为 IP 地址的过程。

一个域名只能对应一个 IP 地址，而多个域名则可同时被解析到一个 IP 地址。域名解析需要由专门的域名解析服务器 (DNS) 来完成。

18.1.3 测试网站

网站上传到服务器后工作并没有结束。下面要做的工作就是在线测试网站，这是一项十分重要又非常烦琐的工作。在线测试工作包括测试网页外观、测试链接、测试网页程序、检测数据库，以及测试下载时间是否过长等。

1. 测试站点范围的链接

测试网站超链接，也是上传网站之前必不可少的工作之一。对网站的超链接逐一进行测试，不仅能够确保访问者能够打开链接目标，并且还可以使超链接目标与超链接源保持高度统一。

在 Dreamweaver CS6 中进行站点各页面超链接测试的步骤如下：

第1步 打开网站的首页，在窗口中选择【站点】→【检查站点范围的链接】菜单命令。

第2步 在 Dreamweaver CS6 设计器的下端弹出【链接检查器】面板，并给出本页页面的检测结果。

第3步 如果需要检测整个站点的超链接时，单击左侧的 ▷ 按钮，在弹出的下拉菜单中选择【检查整个当前本地站点的链接】命令。

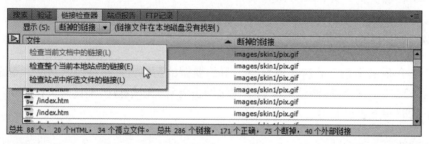

第4步 在【链接检查器】底部弹出整个站点的检测结果。

2. 改变站点范围的链接

更改站点内某个文件的所有链接的具体步骤如下。

第1步 在窗口中选择【站点】→【改变站点范围的链接】菜单命令，打开【更改整个站点链接】对话框。

第2步 在【更改所有的链接】文本框中输入要更改链接的文件，或者单击右边的【浏览文件】按钮，在打开的【选择要修改的链接】对话框中选中要更改链接的文件，然后单击【确定】按钮。

第3步 在【变成新链接】文本框中输入新的链接文件，或者单击右边的【浏览文件】按钮，在打开的【选择新链接】对话框中选中新的链接文件。

第4步 单击【确定】按钮，即可改变站点内的某一个文件的链接情况。

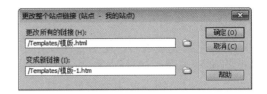

3. 查找和替换

在 Dreamweaver CS6 中，不但可以像 Word 等应用软件一样对页面中的文本进行查找和替换，而且可以对整个站点中的所有文档进行源代码或标签等内容的查找和替换。

第1步 选择【编辑】→【查找和替换】菜单命令。

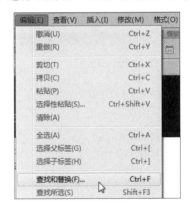

第2步 打开【查找和替换】对话框，在【查找范围】下拉列表中，可以选择【站点中选定的文件】【所选文字】【打开的文档】和【整个当前本地站点】等选项；在【搜索】下拉列表中，可以选择对【文本】【源代码】和【指定标签】等内容进行搜索。

第3步 在【查找】列表框中输入要查找的具体内容；在【替换】列表框中输入要替换的内容；在【选项】组中，可以设置【区分大小写】【全字匹配】等选项。单击【查找下一个】或者【替换】按钮，就可以完成对页面内的指定内容的查找和替换操作。

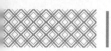

4. 清理文档

测试完超链接之后，还需要对网站中每个页面的文档进行清理，在 Dreamweaver CS6 中，可以清理一些不必要的 HTML，也可以清理 Word 生成的 HTML，以此增加网页打开的速度。具体的操作步骤如下。

（1）清理不必要的 HTML

第1步 选择【命令】→【清理 XHTML】菜单命令，弹出【清理 HTML/XHTML】对话框。可以设置对【空标签区块】【多余的嵌套标签】和【Dreamweaver 特殊标记】等内容的清理。具体设置如下图所示。

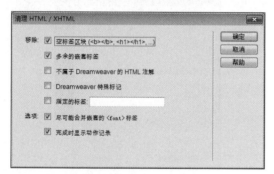

第2步 单击【确定】按钮，即可完成对页面指定内容的清理。

（2）清理 Word 生成的 HTML

第1步 选择【命令】→【清理 Word 生成的HTML】菜单命令，打开【清理 Word 生成的 HTML】对话框。

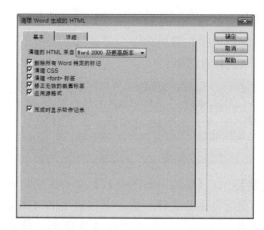

第2步 在【基本】选项卡中，可以设置要清理的来自 Word 文档的特定标记、背景颜色等选项。在【详细】选项卡中，可以进一步设置要清理的 Word 文档中的特定标记以及 CSS 样式表的内容。

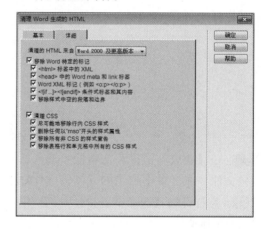

第3步 单击【确定】按钮，即可完成对页面中由 Word 生成的 HTML 的内容的清理。

18.2 网站发布

网站测试好以后，接下来就是发布网站。只有将网站上传到远程服务器上，才能让浏览者浏览。设计者可以利用 Dreamweaver 软件自带的上传功能发布网站，也可以利用专门的 FTP 软件发布网站。

18.2.1 使用 Dreamweaver 上传网站

在 Dreamweaver CS6 中，使用站点窗口工具栏中的 和 按钮，可以将本地文件夹中的

文件上传到远程站点，也可以将远程站点的文件下载到本地文件夹中。将文件的上传／下载操作和存回／取出操作相结合，就可以实现全功能的站点维护。

　　使用 Dreamweaver CS6，可以将本地网站文件上传到互联网的网站空间中。具体的操作步骤如下。

第1步 选择【站点】→【管理站点】菜单命令，打开【管理站点】对话框。

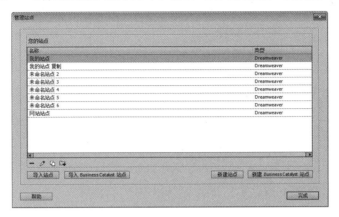

第2步 在【管理站点】对话框中单击【编辑】按钮 ✎，打开【站点设置对象】对话框。

第3步 选择【服务器】选项，单击右侧面板中的 ➕ 按钮。

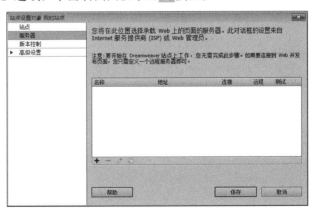

第4步 在【服务器】文本框中输入服务器的名称，在【连接方法】下拉列表中选择【FTP】选项，

在【FTP 地址】中输入服务器的地址，在【用户名】和【密码】中输入相关信息，单击【测试】按钮可以测试网络是否连接成功，单击【保存】按钮完成设置。

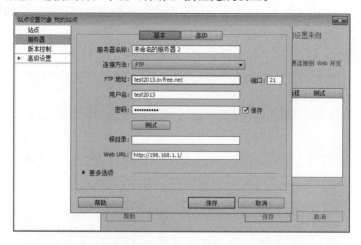

第5步 返回【站点设置对象】对话框。

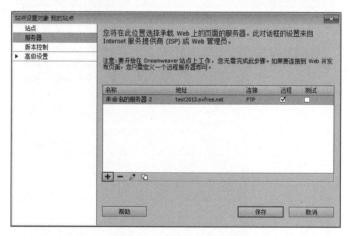

第6步 单击【保存】按钮完成设置。返回到【管理站点】对话框。

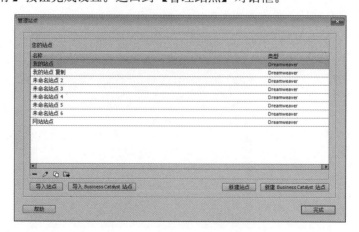

第7步 单击【完成】按钮返回站点文件窗口。在【文件】面板中，单击工具栏上的 按钮。

第 8 步 打开上传文件窗口，在该窗口中单击
🔌按钮。

第 9 步 开始连接到我的站点之上。单击工具
栏中的⬆按钮，弹出一个信息提示框。

第 10 步 单击【确定】按钮，系统开始上传网
站内容。

18.2.2 使用 FTP 工具上传网站

还可以利用专门的 FTP 软件上传网页。具体操作步骤如下（本节以 Cute FTP 8.0 为例进行
讲解）。

第 1 步 在 FTP 软件的操作界面中，选择【新建】菜单中的【FTP 站点】命令。

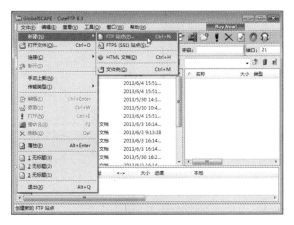

第2步 弹出【此对象的站点属性：无标题(4)】对话框。

第3步 在【此对象的站点属性：无标题(4)】对话框中根据提示输入相关信息，单击【连接】按钮，连接到相应的地址。

第4步 返回主界面后，切换至【本地驱动器】选项卡，选择要上传的文件。

第5步 在左侧窗口中选中需要上传的文件并右击，在弹出的快捷菜单中选择【上载】菜单命令。

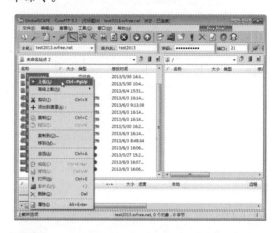

第6步 这时，在窗口的下方窗口中将显示文件上传的进度以及上传的状态。

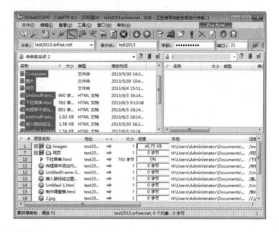

第7步 上传完成后，用户即可在外部进行查看。

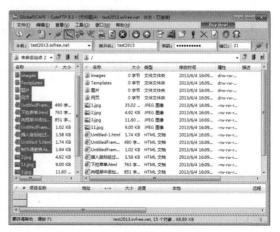

18.3 SEO 策略

无论是新建的网站还是已经建立有些时间的网站，进行 SEO 优化的过程中一定要符合其自身的不同的优化策略。下面以新建网站为例，介绍一些常见的 SEO 优化策略。

18.3.1 关键词策略

通过关键词分析来掌握新建网站的关键词策略，是进行 SEO 重要的一环。

1. 关键词关注量分析

例如：像 SEO 这一类的网站，关注的人自然是不会少。主要在于，如何把关注量给落实到自已网站上来，这才是最根本的。

2. 竞争对手分析

以关键词"成都 SEO"为例，如下图所示，是在百度搜索该关键词后得到的排在前面的结果，可以将这些作为自己网站的竞争对手去分析。

3. 关键词与网站相关性分析

作为 SEO 类网站，主要针对成都这个区域。例如：以"成都 SEO"作为关键词的中心意思，就是将关键词与网站主题相关联。

4. 关键词布置

通过如下图所示的首页内容，能够让我们看到部分该网站的关键词布置。例如，"成都"的长尾关键词"成都网站优化推广"。

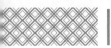

18.3.2 网站架构策略

看一个网站质量怎样，最简单的办法就是看该网站的结构是否符合搜索引擎蜘蛛的喜好。下面通过实例来分析一个网站的架构。

（1）浮动架构不良设计

对于设计过程中，合理地利用浮动框架有利于提高搜索排名。如下图所示，网站中 的"分享""猜你喜欢"这样以浮动的方式呈现还是不错的。

（2）实现树状目录结构

网站实现树状目录结构，因为这样的结构，才利于搜索引擎优化的设计。

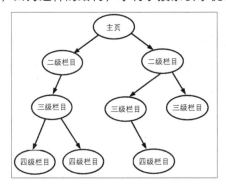

（3）网站导航与链接优化

如下图所示的"赞助商链接"值得我们借鉴与学习。把其他这些站点加上绝对是有效果的链接。

（4）网站设计的语言

一般情况下，一个符合 SEO 的网站，设计语言最好采用 DIV+CSS，这也是时下常用的语言之一。如果再结合有层次、简洁的代码效果，那么网站设计也就能更加地被搜索引擎蜘蛛所喜欢。如下图所示是本案例网站中的部分源代码。

18.3.3 与搜索引擎对话的策略

日常生活中我们通过对话来认识一个人，反映在搜索引擎优化上也是同样的道理。我们需要与搜索引擎对话，让搜索引擎知道网站。反映到具体事务上，比如向搜索引擎登陆入口提交新建的尚未收录的站点。

通过掌握站点的收录、更新、以及反向链接情况，就能判断与搜索引擎对话的效果。

（1）站点的收录和更新情况

想知道站点的收录和更新情况，通过在搜索框中输入"site: 你的域名"这个方法就可以了。从如下图所示的结果中可以发现，如果今天 10 月 10 日，网站的快照日期是 8 日。3 天内的快照，这个成绩是相当不错的。

（2）站点的反向链接情况

想知道站点的收录和更新情况，在搜索框中输入"domain:你的域名"或者"link:你的域名"，这样的方法就可以了。如下图所示，就是该新建网站（http://liverpool.7ta.cn/）的反向链接情况。

通过以上操作，我们就能大致了解到一个网站被搜索引擎收录、更新以及反向链接的情况。如果想更好地实现与搜索引擎对话，建议采用 Google 网站管理员工具。

18.3.4 网站目录和页面优化策略

很多人可能会认为，让网站首页在搜索引擎中有好的排名就算是 SEO 了。其实 SEO 远不止这些，更重要的是让网站的每个页都带来流量。例如，长尾关键词采用内页优化，就是一个

内页优化的关键步骤。

下面来看一下实例网站是怎么做的。在网站目录和页面优化方面，如下图所示的"娱乐视频"应该是最没有相关度的一块了，但是我们也知道这一类内容往往有很多网友喜欢看，把这些内容单独设置一个目录放在页面中，理由也就可想而知了。

18.3.5 内容发布和链接布置优化策略

有规律地更新网站内容，是搜索引擎喜欢的。关于内容发布方面的 SEO 优化技巧，需要做好合理安排网站内容的发布日程、每天更新的时间段以及发布文章内容的原创性高低等工作。

关于链接布置的 SEO 优化技巧，就是把整个网站有机地串联起来，让搜索引擎明白每个网页的重要性和关键词。反映到实际工作上来，就是网站关键词的布置。例如在"成都 SEO 的热门文章"这个首页中开头位置的文章列表中有如下图所框选的内容。

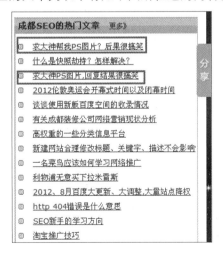

然后在首页的后面部分如下图所示的"互联网"中也有所框选的内容。这样的内容发布和链接布置是一个不错的办法，在网站中我们也常有见到。

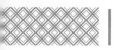

◇ 正确上传文件

上传网站的文件需要遵循两个原则：首先要确定上传的文件一定会被网站使用，不要上传无关紧要的文件，并尽量缩小上传文件的体积；其次上传的图片要尽量采用压缩格式，这样不仅可以节省服务器的资源，还可以提高网站的访问速度。

◇ 设置网页自动关闭

如果希望网页在指定的时间内能自动关闭，可以在网页源代码的标签后面加入如下代码。

```
<script LANGUAGE="JavaScript">
setTimeout("self.close()",5000)
</script>
```

代码中的"5000"表示 5 秒钟，它是以毫秒为单位的。

第 19 章

网站营销推广

⊟ 本章导读

　　网站做好后需要大力的宣传和推广，只有如此才能让更多的人知道并浏览。宣传推广的方式很多，包括利用大众传媒、网络传媒、电子邮件、留言本与博客、在论坛中宣传等，效果最明显的是利用网络传媒进行推广。

✈ 思维导图

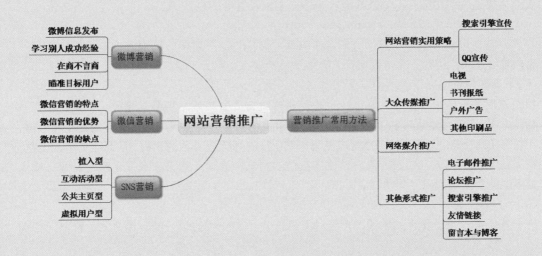

19.1 营销推广常用方法

在当今的网络时代，传统营销模式已经满足不了当前经济发展的需要。下面我们就来了解一下关于网络营销推广的方方面面，看它是如何助力公司、企业进行高速的发展的。

19.1.1 网站营销实用策略

网站做好之后需要进行宣传和推广，才能被更多的浏览者访问，没有访问量的网站显然是毫无意义的。下面介绍网站宣传使用的策略。

1. 搜索引擎宣传

搜索引擎是进行信息检索和查询的专门网站。很多网站的宣传都依靠搜索引擎。比如很多人都习惯利用百度搜索信息，所以，如果在百度上注册你的网站，被搜索到的机会就很大。国内此类网站很多，如百度、网易、搜狐、必应等。按要求填表格就能成功注册，以后浏览者就能在这些引擎中查到自己的网站。

2. QQ 宣传

目前，很多网页浏览者都有自己的 QQ，所以利用 QQ 宣传也是一个比较实用的方法。首先多注册几个 QQ 号码，然后在 QQ 中创建不同的分组，依次添加陌生人开始宣传网站。一般以创业为向导，找到和浏览者共同的兴趣点。

19.1.2 大众传媒推广

大众传媒通常包括电视、书刊报纸、户外广告以及其他印刷品等。

（1）电视

目前，电视是最大的宣传媒体。如果在电视中做广告，一定能收到像其他电视广告商品一样家喻户晓的效果，但对于个人网站而言就不太适合了。

（2）书刊报纸

报纸是仅次于电视的第二大媒体，也是使用传统方式宣传网站的最佳途径。例如，作为一名电脑爱好者，在使用软硬件和上网的过程中，通常也积累了一些值得与别人交流的经验和心得，那就不妨将它写出来，写好后寄往像《电脑爱好者》杂志等比较著名的刊物，从而让更多人受益。或者将一些难以用书稿方式表达的内容放在自己的网站中表达。如果文章很受欢迎，那么就能吸引更多的朋友来访问自己的网站。

（3）户外广告

在一些繁华、人流量大的地段的广告牌上做广告也是一种比较好的宣传方式。目前，在街

头、地铁内所做的网站广告就说明了这一点，但这种方式比较适合有实力的商业性质的网站。

（4）其他印刷品

公司信笺、名片、礼品包装等都应该印上网址名称，让客户在记住你的名字、职位的同时，也能看到并记住你的网址。

19.1.3 网络媒介推广

由于网络广告的对象是网民，具有很强的针对性，因此，使用网络广告不失为一种较好的宣传方式。

在选择网站做广告的时候需要注意以下两点。

① 应选择访问率高的门户网站，才能达到"广而告之"的效果。

② 优秀的广告创意是吸引浏览者的重要手段。要想唤起浏览者点击的欲望，就必须给浏览者点击的理由。因此，图形的整体设计、色彩和图形的动态设计以及与网页的搭配等都很重要。

19.1.4 其他形式推广

1. 电子邮件推广

这个方法对自己熟悉的朋友使用还可以，或者在主页上提供网站更新邮件订阅功能。这样，在自己的网站更新后便可通知网友了。如果向自己不认识的网友发 E-mail 宣传自己网站就不太友好了，有些网友会认为那是垃圾邮件，可能会给网友留下不好的印象，并被列入黑名单或拒收邮件列表。这样对提高自己网站的访问率并无实质性的帮助，而且若未经别人同意就三番五次地发出同样的推广信，也是不礼貌的。

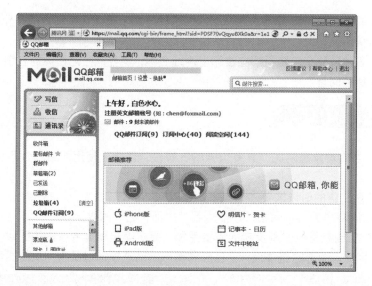

| 提示 |

　　发出的 E-mail 邀请信要有诚意，态度要和蔼，并将自己网站更新的内容简要地介绍给网友。倘若网友表示不愿意再收到类似的信件，就不要再将通知邮件发送给他们了。

2. 论坛推广

　　目前，大型的商业网站中一般都有专业论坛，有的个人网站上也有论坛，在论坛中留言也是一种很好的宣传网站的方式。

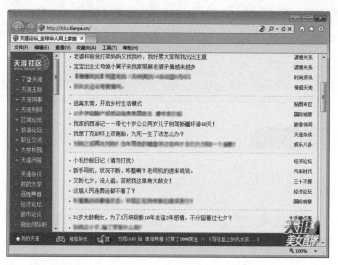

3. 搜索引擎推广

　　在知名的网站中注册搜索引擎，可以提高网站的访问量。当然，很多搜索引擎（有些是竞价排名）是收费的，商业网站可以使用，个人网站就不宜使用。

　　例如：在百度网站首页中单击页面下方的【百度推广】链接。

打开【百度推广】页面，在其中可以进行营销推广。

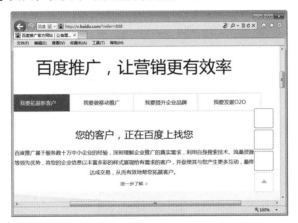

4. 友情链接

对个人网站来说，友情链接可能是最好的宣传网站的方式。和访问量大的、优秀的个人网页相互交换链接，能大大提高网页的访问量。

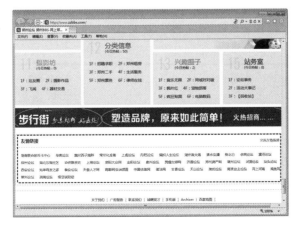

友情链接是相互建立的。要别人加上自己网站的链接，也应该在自己网站的首页或专门做

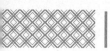

【友情链接】的专页放置对方的链接，并适当地进行推荐。这样才能吸引更多人愿意与你交换链接。此外，网站标志要制作得漂亮、醒目，使人一看就有兴趣点击。

5. 留言本与博客

在网上浏览、访问别人的网站时，看到一个不错的网站，可以考虑在这个网站的留言板中留下赞美的语句，并把自己网站的简介、地址一并写下来。将来其他网友看到这些留言，说不定会有兴趣到你的网站参观一下。

随着网络的发展，诞生了许多个人博客。在博客中也可以留下你网站宣传的语句。还有一些是商业网站的留言板、博客等，如网易博客、自贡 169 留言板等。每天都会有数百人在上面留言，访问率较高，让别人知道自己网站的效果会更明显。

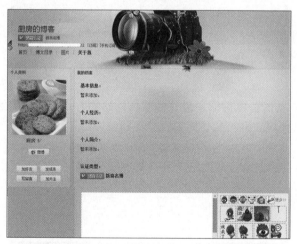

19.2 微博营销

网站微博建立之初，首先就要考虑定位的问题。微博的主要作用是快速宣传网站新闻、产品、文化等，同时对外提供一定的客户服务和技术支持反馈，是对外信息发布的一个重要途径。

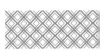

19.2.1 微博信息发布

如下图所示是春秋航空的一条微博，打出了一个新的航线，通过精要文字 + 巧妙释义的图片对自己企业近期的活动做了一个发布。在文字上春秋航空注意了结合时下流行的网络词汇，从而让本来很刻板的广告信息，变得活泼了许多。

春秋航空的微博

19.2.2 学习别人成功经验

学习别人的成功经验永远是最有效和最直接地提高自身微博营销水平的办法，在发送促销信息时，太多的企业停留在以大奖诱惑请人转发的层面上，用户仅仅是为了和企业无关的大奖而互动，不是真心实意地去和企业交流。这方面日本的优衣库有过极佳的案例。

一次，优衣库在 Twitter 上陈列了 10 件衣服，规定"越多评论，价格越低"。如果有用户进入评论系统，网站就会告诉用户目前这件衣服有多少条评论，售价已经下降多少，距离最低价格还差多少评论。如果用户也写上一段评论，系统就会提示"在你的努力之下，价格又下降了"。

19.2.3 在商不言商

很多企业微博在创立之后都有一个目标，那就是尽可能多地通过微博去发布活动，做好营销公关，让网民通过微博来购买自己的服务（产品），希望通过微博来实现与消费者的直接沟通。因此，在企业微博上充斥了大量的产品信息和促销公告。

其实，促销信息要发，企业新闻要有，但这样的内容最多只能占三分之一，另外的三分之二则是要通过微博来树立企业品牌形象，尤其是亲民的形象。

东航凌燕就是一个很生动的例子。如下图所示。

这个典型的企业微博账号通过空姐这一载体，直接拉近了和用户的距离。它大量发布空姐的工作生活常态，以潜移默化的方式来营造自己的品牌，用微博树立品牌而不是做销售。

19.2.4　瞄准目标用户

不管哪一种微博营销推广模式，要求一定要精准。没有哪一家互联网网站不想将网站的声音传递到最应该传达到的受众身上，这可以广义地理解为信息对于目标用户的"精准递送"。如果这种信息传播没做到精准，那么推广就和目标人群发生了信息传递不匹配，不会形成有效的反馈、互动。

因而，网站在策划微博营销活动之前，就应该明确该如何利用最有效的信息传输渠道，将活动信息，精准传递到目标用户手中。

19.3 微信营销

微信营销是网络经济时代企业或个人营销模式的一种，是伴随着微信的火热而兴起的一种网络营销方式。微信不存在距离的限制，用户注册微信后，可与周围同样注册的"朋友"形成一种联系，订阅自己所需的信息。商家通过提供用户需要的信息，推广自己的产品，从而实现点对点的营销。

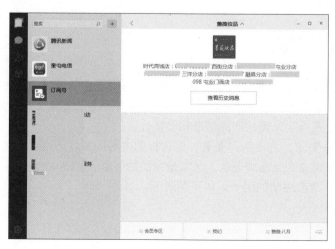

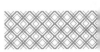

19.3.1 微信营销的特点

微信营销主要通过安卓系统、苹果系统的手机或者平板电脑中的移动客户端进行区域定位营销，具有以下特点。

（1）点对点精准营销

微信拥有庞大的用户群，借助移动终端的位置定位等优势，能够让每个个体都有机会接收到推送信息，继而帮助商家实现点对点精准化营销。

（2）形式灵活多样

用户可以发布语音或者文字然后投入"大海"中，如果有其他用户"捞"到则可以展开对话。如招商银行的"爱心漂流瓶"用户互动活动就是个典型案例。

（3）位置签名

商家可以利用"用户签名档"这个免费的广告位为自己做宣传。附近的微信用户就能看到商家的信息。如饿的神、K5 便利店等就采用了微信签名档的营销方式。

（4）二维码

用户可以通过扫描识别二维码身份来添加朋友、关注企业网站账号；企业则可以设定自己品牌的二维码，用折扣和优惠来吸引用户关注，开拓 O2O 的营销模式。

（5）开放的平台

通过微信开放平台，微信营销企业可以接入第三方应用，还可以将企业的 LOGO 放入微信附件栏，使用户可以方便地在会话中调用第三方应用进行内容选择与分享。例如，"美丽说"的用户可以将自己在"美丽说"中的内容分享到微信中，使一件"美丽说"的商品得到不断传播，进而实现口碑营销。

（6）公众的平台

在微信公众平台上，每个人都可以打造自己的微信公众账号，并在微信平台上实现和特定群体通过文字、图片、语音进行全方位沟通和互动。

（7）强关系的机遇

微信的点对点产品形态注定了其能够通过互动的形式将普通关系发展成强关系，从而产生更大的价值。通过互动的形式与用户建立联系，可以解答疑惑，可以讲故事甚至可以"卖萌"，让企业与消费者形成朋友的关系。你不会相信陌生人，但是会信任"朋友"。

19.3.2 微信营销的优势

微信一对一的互动交流方式具有良好的互动性，精准推送信息的同时更能形成一种朋友关系。基于微信的种种优势，借助微信平台开展客户服务营销也成为继微博之后的又一新兴营销渠道。

（1）高到达率

营销效果很大程度上取决于信息的到达率，这也是所有营销工具最关注的地方。与手机短信群发和邮件群发被大量过滤不同，微信公众账号所群发的每一条信息都能完整无误地发送到终端手机，到达率高达 100%。

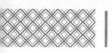
（2）高曝光率

曝光率是衡量信息发布效果的另外一个指标。信息曝光率和到达率完全是两码事。与微博相比，微信信息拥有更高的曝光率。在微博营销过程中，除了少数一些技巧性非常强的文案和关注度比较高的事件被大量转发后获得较高曝光率之外，直接发布的广告微博很快就淹没在微博滚动的动态中，除非你是刷屏发广告或者用户刷屏看微博。

而微信是由移动即时通讯工具衍生而来，天生具有很强的提醒力度。微信铃声、通知中心消息停驻、角标等，随时提醒用户收到未阅读的信息，曝光率高达 100%。

（3）高接受率

微信用户已达 3 亿，已经成为或者超过类似手机短信和电子邮件的主流信息接收工具，其广泛和普及性成为营销的基础。一些微信大号动辄数万甚至十数万粉丝。除此之外，由于公众账号的粉丝都是主动订阅，信息也是主动获取，完全不存在因垃圾信息而遭致抵触的情况。

（4）高精准度

事实上，那些粉丝数量庞大且用户群体高度集中的垂直行业微信账号，才是真正炙手可热的营销资源和推广渠道。比如酒类行业知名媒体佳酿网旗下的酒水招商公众账号，拥有近万名由酒厂、酒类营销机构和酒类经销商构成的粉丝群体，这些精准用户相当于一个盛大的在线糖酒会，每一个粉丝都是潜在客户。

（5）高便利性

移动终端的便利性再次增加了微信营销的高效性。相对于 PC 电脑而言，智能手机不仅能够拥有 PC 电脑所能拥有的任何功能，而且携带方便，用户可以随时随地获取信息，这会给商家的营销带来极大方便。

19.3.3 微信营销的缺点

微信营销所基于的强关系网络，如果不顾用户的感受，强行推送各种广告信息，会引起用户的反感。凡事理性而为，善用微信这一时下最流行的互动工具，让商家与客户回归最真诚的沟通，才是微信营销真正的王道。

19.4 SNS 营销

SNS 营销是一种随着网络社区化而兴起的营销方式。SNS 社区在中国快速发展时间并不长，但是现在已经成为备受广大用户欢迎的一种网络交际模式。SNS 营销就是利用 SNS 网站的分享和共享功能实现的一种营销。

下面具体介绍 SNS 营销的模式。

（1）植入型

通过在 SNS 的游戏、道具、虚拟礼物场景中植入网站相关链接，对用户施加潜移默化影响的一种营销方式。

（2）互动活动型

它的核心在于互动和分享，多以有趣的游戏来设置活动环节，让网友自动在 SNS 网络里面进行传播和分享，实现一定的营销目的。

（3）公共主页型

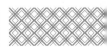

通过打造自主的形象页面，与用户交朋友，开展互动活动，进行品牌宣传口碑传播的一种营销方式。

（4）虚拟用户型

以个人身份注册，不明示自己的推广目的，通过与 SNS 用户成为好友或进入相关群组发布相关信息来实现推广目的的营销方式。

例如，人人网就是 SNS 网站，也就是一种社区型的非开放网站。这种网站是会员制，里面有很多类型的人群。

◇ 微博怎么有效增加粉丝

增加微博粉丝的方法其实有很多，下面介绍常用的方法。

① 微博的个人资料一定要完整，要以开诚布公的心态来做微博。只有对别人真诚，别人才会愿意看你的微博。

② 对于企业微博来说，前期不发或分发企业营销广告或信息，而是发布一些热点新闻评论或者一些小笑话等，由此来吸引人的关注。

③ 主动和目标读者的微博沟通，主动出击。

④ 参与一些热门话题的讨论，在一些圈子里面首先要混个脸熟。

◇ 如何利用好微博推广淘宝店网址

时下电子商务的发展速度突飞猛进，许多人都选择在淘宝网开店。下面就简单地谈下如何利用微博推广自己的淘宝店。

（1）优秀的产品质量

所有的推广方法与技巧都应该建立在产品的基础上。如果产品质量不好，就算推广再好，

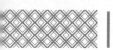

有人买了，也不会第二次购买，并且很可能给你差评，会严重影响自己的店铺信誉。

（2）微博内容的发布

微博内容的发布也有很多技巧。每天发一定量的微博，十几条就够了。太多了容易造成粉丝反感。并且要分不同时段发送，选择微博活跃的高峰时间来发布。在内容的编写上要自然、巧妙地将自己的产品信息融合在微博内容中，要让粉丝觉得这不是广告。只要将自己的产品通过这种方式发布出去，而且没有让粉丝感到厌烦，那就达到了很好的宣传效果。

（3）利用好微博的有奖活动

有奖活动是个非常不错的宣传手段，可以为店铺带来许多流量与关注。如果有粉丝觉得需要你的产品，并觉得质量还不错，那就会成为你的长期客户，也能打造自己的品牌信誉。因为淘宝店都是小店，可以联合几个同行业的店铺来一起做这个活动，这样达到的效果会更好。

（4）做好服务工作

顾客是上帝，不论顾客是对的还是错的，都应该有良好的服务态度，一切都应该以用户体验为中心。要学会站在顾客的角度来思考问题。也可以利用微博之间的互动了解顾客到底在想什么，需要什么样的产品。只有掌握了顾客的需求才能更好地满足他们。顾客满意了，他们对店铺的信任度才会高，店铺的信誉才会跟着提高。

第 20 章

网站安全维护与数据采集

本章导读

网站投入运营后，除了日常更新信息外，最重要的就是安全与维护问题。网络在为用户提供方便的同时，也会带来一些烦恼，例如数据丢失会使整个网站瘫痪，无法正常运营。做好数据备份可以防患于未然。网站数据采集技术不仅能帮助网站收集数据生成内容，同时还能对内容进行统计和分析，对维护网站数据的安全有一定的帮助。

思维导图

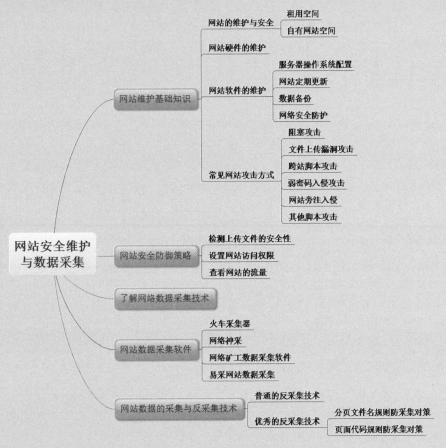

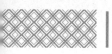
20.1 网站维护基础知识

在学习网站安全与防御策略之前，用户需要了解网站基础知识。

20.1.1 网站的维护与安全

网站安全的基础是系统及平台的安全。只有做好系统平台的安全工作后才能保证网站的安全。随着网站数量增多，以及编写网站代码的程序语言不断更新，网站漏洞不断出新，黑客攻击手段不断变化，让用户防不胜防。但用户可以以不变应万变，从以下几个方面来保证网站的安全。

由于每个网站的服务器空间并不都是自己的，一些小的公司没有经济实力购买自己的服务器，只能去租别人的服务器，所以不同的网站服务器空间其网站防范措施也不尽相同。

1. 租用空间

在租用空间的情况下，网站管理员只能在保护网站的安全方面下功夫，即在网站开发这方面做一些安全的工作。

① 网站数据库的安全。一般的攻击主要是针对网站数据库，所以需要在数据库连接文件中添加相应的防攻击代码。例如，在检查网站程序时打开那些含有数据库操作的 ASP 文件，这些文件是需要防护的页面，在其头部加上相关的防注入代码，最后再把它们都上传到服务器上。

② 堵住数据库下载漏洞，换句话说就是不让别人下载数据库文件，并且数据库文件的命名最好复杂并隐藏起来，让别人认不出来。有关防范数据库下载漏洞的知识，将在下一节详细介绍。

③ 网站中最好不要有上传和论坛程序，因为这样最容易产生上传文件漏洞以及其他的网站漏洞。

④ 后台管理程序。对于后台管理程序的要求，首先不要在网页上显示后台管理程序的入口链接，防止黑客攻击；其次就是用户名和密码不能过于简单，并定期更换。

⑤ 定期查杀网站上的木马，使用专门查杀木马的工具，或使用网站程序集成的监测工具定期检查网站上是否存在木马。除以上外，除了数据库文件外，还可以把网站上的文件都改成只读的属性，以防止文件被篡改。

2. 自有网站空间

除了采用上述几点对网站安全进行防范外，还要强化网站服务器的安全措施。这里以 Windows+IIS 实现的平台为例，强调如下几点。

① 服务器的文件存储系统要使用 NTFS 文件系统。因为在对文件和目录进行管理方面，NTFS 系统更安全有效。

② 关闭默认的共享文件。

③ 建立相应的权限机制，以最小化原则将权限分配给 Web 服务器访问者。

④ 删除不必要的虚拟目录、危险的 IIS 组件和不必要的应用程序映射。

⑤ 保护好日志文件的安全。日志文件是系统安全策略的一个重要环节，可以通过对日记的查看，及时发现并解决问题，确保日志文件的安全能有效提高系统整体安全性。

20.1.2 网站硬件的维护

硬件中最主要的就是服务器，一般要求使用专用的服务器，不要使用普通的 PC 代替。因为专用的服务器中有多个 CPU，并且硬盘等各方面的配置也比较优秀。如果其中一个 CPU 或硬盘坏了，别的 CPU 和硬盘还可以继续工作，不会影响到网站的正常运行。

网站机房通常要注意室内的温度、湿度以及通风性，这些将影响到服务器的散热和性能的正常发挥。如果有条件，最好使用两台或两台以上的服务器，所有的配置最好都是一样的，因为服务器运行一段时间要进行停机检修，在检修的时候可以由别的服务器工作，这样不会影响到网站的正常运行。

20.1.3 网站软件的维护

软件管理也是确保一个网站能够良好运行的必要条件，通常包括服务器的操作系统配置、网站的定期更新、数据的备份以及网络安全的防护等。

1. 服务器的操作系统配置

一个网站要能正常运行，硬件环境是一个先决条件。但是服务器操作系统的配置是否可行和设置的优良性如何，则是一个网站能否良好长期运行的保证。除了要定期对操作系统进行维护外，还要定期对操作系统进行更新，使用最先进的操作系统。一般来说，操作系统中软件安装的原则是少而精，就是在服务器中安装的软件应尽可能地少，只要够用即可，这样可防止各个软件之间相互冲突。因为有些软件不健全、有漏洞，需要进一步地完善，所以安装得越多，潜在的问题和漏洞也就越多。

2. 网站的定期更新

网站创建之后并不是一成不变的，还要对网站进行定期更新。除了更新网站信息外，还要更新或调整网站的功能和服务。对网站中的废旧文件要随时清除，以提高网站的性能，从而提高网站的运行速度。不要以为网站上传、运行后便万事大吉、与自己无关了，其实还要多光顾自己的网站，作为一个旁观者来客观地评价自己的网站，比较自己的网站与别的优秀网站还有哪些不足。然后再进一步完善自己网站中的功能和服务。还有就是要时时关注互联网的发展趋势，随时调整自己的网站，使其顺应潮流，以便提供更便捷和贴心的服务。

3. 数据的备份

对自己网站中的数据定期进行备份，既可以防止服务器出现突发错误丢失数据，又可以防止自己的网站被别人"黑"掉。如果有了定期的网站数据备份，那么即使自己的网站被别人"黑"掉了，也不会影响网站的正常运行。

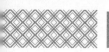

4. 网络安全的防护

所谓网络的安全防护，就是防止自己的网站被别人非法侵入和破坏。除了要对服务器进行安全设置外，首要的一点是要及时下载和安装软件的补丁程序。另外，还要在服务器中安装、设置防火墙。防火墙虽然是确保安全的一个有效措施，但不是唯一的，也不能确保绝对安全，为此，还应该使用其他的安全措施。另外一点就是要时刻对自己的服务器进行查毒、杀毒等操作，以确保系统的安全运行。

随着网络的飞速发展，网络上的不安全因素也越来越多，所以有必要保护网络的安全。在操作计算机的同时，要采用一定的安全策略和防护方法，如提高网络的安全意识，要养成不随意透露密码，尽量不用生日或电话号码等容易被破解的信息作为密码，经常更换密码，禁用不必要的服务等习惯。在操作计算机时，显示器上常常会出现一些不需要的信息，应根据实际情况禁用一些不必要的服务，安装一些对计算机能起到保护作用的程序等。

20.1.4 常见网站攻击方式

网站攻击的手段极其多样，黑客常用的手段主要有如下几种。

1. 阻塞攻击

该类攻击手段主要是企图通过强占网站服务器中的存储空间资源，使网站服务器崩溃或资源耗尽，进而无法对外继续提供服务。阻塞类攻击手段典型的攻击方法是拒绝服务攻击（Denial of Service，DOS），该方法是一类个人或多人利用网络协议组的某些工具，拒绝合法用户对目标系统（如服务器等）或信息访问的攻击。攻击成功后的后果为目标系统死机、端口处于停顿状态等，还可以在网站服务器中发送杂乱信息、改变文件名称、删除关键的程序文件等，进而扭曲系统的资源状态，使系统的处理速度降低。

2. 文件上传漏洞攻击

网页代码中文件在上传的过程中，由于上传路径变量过滤不严格，从而产生一些以某种形式存在的安全方面的脆弱性环节，这就是网站的上传漏洞。利用这个上传漏洞可以随意上传网页木马（如 ASP 木马网页），然后连接上传的网页即可控制整个网站系统。

网站的上传漏洞根据在网页文件上传的过程中对其上传变量的处理方式不同，可分为动力型和动网型两种。其中，动网型上传漏洞是由于编程人员在编写网页时未对文件上传路径变量进行任何过滤就可以上传，从而产生的漏洞。动网型上传漏洞最早出现在动网论坛中，其危害性极大，很多网站都遭受过攻击。而动力上传漏洞是因为网站系统没有对上传变量进行初始化，在处理多个文件上传时，可以将 ASP 文件上传到网站目录中所产生的漏洞。

上传漏洞攻击方式对网站安全威胁极大，攻击者可以直接上传就 ASP 木马文件而得到一个 WEBSHELL，进而控制整个网站服务器。

3. 跨站脚本攻击

跨站脚本攻击一般是指黑客在远程站点页面 HTML 代码中插入具有恶意目的的代码，当用户下载该页面，嵌入其中的恶意脚本就被解释执行。跨站脚本攻击方式最常见的有：通过窃取

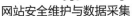

cookie、欺骗打开木马网页，或者直接在存在跨站脚本漏洞的网站中写入注入脚本代码，在网站挂上木马网页等。

4. 弱密码的入侵攻击

这种攻击方式首先需要用扫描器探测到 SQL 账号和密码信息，进而拿到预留密码，然后用 SQLEXEC 等攻击工具通过 1433 端口连接网站服务器，再开设一系统账号，通过 3389 端口登录。这种攻击方式还可以配合 WEBSHELL 来使用。一般的 ASP+MSSQL 网站通常会把 MSSQL 连接密码写到一个配置文件当中，这个可以用 WEBSHELL 来读取配置文件里面的预留密码，然后上传一个 SQL 木马来获取系统的控制权限。

5. 网站旁注入侵

这种技术是通过 IP 绑定域名查询的功能查出服务器上有多少网站，再通过一些薄弱的网站实施入侵，拿到权限之后转而控制同一服务器的其他网站。

6. 其他脚本攻击

网站服务器的漏洞主要集中在各种网页中。由于网页程序编写的不严谨，因而出现了各种脚本漏洞，如动网文件上传漏洞、Cookie 欺骗漏洞等都属于脚本漏洞。除了这几类常见脚本漏洞外，还有一些专门针对某些网站程序出现的脚本程序漏洞，最常见的有用户对输入的数据过滤不严、网站源代码暴露以及远程文件包含漏洞等。

20.2 网站安全防御策略

在了解了网站安全基础知识后，下面介绍网站安全防御策略。

20.2.1 检测上传文件的安全性

服务器提供了多种服务项目，其中上传文件是最基本的服务项目。它可以让空间的使用者自由上传文件，但是在上传文件的过程中，很多用户可能会上传一些对服务器造成"致命"打击的文件，最常见的是 ASP 木马文件。所以网络管理员必须利用入侵检测技术来检测网页木马是否存在，以防止随时随地都有可能产生的安全隐患。"思易 ASP 木马追捕"就是一个很好的检测工具，通过该工具可以检测到网站中是否存在 ASP 木马文件。

下面介绍使用"思易 ASP 木马追捕"来检测上传文件是否为木马的过程。其具体的操作步骤如下。

第1步 下载"思易 ASP 木马追捕 2.0"源文件，并将 asplist2.0.asp 文件存放在 IIS 默认目录 H:\Inetpub\wwwroot，然后在【管理工具】窗口中双击【Internet 信息服务】按钮，打开【Internet 信息服务】窗口。单击鼠标右键，在弹出的快捷菜单中选择【浏览】选项。

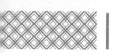

第2步 在打开的窗口中可以看到添加到 H:\inetpub\wwwroot 目录下的 asplist2.0.asp 文件。在 IE 浏览器中打开该网页，在【检查文件类型】后面的文本框中输入思易 ASP 木马追捕可以检查的文件类型，主要包括 ASP、JPG、ZIP 等许多种文件类型，默认检查所有类型。在【增加搜索自定义关键字】文本框中输入确定 ASP 木马文件所包含的特征字符，以增加木马检查的可靠性，关键字用 "，" 隔开。

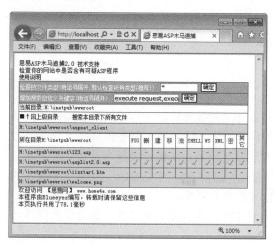

第3步 在【所在目录】中列出了当前浏览器的目录，上面显示的是该目录包含的子目录，下面显示是该目录的文件。此时单击目录列

表中的目录可以检查相应的目录，而单击【回到上级目录】链接按钮，即可返回到当前目录的上一级目录。

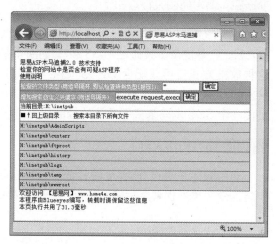

第4步 在设置好【检查文件类型】和【增加搜索自定义关键字】属性后，单击【确定】按钮，根据设置进行网页木马的探测。

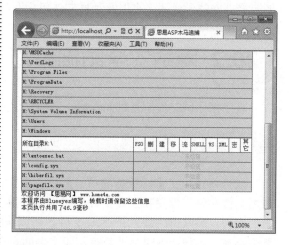

第5步 在 "思易 ASP 木马追捕" 工具中可以查看目录下的每一份文件。正常的网页文件一般不会支持删除、新建、移动文件的操作。如果检测出来的文件支持删除、新建操作或同时支持多种组件的调用，则可以确定该文件为木马病毒，直接删除即可。

思易 ASP 木马追捕软件工具中各个参数的含义如下：

① FSO：FSO 组件，具有远程删除新建修改文件或文件夹的功能；

② 删：可以在线删除文件或文件夹；

③ 建：可以在线新建文件或文件夹；

④ 移：可以在线移动文件或文件夹；

⑤ 流：是否调用 Adodb.stream；

⑥ SHELL：是否调用 Shell。Shell 是微软对一些常用外壳操作函数的封装；

⑦ WS：是否调用 WSCIPT 组件；

⑧ XML：是否调用 XMLHTTP 组件；

⑨ 密：网页源文件是否加密。

20.2.2 设置网站访问权限

限制用户的网站访问权限往往可以有效堵住入侵者的上传。可在 IIS 服务管理器中进行用户访问权限设置，还可设置网站目录下的文件访问控制权限，赋予 IIS 网站访问用户相应的权限，才能正常浏览网站网页文档或访问数据库文件。对于后缀为 .asp、.html、.php 等网页文档文件，设置网站访问用户对这些文件只读即可。

设置网站访问权限的具体操作步骤如下。

第 1 步 在资源管理器中右击"D:\inetpub"中的"www.***.com"目录，在快捷菜单中选择【属性】菜单项，在打开的对话框中切换到【安全】选项卡。

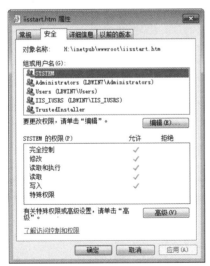

第 2 步 在【组和用户名】列表中选择任意一个用户名，然后单击【编辑】按钮，打开【权限】对话框。

第 3 步 单击【添加】按钮，打开【选择用户或组】对话框，在其中输入用户"Everyone"。

第 4 步 单击【确定】按钮，返回文件夹属性对话框中可看到已将【Everyone】用户添加到列表中。在权限列表中选择【读取和执行】【列出文件夹目录】【读取】权限后，单击【确定】按钮，即可完成设置。

提交表单或注册等操作时，会修改数据库的数据，所以除给用户读取的权限外，还需要写入和修改权限，否则会出现用户无法正常访问网站的问题。

设置网页数据库文件的权限的操作方法如下：右击文件夹中的数据库文件，在快捷菜单中选择【属性】菜单项，在打开的属性对话框中切换到【安全】选项卡。在【组或用户名称】列表中选择【Eveyone】用户，在权限列表中选择【修改】【写入】权限。

另外，在网页文件夹中还有数据库文件的权限设置需要进行特别设置。因为用户在

20.2.3 查看网站的流量

添加查看网站流量功能可以在整体上对网站的浏览次数进行统计。添加并查看网站流量功能的具体操作如下。

第1步 在 IE 浏览器中输入网址：http：//www.cnzz.com/，打开"CNZZ 数据专家"网的主页。

第2步 单击【免费注册】按钮进行注册，进入创建用户界面，根据提示输入相关信息。

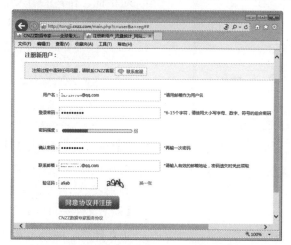

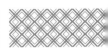

第3步 单击【同意协议并注册】按钮即可注册成功，并进入【添加站点】界面。

第4步 在【添加站点】界面中输入相关信息。

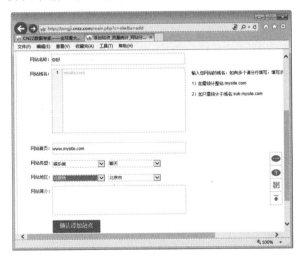

第5步 单击【确认添加站点】按钮，进入站点设置界面。

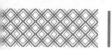

第6步 在【统计代码】界面中单击【复制到剪切板】按钮，根据需要复制代码（此处选择"站长统计文字样式"）。

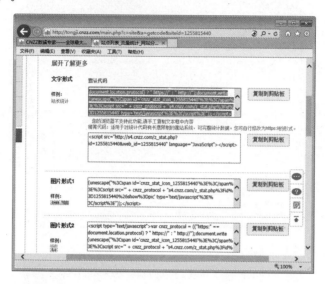

第7步 将代码插入到页面源码中。

第8步 保存，预览效果。

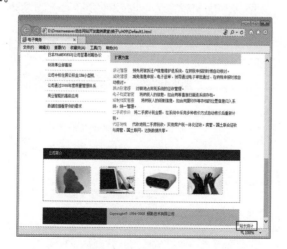

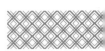
第9步 单击【站长统计】按钮，进入【查看用户登录】界面。

第10步 进入查看界面即可查看网站的浏览量。

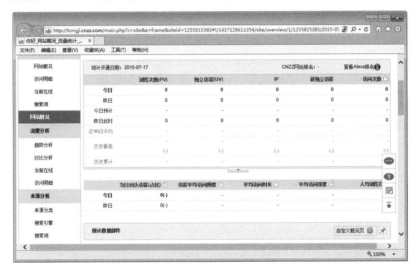

20.3 了解网络数据采集技术

"网络数据采集"是指利用互联网搜索引擎技术实现有针对性、行业性、精准性的数据抓取，并按照一定规则和筛选标准进行数据归类，并形成数据库文件的一个过程。

目前网络数据采集采用的技术基本上是利用垂直搜索引擎技术的网络蜘蛛（或数据采集机器人）、分词系统、任务与索引系统等技术进行综合运用而完成。随着互联网技术的发展和网络海量信息的增长，对信息的获取与分拣成为一种越来越大的需求。人们一般通过以上技术将海量信息和数据采集回后，进行分拣和二次加工，实现网络数据价值与利益更大化、更专业化的目的。

现阶段在国内从事"海量数据采集"的企业很多，大多是利用垂直搜索引擎技术去实现，还有一些企业实现了多种技术的综合运用。比如，"火车采集器"采用的垂直搜索引擎+网络雷达+信息追踪与自动分拣+自动索引技术，将海量数据采集与后期处理进行了结合。

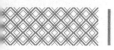
人们通常所说的"海量数据采集"就是指类似火车采集器的垂直搜索引擎数据采集技术。根据网络不同的数据类型与网站结构，一套功能强大的采集系统采用集分布式抓取、分析、数据挖掘等功能于一身的信息系统，对指定的网站进行定向数据抓取和分析，在专业知识库建立、企业竞争情报分析、报社媒体资讯获取、网站内容建设等领域应用很广。系统能大大降低企业和政府部门在信息建设过程中的人工成本。面对海量资讯世界，在越来越多的数据和信息可以从互联网上获得时，对大量数据的采集、分析和深度挖掘同时还可能产生巨大的商机。

当今的数据采集是利用数据库技术和互联网提供可获得的数据资源的数字采集解决方案。这是一种低成本和显著投资回报的快速部署。

网站数据采集软件

下面简单介绍当前较常用的网站数据采集软件。

20.4.1 火车采集器

火车采集器 (LocoySpider) 是一款专业的功能强大的网络数据 / 信息挖掘软件。通过灵活的配置，可以很轻松地从网页上抓取文字、图片、文件等任何资源。程序支持远程下载图片文件，支持网站登陆后的信息采集，支持探测文件真实地址、代理、防盗链的采集等。

火车采集器支持从任何类型的网站采集获取您所需要的信息，如各种新闻类网站、论坛、电子商务网站、求职招聘网站等。同时具有强大的网站登录采集、 多页和分页的采集、网站跨层采集、POST 采集、脚本页面采集、动态页面采集等高级采集功能。强大的 php 和 c# 插件支持，可以通过二次开发实现用户想要的任何更强大的功能。

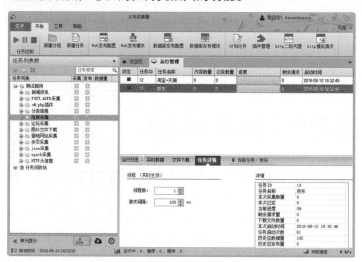

1. 火车采集器基本功能特点

除常用采集器的自定义规则、多任务、数据保存等功能外，它还具有以下特有功能。

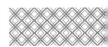
① 支持所有网站编码：完美支持采集所有编码格式的网页，程序还可以自动识别网页编码。

② 多种发布方式：支持目前所有主流和非主流的 CMS，BBS 等网站程序。通过系统发布的模块能实现采集器和网站程序间的完美结合。

③ 全自动：配置好程序后，程序将依据设置自动运行，完全无须人工干预。

④ 本地编辑：本地可视化编辑已采集的数据。

⑤ 采集测试：这是其他任何同类采集软件所不能比的，程序支持直接查看采集结果并测试发布。

⑥ 管理方便：使用站点 + 任务方式管理采集节点，支持批量操作。

2. 火车采集器能做些什么

① 网站内容维护：可以定时采集新闻、文章等任何您想采集的内容，并自动发布到您的网站。

② Internet 数据挖掘：可以从指定网站抓取所需数据，通过分析和处理后保存到用户的数据库。

③ 网络信息监控：通过自动采集，可以监控论坛等社区类网站，让用户第一时间发现关注的内容。

④ 文件批量下载：可以批量下载 PDF、RAR、图片等各种文件，并同时采集其相关信息。

火车采集器是目前信息采集与信息挖掘处理类软件中最流行、性价比较高、市场占有率较大、使用周期较长的智能采集程序。

20.4.2 网络神采

网络神采是一套专业的网络信息采集系统，通过灵活的规则可以从任何类型的网站采集信息，如新闻网站、论坛、博客、电子商务网站、招聘网站等。它支持网站登录采集、网站跨层采集、POST 采集、脚本页面采集、动态页面采集等高级采集功能，也支持存储过程、安装插件等，可以通过二次开发扩展其他功能。

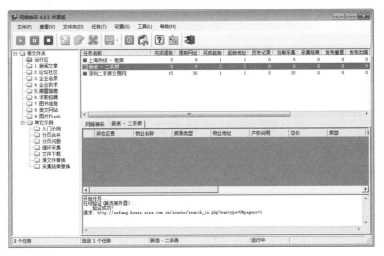

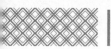
1.《网络神采》应用流程

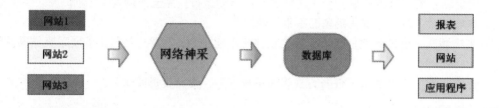

2. 网络神采功能介绍

多任务、多线程，还可以通过 N 层导航技术，可以进行海量采集，以及插件调用，可以通过二次开发扩展功能等。

20.4.3 网络矿工数据采集软件

网络矿工数据采集软件是一套面向专业采集用户的采集软件，其基于 Soukey 采摘数据采集软件研发，在其基础上扩展了更加丰富的专业功能，不仅可以进一步满足采集用户的需求，同时也扩展了采集应用范围。

网络矿工数据采集软件具有支持图片、Flash 及文件下载，能导航、自动翻页，以及采集 Ajax 数据等各种功能。

20.4.4 易采网站数据采集

易采网站数据采集系统是一款功能全面、准确、稳定、易用的网络信息采集软件。它可以

轻松将你想要的网页内容（包括文字、图片、文件、HTML 源码等）抓取下来。采集到的数据可以直接导出到 EXCEL、也可以按照定义的模板保存成任何格式的文件（如保存成网页文件、TXT 文件等）。也可以在采集的同时，可以实时将采集的文件保存到数据库、发送到网站服务器。

易采网站数据采集系统具有如下特色与功能。

图形化的采集任务定义界面：只需在软件内嵌的浏览器中用鼠标点选你要采集的网页内容，即可配置采集任务。

定位更准确、稳定：通过结构定位和相对标志定位，用户只需用鼠标点击就可以配置采集任务，实现所见即所得的采集任务配置界面，且网页内容的变化（如文字增减、变更，文字颜色、字体的变化等）不会影响采集的准确性。

支持任务嵌套：只需在当前任务的页面中选择要采集的下级页面的链接，即可建立嵌套任务，采集下级页面的内容，且嵌套级数不限。

20.5 网站数据的采集与反采集技术

介绍完采集器后，下面说一下防采集的策略与反采集技术。目前防采集的方法有很多种，先介绍一下常见防采集策略方法和它的弊端及采集对策。

20.5.1 普通的反采集技术

下面介绍几种简单的反采集策略。这些策略使用方法简单，但是均有不通程度的弊端。

1. 根据 IP 地址

就是判断一个 IP 在一定时间内对本站页面的访问次数，如果明显超过了正常人浏览速度，就拒绝此 IP 访问。

此方案具有如下的缺点：

此方法只适用于动态页面，如 asp、jsp 和 php 等。如果是静态页面，则无法判断某个 IP 一定时间访问本站页面的次数。

此方法会严重影响搜索引擎蜘蛛对网站的收录。因为搜索引擎蜘蛛收录时，浏览速度都会比较快而且是多线程。此方法也会拒绝搜索引擎蜘蛛收录站内文件。

通常可以做个搜索引擎蜘蛛的 IP 库，只允许搜索引擎蜘蛛快速浏览站内内容。搜索引擎蜘蛛的 IP 库的收集也不太容易，一个搜索引擎蜘蛛也不一定只有一个固定的 IP 地址。因此，此方法对防采集比较有效，却会影响搜索引擎收录。

2. 用 JavaScript 加密内容页面

此方法适用于静态页面，但会严重影响搜索引擎收录情况。搜索引擎收到的内容，都是加密后的内容。

目前没有好的改良办法，依靠搜索引擎带流量的网站不要使用此方法。

3. 加密特定标记

把内容页面里的特定标记替换为"特定标记 + 隐藏版权文字"。此方法弊端不大，仅仅会

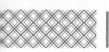
增加一点点的页面文件大小，但容易反采集。

4. 用户登录后才可以浏览

只允许用户登录后才可以浏览。此方法会严重影响搜索引擎蜘蛛收录。建议需要搜索引擎带流量的站长不要使用此方法。不过此方法对防一般的采集程序还是有效果。

也可以只允许通过本站页面链接查看，如使用 Request.ServerVariables("HTTP_REFERER")，这也会影响搜索引擎收录，建议需要搜索引擎带流量的网站不要使用此方法。此方法同样对于防一般的采集程序，还是有效果的。

5. 用 JavaScript、vbscript 脚本做分页

用 JavaScript、vbscript 脚本做分页，将会影响到搜索引擎的收录。而懂点脚本语言的人都能找出分页规则。

20.5.2 优秀的反采集技术

从以上可以看出，目前常用的防采集方法，要么会对搜索引擎收录有较大影响，要么防采集效果不好，起不到防采集的效果。那么，还有没有一种有效防采集，而又不影响搜索引擎收录的方法呢？

1. 分页文件名规则防采集对策

大部分采集器都是靠分析分页文件名规则，进行批量、多页采集的。如果找不出分页文件的文件名规则，那么就无法对网站进行批量多页采集。

实现方法：

用 MD5 加密分页文件名是一个比较好的方法，但是加密分页文件名时，不要只加密文件名变化的部分。

如果 I 代表分页的页码，那么不要这样加密：

```
page_name=Md5(I,16)&".htm"
```

最好给要加密的页码再跟进一个或多个字符，如 page_name=Md5(I&" 任意一个或几个字母 ",16)&".htm"。

因为 MD5 无法反解密，别人看到的分页字母是 MD5 加密后的结果，也就无法知道在 I 后面跟进的字母是什么，除非暴力破解 MD5，不过难度很大不太现实。

2. 页面代码规则防采集对策

如果内容页面无代码规则，那么别人就无法从你的代码中提取所需要的内容。所以我们可以在这一步做到防采集：使代码无规则。

实现方法：

使对方需要提取的标记随机化。

定制多个网页模板，每个网页模板里的重要 HTML 标记都不同。呈现页面内容时随机选取网页模板，有的页面用 CSS+DIV 布局，有的页面用 table 布局。此方法是麻烦了点，一个内容页面要多做几个模板页面。不过防采集本身就是一件很烦琐的事情，多做一个模板，能起到防采集的作用，对很多人来说都是值得的。

如果嫌上面的方法太麻烦，把网页里的重要 HTML 标记随机化即可。

做的网页模板越多，html 代码越是随机化，对方分析起内容代码时，就越麻烦。对方针对你的网站专门写采集策略时难度就更大。在这个时候，绝大部分人都会知难而退。目前大部分人都是拿别人开发的采集程序去采集数据，自己开发采集程序去采集数据的人毕竟是少数。

其实，只要做好防采集的第一步（加密分页文件名规则），防采集的效果就已经不错了。如果两条反采集方法同时使用，会给采集者增加采集难度，使得他们知难而退。

◇ 网络安全性的解决方法

网络安全是一个非常重要的问题，如果不解决或不重视网络安全问题，就会给网络的发展带来很大的弊端。网络安全性的解决方法有以下几种。

1. 有效防止黑客攻击

WEB、FTP 和 DNS 这些服务器较容易引起黑客的注意并遭受攻击。从服务器自身安全来讲，只应开放基本的服务端口，关闭所有无关的服务端口。如 DNS 服务器只开放 TCP/UDP42 端口，WEB 服务器只开放 TCP80 端口，FTP 服务器只开放 TCP21 端口。在每一台服务器上都安装系统监控软件和反黑客软件，提供安全防护并识别恶意攻击。一旦发现攻击，会通过中断用户进程和挂起用户账号来阻止非法攻击；有效利用服务器自动升级功能定期对服务器进行安全漏洞扫描，管理员及时对网络系统打补丁；对于关键的服务器，如计费服务器、中心数据库服务器等，可用专门的防火墙保护，或放在受保护的网络管理网段内。

为了从物理上保证网络的安全性，特别是防止外部黑客入侵，可以将内部网络中所分配的 IP 地址与电脑网卡上的 MAC 地址绑定起来，使网络安全系统在甄别内部信息节点时具有物理上的唯一性。

2. 制定有效配置方案

应通过合理、正确的授权来限制用户的权限，这是在办公用户中特别容易被疏忽的。如局域网中的共享授权经常会被用户设置成对任何人开放且完全控制，这是很危险的。正确的方法是针对不同的用户设置相应的只读、可读写、可完全控制等权限。每个指定用户都有相应的权限，这样能既保护数据，又能建立合理的共享。

3. 建立病毒防护体系

对于一个网络系统而言，绝不能简单地使用单机版的病毒防护软件，必须有针对性地选择性能优秀的专业级网络杀毒软件，以建立实时的、全网段的病毒防护体系，这是网络系统免遭病毒侵扰的重要保证。用户可以根据本网络的拓扑结构来选择合适的产品，及时升级杀毒软件的病毒库，并在相关的病毒防护网站上及时下载特定的防杀病毒工具查杀顽固性病毒，这样才能有较好的病毒防范能力。

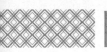
4. 加强网络安全意识

要加强网络中用户名及密码的安全，必须为系统建立用户名和相应的密码，绝不能使用默认用户名或不加密码；密码的位数不要少于6位，最好使用大小写字母、标点和数字的混合集合，并定期更改密码；不要所有的地方都用一个密码，不要把自己的密码写在别人可以看到的地方，最好是强记在脑子里，不要在输入密码的时候让别人看到，更不能把自己的密码告诉别人；重要岗位的人员调离时应注销，并更换系统的用户名和密码，移交全部技术资料。要对重要数据信息进行必要的加密和认证，这样万一数据信息泄漏了也能防止信息内容泄漏。

网站开发实战篇

　　本篇主要介绍网站开发实战。通过本篇的实战操作，读者可以学习商业门户网站开发、电子商务网站开发以及娱乐休闲网站开发等操作实例。

第21章
商业门户网站开发实战

本章导读

商业门户网站又称为企业宣传网站，它的作用是把企业的各种相关信息及时发布到互联网上。通常这些信息包括企业的新闻、产品、企业介绍、联系方式等。对于频繁更新的信息，如企业新闻、产品等一般使用标准化程序模式，通过后台快速维护；而联系方式等不常变化的页面使用静态页。

思维导图

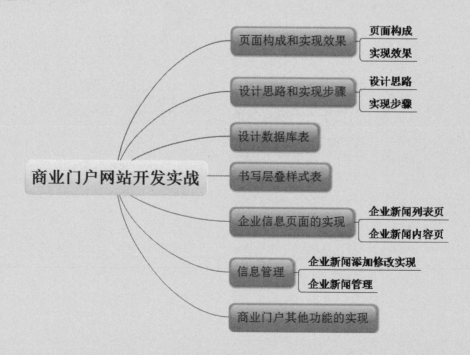

21.1 页面构成和实现效果

大部分的网站除了具备友好的用户浏览界面外，后台的管理也是不可缺少的。一方面，管理员在后台中实现了数据的更新、编辑和删除等操作；另一方面，具体功能的划分有利于程序的模块化设计，加速系统开发。

基于这样的设计思想，商业门户网站管理系统采用模块化程序设计思想，将需要重复使用的部分独立设计，然后将其嵌入到需要调用该页面的网页中。本章通过唐龙广告公司的商业门户网站建设过程介绍这类网站建设的基本情况。

21.1.1 页面构成

唐龙广告公司商业门户系统也是由前台页面和后台管理两部分构成，其构成图如下图所示。

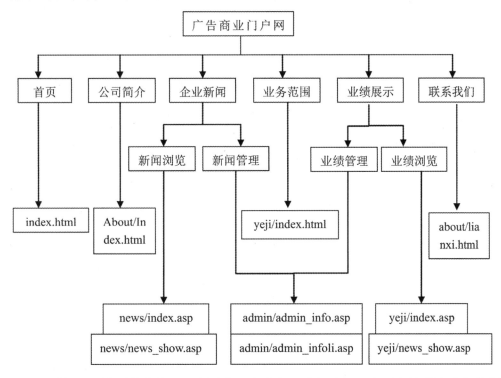

在新闻浏览和业绩浏览中使用一个列表页和内容页进行展示，在后台管理中我们使用内容添加页和内容维护页进行管理。其他页面由于基本上不具有变化性，统一使用静态页面实现。首页使用 Flash 进行展示。

21.1.2 实现效果

商业网站门户首页（index.html）主要用来展示企业形象和各栏目页导航，实现效果如下图所示。

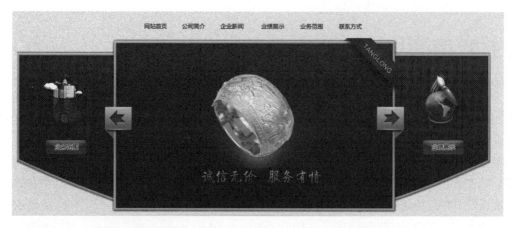

单击首页【公司简介】超链接，进入公司介绍。效果如下图所示。

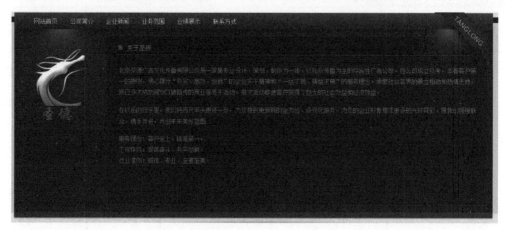

公司简介主要用来向访客介绍公司的发展情况、公司理念、公司荣誉等情况。单击首页的【企业新闻】超链接，进入企业新闻列表页。效果如下图所示。

企业新闻主要向访客介绍企业最新经营活动资讯，方便访客更好更深入地了解企业。单击首页【业务范围】超链接，展示效果如下图所示。

业务范围主要用来告诉访客公司的业务经营活动。单击首页【业绩展示】超链接，展示效果如下图所示。

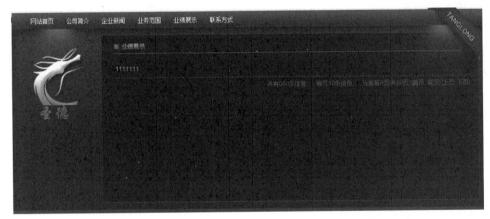

业绩展示主要发布企业主要完成的工作项目，让访客了解公司业务水平。单击首页【联系方式】超链接，展示效果如下图所示。

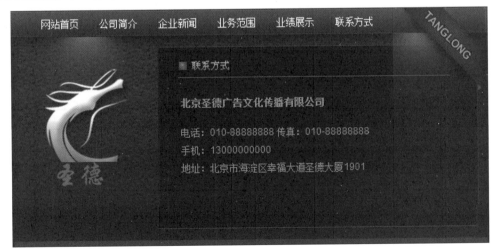

联系方式是商业门户必需的一个栏目，用于向访客提供企业的联系方式和地址，方便客户联系找到你的企业。

在商业门户网站后台中可以实现企业新闻、业绩展示的添加和管理。如下图所示。

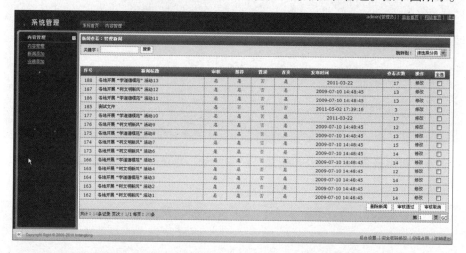

另外，作为一个完整的商业门户，还需要考虑后台登录和管理账号安全等问题。如下图所示。

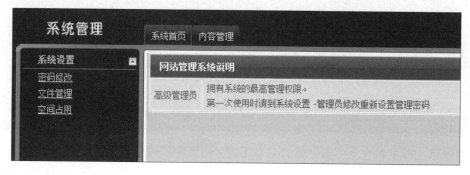

21.2 设计思路和实现步骤

模块化程序设计的优点在于各个模块功能开发的相对独立性，而且需要使用时直接调用即可，这样既满足了程序重复使用的需要，又提高了工作效率。

根据这样的思路，我们设计和实现步骤如下。

21.2.1 设计思路

企业新闻与业绩展示的列表页和内容页工作方式非常相似，我们可以把相同的功能用同样的样式和代码重写，也可以把有些功能提取出来进行封装，在需要时调用即可。

而对于网站首页和公司简介、业务范围、联系方式，我们只是用样式表进行重写，保存为静态网页，不进行动态化。这样做有两个好处，一是实现起来方便，二是静态页面对搜索引擎比较友好，而且静态页面访问打开速度快些。

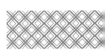

21.2.2 实现步骤

商业门户网站系统的制作主要包括前台页面设计、新闻（业绩）数据库设计、后台新闻（业绩）的管理、后台登录和修改管理员密码等。主要实现以下几个方面。

① 数据库的设计实现。包括字段设置的定义，其中必须注意的是提交数据的类型必须与字段的属性一致，不然会出现错误。

② 前台页面样式表实现。为保障网页风格一致，每个页面都调用同一样式表。

③ 企业新闻列表页实现。它是一个常用分页功能的组合，这个分页功能通过函数实现。

④ 内容页的实现。内容页通过对 DIV+CSS 布局页面的改写，直接嵌入 ASP 代码实现。

⑤ 后台各页面的实现。包括登录、修改密码、信息管理、信息添加等。

21.3 设计数据库表

一个设计合理的数据库，可以使程序的执行效率得到提高，并影响到页面最终显示效果。

通过分析，我们发现商业网站门户系统有两个基本表，管理员表和新闻信息表。特别是新闻信息表中新闻内容字段必须要足够大，方能存储下大量信息。

启动 Access，新建一个名为 data.mdb 的数据库，然后在数据库中创建两个数据表 News 和 Admin。

表 News 由 ID、ClassId、Topid、InfoName、KeyWord、Source、BigPic、ViewFlag、VoticeFlag、NoticeFlag、IndexFlag、Descriptions、Content、Hits、AddTime 等字段组成。其属性和说明如下表所示。

字段名称	字段属性	说明
ID	自动编号	信息标号
ClassId	数字	信息类别
Topid	数字	类别主 ID 号
InfoName	文本	信息标题
KeyWord	文本	关键字
Source	文本	信息来源
BigPic	文本	首页图片
ViewFlag	数字	审核显示
VoticeFlag	数字	推荐显示
NoticeFlag	数字	置顶显示
IndexFlag	数字	首页显示
Descriptions	文本	简介内容
Content	文本	详细内容
Hits	数字	单击次数
AddTime	日期	添加时间

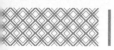
由于新闻内容比较多，所以字段"content"要选择"文本"数据类型。其次，为了记录数据库插入的时间，"addtime"字段的默认值框中输入"now()"，它是 Access 默认的系统函数，用于获取当前的系统时间。

表 Admin 由 ID、AdminName、Password、AdminPurview、Working、LastLoginTime、LastLoginIP、 Explain、AddTime 等字段组成，详细字段说明如下表所示。

字段名称	字段属性	说明
ID	自动编号	管理员 ID
AdminName	文本	用户名
Password	文本	管理员密码（MD5 加密）
AdminPurview	文本	管理员操作权限
Working	数字	账号状态
LastLoginTime	时间	最后一次登录时间
LastLoginIP	文本	最后一次登录 IP
Explain	文本	说明
AddTime	时间	管理员创建时间

由于在登录过程中，明文密码容易在网络上被获取，所以在正式的商业环境下密码大多都是加密的，本实例使用 MD5（加密的一种不可逆算法）加密。"LastLoginTime""LastLoginIP"也是为了系统安全而设置，每次管理员登录时记录管理员的登录的时间和登录 IP，如果在这个时间段管理员并没有登录或 IP 是一个非管理员本地 IP，就可以判定系统存在安全隐患，并制定相应的防范措施。

21.4 书写层叠样式表

为了保持整个网站的表现一致性，我们首先根据效果图编写出层叠样式表，代码如下：

```
@charset "utf-8";
/* 北京圣德广告文化传播有限公司网站样式表 */
html, body, div, span,applet, object, iframe, h1, h2, h3, h4, h5, h6, p, blockquote, pre, a, abbr, acronym, address, big, cite, code, del, dfn, em, img, ins, kbd, q, s, samp, small, strike, strong, sub, sup, tt, var, dd, dl, dt, li, ol, ul, fieldset, form, label, legend, table, caption, tbody, tfoot, thead, tr, th, td {margin:0;padding:0;}
img {border: 0;}
body{font:normal normal normal 12px/1.5em Simsun,Arial, "Arial Unicode MS", Mingliu, Helvetica;text-
```

align:center;height:100%;}

　　.portal_body{background-image: url(images/bg_tx.gif);　　　　　background-repeat: repeat;}

　　div {text-align:left;}

　　a{text-decoration: none;color: #FFFFFF;}

　　a:hover{text-decoration: underline;　　　　color: #FFFFFF;}

　　a:active{outline:none;}

　　/* 网站首页 */

　　#index_html {height: 410px;　　　　width: 980px;margin: 0px auto 0px auto;background-repeat: repeat;}

　　html>body #index_html {background-repeat: repeat;background-image: url(images/index_bg.png);}

　　* #index_html {filter: progid:DXImageTransform.Microsoft.AlphaImageLoader(enabled=true, sizingMethod
=scale, src="images/index_bg.png")}

　　#nov{height: 66px;width: 980px;margin: 90px auto 0px auto;}

　　#index_right{float: left;height: 360px;　　　　width: 178px;margin: 0px auto 0px 0px;}

　　#index_right_img{height: 140px;width: 119px;margin: 60px auto 0px 40px;}

　　#index_left_img{height: 140px;width: 119px;　　　　margin: 60px auto 0px 20px;}

　　#index_b{height: 44px;width: 103px;　　　　margin: 5px auto 0px 50px;position: relative;/*position: relative;
是解决该区域的链接和按钮无效 */}

　　#index_left_b{height: 44px;　　　　width: 103px;margin: 5px auto 0px 30px;position: relative;/*position:
relative; 是解决该区域的链接和按钮无效 */}

　　#index_center{float: left;height: 360px;width: 624px;margin: 0px auto auto 0px;}

　　#index_left{float: right;height: 360px;　　　　width: 178px;margin: 0px 0px0px auto;}

　　/* 公司简介 */

　　#about_bg{height: 472px;width: 980px;margin: 0px auto 0px auto;}

　　html>body #about_bg {background-repeat: repeat;background-image: url(../images/about_bg.png);}

　　* #about_bg {filter: progid:DXImageTransform.Microsoft.AlphaImageLoader(enabled=true,
sizingMethod=scale, src="../images/about_bg.png")}

　　#about_logo{height: 65px;width: 980px;margin: 40px auto 0px auto;}

　　.about_body{background-image: url(images/bg_tx1.gif);　　　　　background-repeat: repeat;}

　　#about_nov{ height: 22px;width: auto;margin: 0px auto 0px auto;　　　　padding-top: 18px;padding-left:
20px;position: relative;/*position: relative; 是解决该区域的链接和按钮无效 */}

　　#about_novul,#about_txtul{margin: 0px;padding: 0px;}

　　#about_novulli{padding-left: 20px;list-style-type: none;　　　　display: inline;}

　　#about{height: 350px;width: auto;margin: 0px auto 0px auto;}

　　#about_left{float: left;height: 270px;width: 180px;　　margin: 0px auto 0px 0px;　　　　padding-top: 40px;}

　　#about_right{float: right;height: 330px;width: 770px;margin: 0px 0px0px auto;　　　　padding-top: 26px;}

　　#about_h{height: 30px;width: auto;margin: 0px auto 20px auto;}

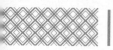

```
#about_txt{ height: 280px;width: auto;margin: 0px auto 0px auto;padding: 0px 30px 0px 5px;font-family:
Arial, Helvetica, sans-serif;

        font-size: 12px;color: #ACABAB;        position: relative;/*position: relative; 是解决该区域的链接和按
钮无效 */}

        #about_txt p,#news_t p{margin-top: 0em;margin-right: 0;margin-bottom: 1.2em;            margin-left:
0;        line-height: 22px;}

        /* 企业新闻 */

        #about_txtli{font-family: Arial, Helvetica, sans-serif;list-style-type: none;}

        #about_txtspan{color: #666666; float: right;}

        #about_txta{text-decoration: none;color: #ACABAB;}

        #about_txt a:hover{    text-decoration: underline;    color: #CCCCCC;}

        h4{            font-family: Arial, Helvetica, sans-serif;font-weight: normal;            color: #666666;        text-
align: right;padding-top: 5px;

        border-top: 1px dashed #666666;        font-size: 12px;margin-top: 10px;}

        #news_long{ height: 140px;width: 980px;   margin: 0px auto 0px auto;}

        #news_nov{height: 30px;        width: 980px;color: #FFFFFF;margin: 0px auto 0px auto;  padding-top:
10px;     text-indent: 20px;}

        html>body #news_nov {background-repeat: repeat;background-image: url(../images/about_nov.png);}

        * #news_nov {filter: progid:DXImageTransform.Microsoft.AlphaImageLoader(enabled=true,
sizingMethod=scale, src="../images/about_nov.png")}


        #news_txt{height: auto;        width: 948px;margin: 0px auto 0px auto;        padding: 10px 15px 0px
15px;border: 1px solid #CCCCCC;    background-color: #FFFFFF;

        font-family: Arial, Helvetica, sans-serif;font-size: 12px;    color: #666666;}

        h2{font-family: Arial, Helvetica, sans-serif;font-size: 26px;text-align: center;        padding-top: 20px;
padding-bottom: 10px;color: #333333;}

        h5{        font-size: 12px;font-weight: normal;height: auto;width: 920px;        padding-top: 5px;
padding-bottom: 20px;        border-bottom: 1px solid #CCCCCC;text-align: center;    margin-bottom: 15px;
margin-right: auto; margin-left: auto;   color: #999999;}

        #news_t{height: auto;width: 920px;margin: 0px auto 0px auto;padding-top: 10px;}

        #news_da{height: auto;width: 940px;margin: 0px auto 0px auto;padding-top: 6px; padding-bottom: 4px;
border-top: 1px solid #CCCCCC;

        text-align: right;    font-size: 12px;font-weight: bold;}

        #news_daa{ text-decoration: none;        color: #666666;}

        #news_da a:hover{text-decoration: underline;color: #666666;}

        /* 业务范围 */
```

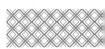
> #tanglong{height: 260px;width: 730px;position: relative;/*position: relative; 是解决该区域的链接和按钮无效 */
> margin: 0px 35px 0px auto;　padding: 0px;}

从样式表中可以看出整个商业门户网站分为 5 个区域的样式，分别是全站样式、首页样式、公司简介、企业新闻和业务范围。

21.5 企业信息页面的实现

对于整个网站中的静态页面 DIV+CSS 布局实现，这里不再阐述，我们主要介绍企业信息列表页与内容页的实现过程。由于企业新闻和业绩展示比较雷同，这里我们仅以企业新闻为例，具体介绍实现过程。

21.5.1 企业新闻列表页

首先我们打开 news 文件夹，这里有个文件名为 index.html 文件。它是企业新闻 DIV+CSS 布局之后的页面，我们把它重命名为 index.asp。这样如果 index.asp 中加入 ASP 语句后，IIS 就能按 ASP 语法去解释执行了。

对于一个动态网页，首先必需的一个过程就是数据库链接。因为数据库链接的频繁使用，我们一般把它制作为单独文件，并命名为 conn.asp。为了引入数据库链接，我们在 index.asp 第一行中加入如下代码。

```
<!--#include file="../Inc/conn.asp"-->
```

通过分析我们知道，信息列表有个翻页过程,而这个过程也是我们在网站中多次用到的过程。这里我们把分页过程处理专门定义成一个函数保存在页面 Function_Page.asp 中。具体函数过程这里不再详细解释，大家可以在建站的过程中直接引用。代码如下。

```
<!--#include file="../Inc/Function_Page.asp"-->
```

同时我们知道信息列表的标题是循环对象，这样我们就可以只保留一个标题行对应的 li，通过对这个 li 的循环，产生多行数据，改写后代码如下：

```
<ul>
<%
page=request("page")        /* 定义翻页变量 */
session("pageno")=page
Set mypage=new xdownpage        /** 创建对象 **/
mypage.getconn=conn                /** 建立数据连接 ***/
mysql="SELECT * from news"
mysql=mysql&"  where 1=1  and classid=27"   /** 信息检索语句 */
if keyword<>"" then
mysql=mysql&" and infoname like '%"&keyword&"%'"
```

```
end if

mypage.getsql=mysql

mypage.pagesize=10        /** 设置每一个分页中记录行数为 10 **/

set rs=mypage.getrs()

for i=1 to mypage.pagesize

if not rs.eof then

    %>

<li><span><%=FormatDate(rs("addtime"),2)%></span><imgsrc="../images/arr.gif" width="11"
height="24" align="absmiddle" />

      <a href="news_show.asp?id=<%=rs("id")%>" target="_blank"><%=left(rs("infoname"),40)%>
</a>

</li>

<%

rs.movenext

else

exit for

end if

next

%>

</ul>

<h4>

<%=mypage.showpage()%>  /** 引用分页函数 **/

<%

    rs.close

    set rs=nothing

%>
```

通过这样简单的改写，我们就能实现页面的动态化。浏览器打开效果如下图所示。

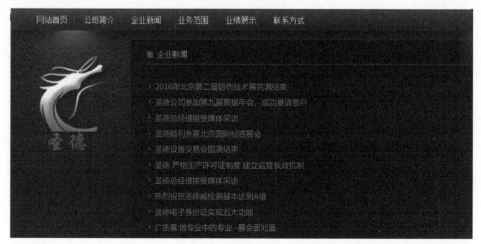

21.5.2 企业新闻内容页

对于企业新闻列表页，我们首先在 News 文件下找到 news_show.html，把它改名为 news_show.asp，然后用 Dreamweaver 打开。如图所示。

接着在首行增加链接数据库文件 conn.asp。通过分析我们知道，在信息列表中需要处理信息标题的显示和信息发布时间、点击次数和信息内容。而这几个字段都可以用一个语句实现。改写流程如下。

```
<%
dimNewID
NewID=request("id") 获取链接传来的信息 ID
    set New_con_rs=conn.Execute("select id,addtime,infoname,content,hits from news where
id="&NewID&"")        /*** 建立记录集进行根据 NewID 读取 **/

if New_con_rs.eof then
    Call Alert (" 文章 ID 错误 ","−1")    /** 判定如果传过来的 NewID 无效则警告 ***/
else
%>
……

信息内容
……
```

```
<%
conn.Execute("update news  set hits=hits+1 where id="&NewID&"")    /*** 页面点开后增加点击量 ***/
end if
New_con_rs.Close
 set New_con_rs=nothing   /*** 关闭记录集合数据链接 **/
%>
```

通过代码我们看到，内容页主要有 3 个过程。

① 获取传来的信息 ID 并验证。

② ID 正确则继续读取该条信息。

③ 更新点击量。

在信息内容获取上我们只需要把标题、日期、点击量、内容替换成相应记录字段即可。具体代码如下。

```
<div id="news_nov">
<a href="index.html"> 企业新闻 </a>>><%=New_con_rs(2)%>
</div>
<div id="news_txt">
<h2><%=New_con_rs(2)%></h2>
<h5> 发布时间：<%=New_con_rs(0)%>   点击次数：<%=New_con_rs(4)%> 次 </h5>
<div id="news_t">
<%=New_con_rs(3)%>
</div>
<div id="news_da">【 <a href="javascript:window.print()"> 打印此文 </a>】【 <a href="Javascript:self.close()"> 关闭窗口 </a>】</div>
</div>
```

21.6 信息管理

前面我们讲解了前台页面是如何读取记录和记录分页，这些记录不是自动就有的，而是要通过信息管理进行添加和维护。由于企业新闻和业绩展示信息类型一致，下面我们通过讲解企业新闻管理过程来阐述这个问题。

21.6.1 企业新闻添加修改实现

使用 Dreamweaver 打开 admin 文件下 admin_info.asp，拆分界面如下图所示。

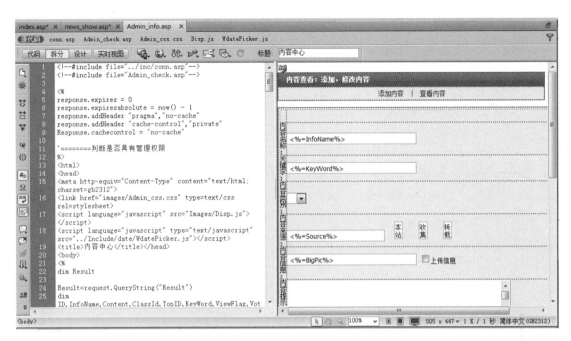

这里我们看到添加与修改共用一个 table 表格，而不是分为两个同样表格去分别处理添加删除。这样做的好处是使代码更精简，更好维护，仅仅通过参数去判定是添加操作还是编辑操作。

从设计好的表格上我们可以看到，刚才在数据库设计过程中涉及的字段基本都要有一个表格相对应（除了时间是自动获取的）。通过代码我们看到这个过程是由 InfoEdit() 的过程实现。下面主要讲解这个过程的实现。

增加信息需要处理的只有一个问题，就是信息保存；而修改过程需要读取和修改信息并保存动作。

首先我们需要设定两个参数。一个是 Action，用来表示前往操作的是保存还是修改，并约定当 Action 为 saveedit 时为信息保存过程，否则就是信息读取过程。另一个参数 result，用来表达信息是新增处理还是修改处理。整个过程如下所示。

```
If  Action ="saveedit"  then

  /*** 信息保存过程 **/

If result="add"  then

/*** 处理新增保存 ***/

Elseif result="modify"  then

  /*** 信息修改保存过程 ***/

End if

Else

/*** 信息读取过程 **/

End if
```

具体代码如下：

```
<%
subInfoEdit()
dimAction,rsRepeat,rs,sql
  Action=request.QueryString("Action")
  if Action="SaveEdit" then '保存编辑信息
set rs = server.createobject("adodb.recordset")
if len(trim(request.Form("InfoName")))<1 then
response.write ("<script language=javascript> alert(' 内容名称为必填项目！ ');history.back(-1);</script>")
response.end
end if
    if len(trim(request.Form("ClassId")))<1 then
response.write ("<script language=javascript> alert(' 内容类别为必填项目！ ');history.back(-1);</script>")
response.end
end if
    if len(trim(request.Form("Descriptions")))<1 then
response.write ("<script language=javascript> alert(' 内容提示为必填项目！ ');history.back(-1);</script>")
response.end
end if
    if len(trim(request.Form("Content")))<1 then
response.write ("<script language=javascript> alert(' 内容为必填项目！ ');history.back(-1);</script>")
response.end
end if
    ClassId=trim(Request.Form("ClassId"))
    set rs=server.CreateObject("adodb.recordset")
    sql="Select id,TopID From news_Class where ID="&ClassId
    rs.open sql,conn,1,1
    if Not rs.bof and Not rs.eof then
    TopID=rs("TopID")
    end if
    rs.close
    if Topid<>0 then
      set rs=server.CreateObject("adodb.recordset")
      sql="Select id From news_Class where id="&TopID
      rs.open sql,conn,1,1
      if Not rs.bof and Not rs.eof then
```

```
        TopID=rs("ID")
    end if
    rs.close
    end if


    if Result="Add" then ' 创建信息
    sql="select * from news"
rs.open sql,conn,1,3
rs.addnew
    rs("ClassId")=trim(Request.Form("ClassId"))
    rs("TopID")=TopID
rs("InfoName")=trim(Request.Form("InfoName"))
    rs("KeyWord")=trim(Request.Form("KeyWord"))
    rs("Source")=trim(Request.Form("Source"))
    rs("BigPic")=trim(Request.Form("BigPic"))
    rs("ViewFlag")=1
    if Request.Form("VoticeFlag")=1 then
rs("VoticeFlag")=1
    else
rs("VoticeFlag")=0
    end if
    if Request.Form("NoticeFlag")=1 then
rs("NoticeFlag")=1
    else
rs("NoticeFlag")=0
    end if
    if Request.Form("Indexflag")=1 then
rs("Indexflag")=1
    else
rs("Indexflag")=0
    end if
    rs("Descriptions")=trim(Request.Form("Descriptions"))
    rs("Content")=trim(Request.Form("Content"))
rs("Hits")=trim(Request.Form("Hits"))
rs("AddTime")=trim(Request.Form("AddTime"))
    end if
```

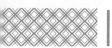

```
    if Result="Modify" then ' 修改信息
sql="select * from news where ID="&ID
rs.open sql,conn,1,3
    rs("ClassId")=trim(Request.Form("ClassId"))
    rs("TopID")=TopID
rs("InfoName")=trim(Request.Form("InfoName"))
    rs("KeyWord")=trim(Request.Form("KeyWord"))
    rs("Source")=trim(Request.Form("Source"))
    rs("BigPic")=trim(Request.Form("BigPic"))
    if Request.Form("VoticeFlag")=1 then
rs("VoticeFlag")=1
    else
rs("VoticeFlag")=0
    end if
    if Request.Form("NoticeFlag")=1 then
rs("NoticeFlag")=1
    else
rs("NoticeFlag")=0
    end if
    if Request.Form("Indexflag")=1 then
rs("Indexflag")=1
    else
rs("Indexflag")=0
    end if
    rs("Descriptions")=trim(Request.Form("Descriptions"))
    rs("Content")=trim(Request.Form("Content"))
rs("Hits")=trim(Request.Form("Hits"))
rs("AddTime")=trim(Request.Form("AddTime"))
    end if
    rs.update
    rs.close
set rs=nothing
response.write "<script language=javascript> alert(' 成功编辑内容！ ');location.replace('Admin_infoli.asp');</
script>"
```

```
    else ' 提取信息
        if Result="Modify" then
set rs = server.createobject("adodb.recordset")
sql="select * from news where ID="& ID
rs.open sql,conn,1,1
if rs.bof and rs.eof then
response.write (" 数据库读取记录出错！ ")
response.end
end if
    ClassId=rs("ClassId")
    InfoName=rs("InfoName")
    KeyWord=rs("KeyWord")
    ViewFlag=rs("ViewFlag")
     Source=rs("Source")
    NoticeFlag=rs("NoticeFlag")
    BigPic=rs("BigPic")
    VoticeFlag=rs("VoticeFlag")
    Indexflag=rs("Indexflag")
     Descriptions=rs("Descriptions")
     Content=rs("Content")
    Hits=rs("Hits")
AddTime=rs("AddTime")
    rs.close
set rs=nothing
end if
end if
end sub
%>
```

21.6.2 企业新闻管理

在21.6.1小节中我们实现了信息的添加和修改。如果是添加我们知道，只需去增加一个按钮，然后链接 Admin_info.asp?Result=Add&classid=27，这样 admin_info.asp 页面就知道这个过程是添加过程了。但是修改该如何实现呢？这里通过一个信息列表页去辅助，这个列表页用来列出所有系统信息行。如果需要修改某条信息，只要单击对应修改按钮即可。

列表过程雷同这里不再阐述。

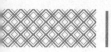

21.7 商业门户其他功能的实现

通过对商业门户网站页面实现的步骤我们知道，在一个系统中，后台应该有一个登录验证过程和登录人员密码修改过程。修改密码过程比较简单，这里不再赘述。

在登录过程中，首页需要一个页面处理登录用户的信息输入（admin_login.asp），接着用一个页面处理登录用户的判断（Admin_Cklogin.asp）。用 Dreamweaver 打开 Admin_login. asp，拆分界面如下图所示。

从上述页面框架中我们看到登录有三项内容：用户名、密码和验证码。对于用户名和密码我们比较容易理解，验证码是干什么用的呢？这也是一项安全手段，通过随机生成的数字进行判定，防止一些黑客通过暴力破解密码攻击网站。

在代码中我们看到输入信息页被提交给 Admin_Cklogin.asp 进行验证。代码如下。

```
<%
dim LoginName,LoginPassword,AdminName,Password,AdminPurview,Working,UserName,rs,sql,mycode
LoginName=trim(request.form("LoginName"))
LoginPassword=Md5(request.form("LoginPassword"))
mycode = trim(request.form("code"))
set rs = server.createobject("adodb.recordset")
sql="select * from admin where AdminName='"&LoginName&"'"
rs.open sql,conn,1,3
if rs.eof then
```

· 294 ·

```
response.write "<script language=javascript> alert(' 管理员名称不正确，请重新输入。');location.
replace('Admin_Login.asp');</script>"
    response.end
    else
    AdminName=rs("AdminName")
      Password=rs("Password")
    AdminPurview=rs("AdminPurview")
      Working=rs("Working")
    UserName=rs("UserName")
    end if
    if LoginPassword<>Password then
    response.write "<script language=javascript> alert(' 管理员密码不正确，请重新输入。');location.replace
('Admin_Login.asp');</script>"
    response.end
    end if
    if mycode<>Session("getcode") then
    response.write "<script language=javascript> alert(' 您输入验证码错误，请返回重新登录！');location.
replace('Admin_Login.asp');</script>"
    response.end
    end if
    if Working=0 then
    response.write "<script language=javascript> alert(' 不能登录，此管理员账号已被锁定。');location.
replace('Admin_Login.asp');</script>"
    response.end
    end if
    if LoginName=AdminName and LoginPassword=Password then
    rs("LastLoginTime")=now()
    rs("LastLoginIP")=Request.ServerVariables("Remote_Addr")
    rs.update
    rs.close
    set rs=nothing
      session("buluofan_Admin")=AdminName   /** 建立登录 session***/
    session("buluofan_User")=UserName
    session("AdminPurview")=AdminPurview
    response.cookies("buluofan")("buluofanAdmin")=AdminName   /** 建立登录 cookies***/
```

 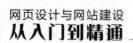
```
response.cookies("buluofan")("buluofanUser")=UserName
response.cookies("buluofan")("AdminPurview")=AdminPurview
Response.Cookies("buluofan")("Check")="buluofanSystem"
Response.Cookies("buluofan").Expires=DateAdd("n",120,now())   /** 设置 cookie 有效期 **/
Session.Timeout = 120    /** 设置 session 有效期 ***/
response.redirect "admin_index.asp"   /** 成功后返回后台首页 ***/
response.end
end if
%>
```

第 22 章
电子商务网站开发实战

本章导读

电子商务类网站的开发主要包括电子商务网站主界面制作、电子商务网站二级页面制作和电子商务网站后台的制作。本章以经营红酒为主要产品的电子商务网站为例进行介绍。

思维导图

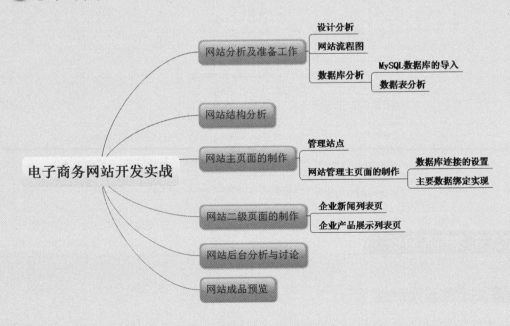

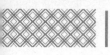
22.1 网站分析及准备工作

在开发网站之前，首先需要分析网站并做一些准备工作。

22.1.1 设计分析

商务类网站一般侧重于向用户传达企业信息，包括企业的产品、企业的新闻资讯、企业销售网络、联系方式等，让用户快速了解企业的最新产品和最新资讯，同时为用户咨询信息提供联系方式。

本实例使用红色为网站主色调，让用户打开页面就会产生记忆。整个页面以产品、资讯为重点，舒适的主题色加上精美的产品图片，可以增加用户的购买欲望。

22.1.2 网站流程图

本章所制作的电子商务类网站的架构图如下所示。

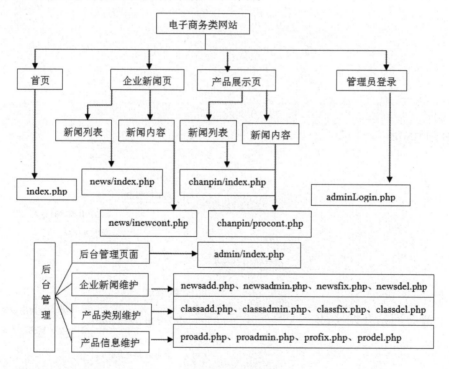

22.1.3 数据库分析

1. MySQL 数据库的导入

将本章范例文件夹中 < 源文件 \ch14> 整个复制到 C:\Apache2.2\htdocs 里，如此就可以

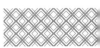

开始进行网站的规划。

在该目录中有本章范例所使用的数据库备份文件 <db_22.sql>。将其导入，其中包含了四个数据表：admin、news、proclass、product。

2. 数据表分析

导入数据表之后，在这个页面中可以点击两个数据表后方的【结构】文字链接观看数据表内容。如下图所示。

表 ▲	操作						行数
admin	📖浏览	结构	🔍搜索	插入	清空	⊖删除	
news	📖浏览	结构	🔍搜索	插入	清空	⊖删除	
proclass	📖浏览	结构	🔍搜索	插入	清空	⊖删除	
product	📖浏览	结构	🔍搜索	插入	清空	⊖删除	
4 张表	总计						

admin 数据表：这个数据表保存了登录管理界面的账号与密码，主索引栏为【username】字段。如下图所示。

名字	类型	整理	属性	空	默认	额外	操作
username	char(20)	gb2312_chinese_ci		否			✏修改
passwd	char(20)	gb2312_chinese_ci		否			✏修改

目前数据表中已经预存一条数据，如下图所示，值都为"admin"，为默认使用的账号及密码。

username	passwd
admin	admin

news 数据表：这个数据表主要是每则网站企业新闻管理的内容。本数据表以【news_id】（企业新闻管理编号）为主索引，并设定为"UNSIGNED"（正数）、"auto_increment"（自动编号），如此即能在添加数据时为每一则网站企业信息管理时加上一个单独的编号而不重复。如下图所示。

名字	类型	整理	属性	空	默认
news_id	smallint(5)		UNSIGNED	否	无
news_time	datetime			否	0000-00-00 00:00:00
news_title	varchar(100)	gb2312_chinese_ci		否	
news_editor	varchar(100)	gb2312_chinese_ci		否	
news_photo	varchar(100)	gb2312_chinese_ci		是	NULL
news_top	smallint(5)			否	0
news_content	text	gb2312_chinese_ci		否	无

proclass 数据表：这个数据表主要是产品分类管理的内容。本数据表以【class_id】（产品类别管理编号）为主索引，并设定为"UNSIGNED"（正数）、"auto_increment"（自动编号），如此即能在添加数据时为每一则产品分类管理时加上一个单独的编号而不重复。如下图所示。

名字	类型	整理	属性	空	默认
class_id	smallint(5)		UNSIGNED	否	无
classname	varchar(100)	gb2312_chinese_ci		否	
classnum	smallint(5)			否	0

product 数据表：这个数据表主要是每则网站产品管理的内容。本数据表以【pro_id】（企业产品管理编号）为主索引，并设定为"UNSIGNED"（正数）、"auto_increment"（自动编号），如此即能在添加数据时为每一则网站产品信息管理时加上一个单独的编号而不重复。如下图所示。

名字	类型	整理	属性	空	默认
pro_id	smallint(5)		UNSIGNED	否	无
pro_time	datetime			否	0000
pro_type	varchar(20)	gb2312_chinese_ci		否	
pro_name	varchar(100)	gb2312_chinese_ci		否	
pro_photo	varchar(100)	gb2312_chinese_ci		否	
pro_editor	varchar(100)	gb2312_chinese_ci		否	
pro_content	text	gb2312_chinese_ci		否	无
pro_top	smallint(5)			否	0

22.2 网站结构分析

首页面使用比较清晰的结构进行布局，凸显网站的大气。整个页面非常简洁明了，主要包括导航、banner、产品展示、企业新闻、促销信息及下方的脚注。如下图所示。

二级页面有多个，只有企业资讯页和产品展台需要使用动态方法实现。这两个页面使用"1-2-1"结构进行布局（在实际网站制作中，通常设计者把变化不大的页面保持静态化，仅对经常更新的页面进行编程处理）。如下图所示。

22.3 网站主页面的制作

网站的分析以及准备工作都做好之后，下面就可以正式进行网站的制作了。这里以在 Dreamweaver 中制作为例进行介绍。

22.3.1 管理站点

制作网站的第一步工作就是创建站点。在 Dreamweaver 中创建站点的方法比较简单，这里不再赘述。

22.3.2 网站管理主页面的制作

通过前边章节的学习，大家应该对网页制作中的步骤细节已经熟练掌握了。下面我们针对完成文件页面制作过程中的步骤和数据绑定进行讲解。

1. 数据库连接的设置

在【文件】面板选择要编辑的网页 <index.php> 双击将其打开在编辑区。然后切换到【数据库】面板，单击【＋】号按钮，在弹出的菜单中选择【MySQL 连接】菜单命令。在打开的【MySQL 连接】对话框中输入连接的名称和 MySQL 的连接信息，单击【确定】按钮。如下图所示。

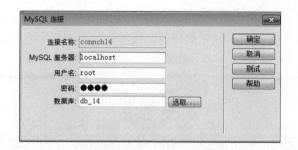

2. 主要数据绑定实现

在首页中有三处需要动态调用数据的地方，分别是图片新闻、文字新闻、促销产品。这里就有一个问题：同样是新闻，怎么区分图片新闻和文字新闻呢？怎么区分哪种商品出现在首页呢？

下面就来介绍如何将这些数据绑定到网页中，具体的操作步骤如下。

第1步 打开数据【绑定】面板，这里需要三个数据绑定记录集，分别对应图片新闻、文字新闻和促销产品。如下图所示。

第2步 单击打开图片新闻记录集 Recnewstop。在 SQL 语句后面有一个 limit1 指令，这个指令是从数据表中取出一条数据，整个 sql 语句的意思是从 news 表中取出推荐的图片不为空的最新发布的一条数据。如果数据量比较大，使用 limit 指令就非常有必要，可以大大提高数据的检索效率。如下图所示。

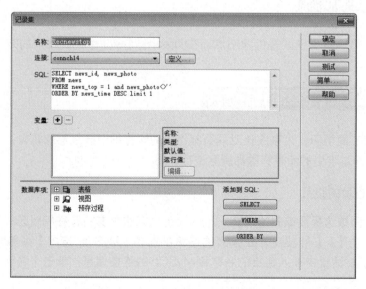

第3步 单击打开 Recnews 记录集，这个记录集设置的目的是为了获取 6 条最新的企业新闻。

SQL 语句的意义是从 news 表中取出 6 条最新发布的新闻信息。如下图所示。

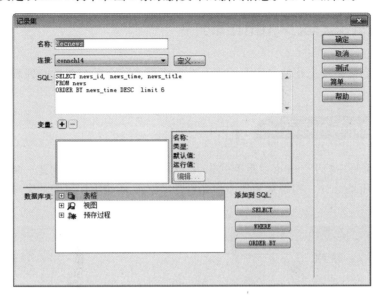

第4步 在设定重复区域的时候设定记录条数为 6。如下图所示。

第5步 打开促销产品记录集（Recprotop），这个记录集的目的是为了从产品数据表 product 中取出最新一条推荐到首页的产品信息。如下图所示。

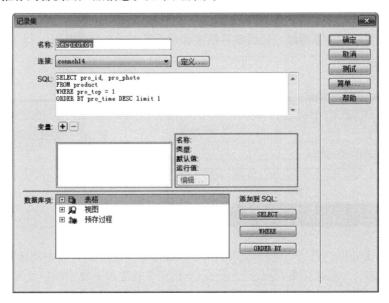

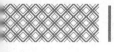

22.4 网站二级页面的制作

前边已经提到需要动态化的二级页面涉及两个页面，一个是企业新闻列表页，一个是产品展示列表页。

22.4.1 企业新闻列表页

在【文件】面板中打开 news 目录下的 index.php，在新闻列表中创建一个用于获取所有企业新闻的记录集 Recnews，在绑定面板中将其打开。SQL 语句中按时间的降序排列所有记录。如下图所示。

列表中还需要设定重复区域、记录集导航条和显示区域。如下图所示。

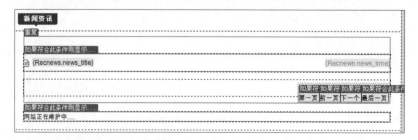

22.4.2 企业产品展示列表页

在【文件】面板中打开 chanpin 目录下的 index.php。在产品列表中创建两个记录集，一个是获取所有推荐的产品记录集 Recprotop，一个是用于获取产品类别的记录集 Recproclass。

打开【绑定】面板可以查看。如下图所示。

　　制作企业产品展示列表页的操作步骤如下。

第 1 步　打开 Recproclass 记录集，SQL 语句的意思是从产品类别表选择所有记录，并按 classnum 升序排列。如下图所示。

第 2 步　设定重复区域，选取所有记录。如下图所示。

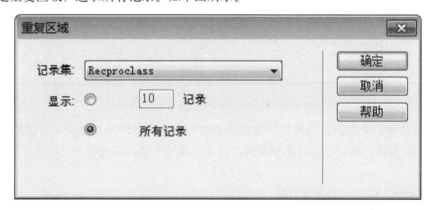

第 3 步　打开 Recprotop 记录集，该记录集的作用是从产品信息表中取出推荐的所有产品，按发布时间降序排列，最后发布的产品最先显示。如下图所示。

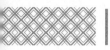

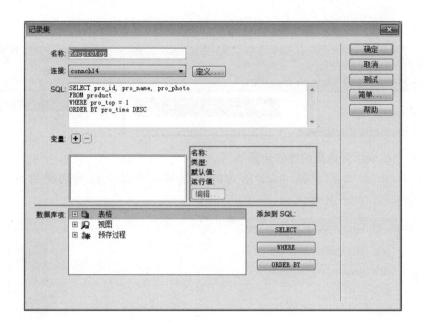

22.5 网站后台分析与讨论

由于后台涉及到的功能比较多，不能像前边的章节那样直接进入某个管理页面，而是使用了一个 index.php 页进行导航。在【文件】面板中打开 admin 目录下 index.php 页面，可以看到这里就是一个导航页，没有具体的页面功能。如下图所示。

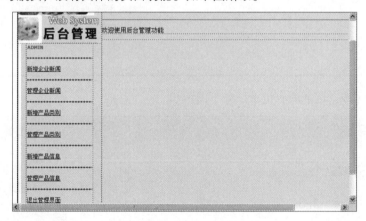

新增企业新闻、管理企业新闻用于管理企业新闻信息；新增产品类别和管理产品类别用于管理产品类别的管理；新增产品信息和管理产品信息用于产品的管理维护。

22.6 网站成品预览

网站制作完成后就可以在浏览器里预览网站的各个页面了。操作步骤如下。

第1步 使用浏览器打开 index.php 文件。如下图所示。

第 2 步 单击【企业资讯】选项进入信息列表页。如下图所示。

第 3 步 单击任一条信息，进入信息内容页。如下图所示。

第 4 步 单击导航上的【产品展台】选项进入产品展示列表页。如下图所示。

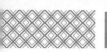

第5步 单击【后台管理】选项，在打开的【管理员登陆画面】对话框中输入默认的管理账号及密码"admin"。如下图所示。

第6步 单击【登录管理画面】选项进入后台管理界面。如下图所示。

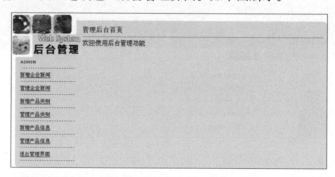

第7步 单击左方的【新增企业新闻】选项导航进入新增企业新闻页面，在其中输入相关数据信息。如下图所示。

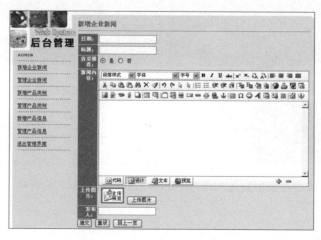

第8步 输入完各项信息之后，单击【提交】选项回到管理企业新闻页面。可以使用每则信息旁的【编辑】及【删除】文字链接来执行编辑和删除操作。如下图所示。

管理企业新闻			
新闻ID	日期	标题	执行功能
13	2016-01-30 00:00:00	小米盒子或"瘦身"再上市	编辑 删除
14	2016-01-30 00:00:00	美国不认可中概股	编辑 删除
15	2016-01-03 00:00:00	微软的10大噩梦正步步成真 [图] [推荐]	编辑 删除
16	2016-01-03 00:00:00	有许多职场人士执行力不强的原因	编辑 删除
17	2016-01-03 00:00:00	你是 "病态性上网"吗?	编辑 删除

第9步 单击左侧导航【新增产品类别】选项，进入产品类别添加页面。如下图所示。

第10步 输入类别名称排序号之后，返回到产品类别管理界面。可以使用每则类别旁的【编辑】及【删除】文字链接来执行功能。如下图所示。

管理产品类别			
类别ID	类别名称	序号	执行功能
18	礼品系列	5	编辑 删除
17	洋酒系列	6	编辑 删除
16	红酒系列	2	编辑 删除
15	啤酒系列	3	编辑 删除
14	清酒系列	2	编辑 删除
13	烧酒系列	1	编辑 删除

第11步 单击左侧导航【新增产品信息】选项进入产品信息添加页面。如下图所示。

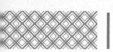
第12步 输入各项信息之后返回到产品管理界面。可以使用每则产品旁的【编辑】及【删除】文字链接来执行编辑和删除操作。如下图所示。

产品管理			
产品ID	产品类别	产品名称	执行功能
21	烧酒系列	烧酒1	编辑 删除
20	红酒系列	红酒6 [推荐]	编辑 删除
19	红酒系列	红酒5 [推荐]	编辑 删除
18	红酒系列	红酒4 [推荐]	编辑 删除
17	红酒系列	红酒3 [推荐]	编辑 删除
16	红酒系列	红酒2 [推荐]	编辑 删除
15	红酒系列	红酒1 [推荐]	编辑 删除
14	烧酒系列	烧酒	编辑 删除
13	红酒系列	红酒 [推荐]	编辑 删除

第 23 章

娱乐休闲类网站开发实战

本章导读

　　娱乐休闲类网站的制作方法与调整技巧。娱乐休闲类网站类型较多，根据主题内容不同，网页风格差异很大，如：聊天交友、星座运程、游戏视频等。本章主要以电影网为例进行介绍。通过本章的学习，读者能够掌握娱乐休闲类网站的制作技巧与方法。

思维导图

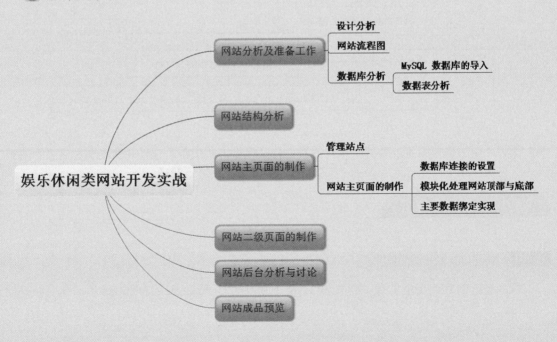

 网站分析及准备工作

23.1.1 设计分析

娱乐休闲网站要注重图文混排的效果。实践证明，只有文字的页面，用户停留的时间相对较短，但如果完全是图片，既不能表述信息的内容，用户又看不明白，则使用图文混排的方式是比较恰当的。另外，娱乐休闲类网站要注意应用会员注册机制，这样可以积累一些忠实的用户群体，有利于网站的可持续性发展。

23.1.2 网站流程图

在制作网站之前，需要先设计网站的流程图。下面给出娱乐休闲类网站的设计图。

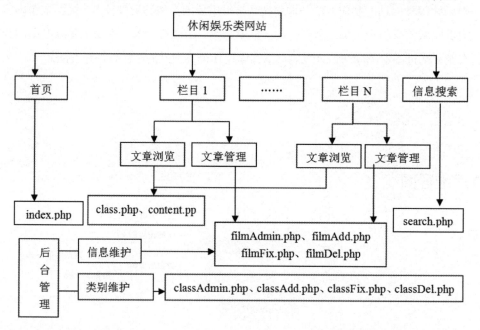

通过上面的构成图可以看到，不管栏目名称是什么，我们都可以使用列表页和内容页进行表达，在后台管理中我们使用同一内容添加页和内容维护页进行管理。

23.1.3 数据库分析

1. MySQL 数据库的导入

将本章范例文件夹中 < 源文件 \ch23> 整个复制到 C:\Apache2.2\htdocs 里，就可以开始进行网站的规划。

在该目录中有本章范例所使用的数据库备份文件 <db_23.sql>，请将其导入，其中包含了三个数据表：admin、filmclass、film。

2. **数据表分析**

导入数据表之后，在这个页面中可以点击三个数据表后方的【结构】文字链接观看数据表内容，如下图所示。

表 ▲	操作						行数 ⑦
admin	⊞ 浏览	⊯ 结构	🔍 搜索	⊟ 插入	🗑 清空	⊖ 删除	1
film	⊞ 浏览	⊯ 结构	🔍 搜索	⊟ 插入	🗑 清空	⊖ 删除	33
filmclass	⊞ 浏览	⊯ 结构	🔍 搜索	⊟ 插入	🗑 清空	⊖ 删除	7
3 张表	总计						41

admin 数据表：这个数据表保存了登录管理界面的账号与密码，主索引栏为 username 字段。如下图所示。

名字	类型	整理	属性	空	默认	额外	操作
username	char(20)	gb2312_chinese_ci		否			✏ 修改
passwd	char(20)	gb2312_chinese_ci		否			✏ 修改

目前已经预存一条数据在数据表中。如下图所示，值都为"admin"，是默认使用的账号及密码。

username	passwd
admin	admin

filmclass 数据表：这个数据表主要是电影分类管理的内容。本数据表我们以 class_id（电影类别管理编号）为主索引，并设定为"UNSIGNED"（正数）、"auto_increment"（自动编号），如此即能在添加数据时为每一则类别加上一个单独的编号而不重复。如下图所示。

名字	类型	整理	属性	空	默认
class_id	smallint(5)		UNSIGNED	否	无
classname	varchar(100)	gb2312_chinese_ci		否	
classnum	smallint(5)			否	0

film 数据表：这个数据表主要是每则网站电影信息管理的内容。本数据表我们以 film_id（网站电影信息管理编号）为主索引，并设定为"UNSIGNED"（正数）、"auto_increment"（自动编号），如此即能在添加数据时为每一则网站电影信息加上一个单独的编号而不重复。如下图所示。

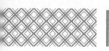

名字	类型	整理	属性	空	默认
film_id	smallint(5)		UNSIGNED	否	无
film_time	datetime			否	0000-
film_title	varchar(100)	gb2312_chinese_ci		否	
film_type	varchar(100)	gb2312_chinese_ci		否	无
film_editor	varchar(100)	gb2312_chinese_ci		否	
film_photo	varchar(100)	gb2312_chinese_ci		否	
istop	smallint(5)			否	0
isnew	smallint(5)			否	0
film_country	smallint(5)			是	0
film_Url	varchar(100)	gb2312_chinese_ci		否	
film_content	text		gb2312_chinese_ci	否	无

23.2 网站结构分析

首页面使用"上中下"结构进行布局，主要包括导航、资讯中心及下方的脚注。效果如下图所示。

二级页面只有一个，使用"上中下"结构进行布局。

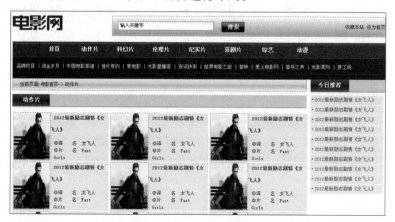

接下来打开 Dreamweaver，完成娱乐休闲类网站制作。

23.3 网站主页面的制作

23.3.1 管理站点

事先准备好先前的网站程序基本数据表来定义新建的站点。进入 Dreamweaver CS6 后选择【站点】→【管理站点】菜单命令，创建用于存放网站内容的站点。

23.3.2 网站主页面的制作

下面针对完成文件页面制作过程中的步骤和数据绑定进行讲解。

1. 数据库连接的设置

在【文件】面板选择要编辑的网页 index.php 双击，打开编辑区，接着切换到【数据库】面板。单击 + 号按钮，在弹出的菜单中选择【MySQL 连接】命令。在打开的【MySQL 连接】对话框中输入连接的名称和 MySQL 的连接信息，单击【确定】按钮。如下图所示。

MySQL 连接			✕
连接名称:	connch23		确定
MySQL 服务器:	localhost		取消
用户名:	root		测试
密码:	●●●●●●		帮助
数据库:	db_23	选取...	

2. 模块化处理网站顶部与底部

制作本章实例时，我们仍然使用模块化结构思想，把多个页面共用的部分单独抽出来，在需要使用的地方，引入一下就行了。可以先看下 23.6 节的成品预览，在本实例中可以有两个地方单独抽出，分别是顶部导航（top.php）、网站底部 (foot.php)。top.php、foot.php 这两部分因为不涉及动态调用，在制作过程中直接从页面中抽出即可。

> **┃提示┃**
>
> 在导航区本章使用文字链接，而不是从数据库中的分类中读取，这是什么原因呢？主要是因为电影分类相对比较固定，不常发生增减。在制作网站的时候哪些部分需要动态化，要考虑该部分变化的频度，能静态化的不要动态化。

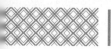

3. 主要数据绑定实现

在首页中，今日推荐、推荐图片、最新电影、最新综艺、最新动作、最新国产、最新欧美、最新日韩和最新动漫需要动态调用数据。如下图所示。

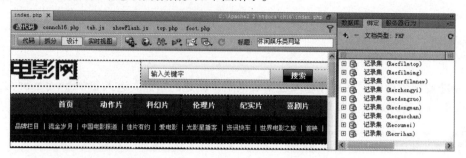

（1）今日推荐（Recfilmtop）

在绑定面板中点击打开 Recfilmtop 记录集，此记录集从信息表中检索标记 istop=1 的 15 条最新信息。如下图所示。

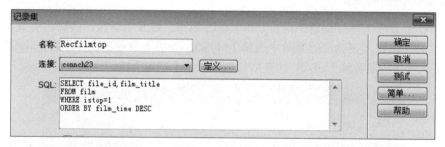

设定重复区域。如下图所示。

（2）推荐图片记录集（Recifnotop）

推荐图片记录集从电影表中检索最新推荐的信息以图片形式显示在首页。如下图所示。

（3）最新电影记录集（Recfilmnew）

点击打开 Recfilmnew，这个记录集设置的目的是为了获取最新的电影信息，不区分类别，但要把综艺与动漫内容排除。

设定重复区域记录条数为 8。如下图所示。

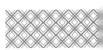

（4）最新综艺 (Reczongyi)、最新动作（Recdongzuo）、最新动漫（Recdongman）

这三个记录集完成对最新发布的综艺信息、动作电影信息、动漫信息的检索，都是设置 film_type 和 isnew 作为检索条件，只是改变了一下 film_type 参数值。如下图所示为设置最新综艺记录集的对话框。

如下图所示为设置最新综艺记录数的【重复区域】对话框。

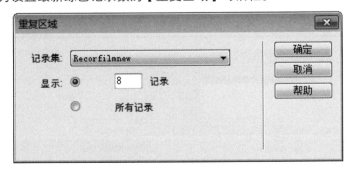

（5）最新上传国产（Recguochan）、最新上传欧美（Recoumei）、最新上传日韩（Recrihan）

这三个记录集完成检索最新上传的国产电影、欧美电影、日韩电影，在记录集设置上也是一致的，设置条件为 film_type 和 film_country。如下图所示。

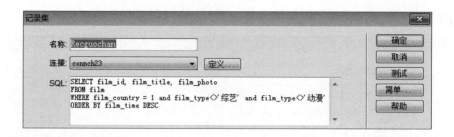

23.4 网站二级页面的制作

在【文件】面板中打开目录下的 class.php，在列表中创建一个获取所有本类电影信息的记录集 Recfilmclass，获取本类电影推荐信息的 Recfilmtop。如下图所示。

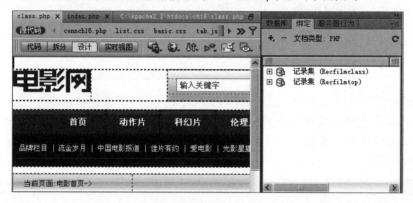

class.php 记录集设置跟首页记录集设置不同，首页记录集设置是绑定到某个信息分类下，或未指定分类，而列表页记录集需要动态获取传过来的参数 film_type，设定参数值为 $_GET[film_type]。

Recfilmtop 记录集选取 5 条本栏目下的记录标记为推荐的信息。如下图所示。

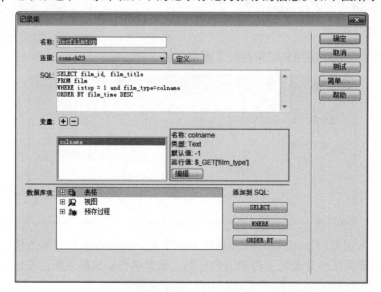

设定重复记录，指定显示 10 条记录。如下图所示。

Recfilmclass 记录集选取本分类下的所有电影信息，将图片按类别方式分页显示。如下图所示。

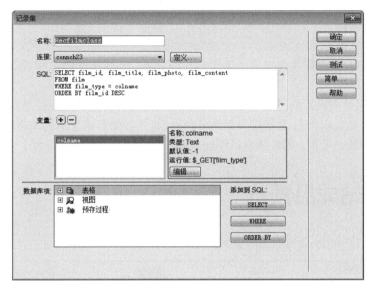

最后插入记录集导航条。如下图所示。

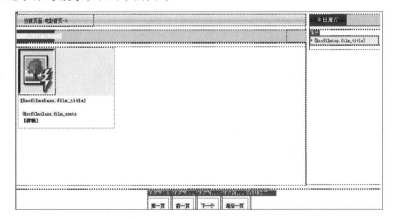

23.5 网站后台分析与讨论

网站后台登陆页面制作与前边的章节一样，这里不再赘述。由于后台涉及的功能比较多，

所以不能像前边的章节那样直接进入某个管理页面，而是使用了一个 index.php 页进行导航。在【文件】面板中打开 admin 目录下 index.php 页面，可以看到这里就是一个导航页，没有具体的页面功能。如下图所示。

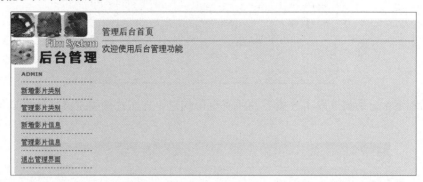

新增影片类别、管理影片类别用于管理影片的分类，新增影片信息和管理影片信息用于影片信息的管理维护。

通过本章后台管理设置的过程不难看出，信息类型的后台实现过程都是经由添加信息执行【服务器行为】→【插入记录】，到管理页面的分页显示，再到每条信息后的编辑链接页面执行【服务器行为】→【更新记录】，每条信息后的删除链接页面执行【服务器行为】→【删除记录】。

23.6 网站成品预览

使用浏览器打开 index.php。如下图所示。

单击导航中的动作片链接，进入信息列表页。如下图所示。

点击任一条信息，进入信息内容页。

在 IE 地址栏中输入 http://localhost/ch23/admin/，输入默认的管理账号及密码 admin 进入管理界面。如下图所示。

单击【登录管理画面】按钮，进入后台管理页面。如下图所示。

单击左方的【新增影片类别】导航，进入新增影片类别页面。如下图所示。

输入完各项信息之后，单击【提交】选项，回到管理信息大类页面。可以使用每则信息旁的【编辑】及【删除】文字链接来执行功能。如下图所示。

类别ID	类别名称	序号	执行功能
管理影片类别			
19	动漫	7	编辑 删除
18	综艺	6	编辑 删除
17	伦理片	5	编辑 删除
16	科幻片	4	编辑 删除
15	纪实片	3	编辑 删除
14	喜剧片	2	编辑 删除
13	动作片	1	编辑 删除

单击左侧导航【新增影片信息】选项，进入影片信息添加页面。如下图所示。

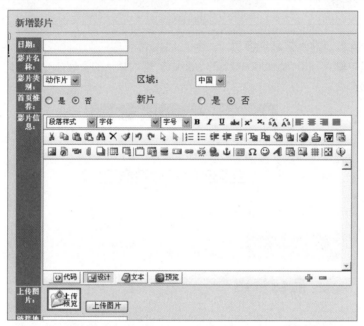

输入各项信息之后，返回信息管理界面。可以使用每则信息旁的【编辑】及【删除】文字链接来执行功能。如下图所示。

影片ID	影片类别	影片名称	执行功能
影片管理			
45	动漫	最新励志剧情《女飞人》	编辑 删除
44	动漫	最新励志剧情《女飞人》	编辑 删除
43	动漫	最新励志剧情《女飞人》	编辑 删除
42	动漫	最新励志剧情《女飞人》	编辑 删除
41	动漫	最新励志剧情《女飞人》	编辑 删除
40	综艺	最新励志剧情《女飞人》	编辑 删除
39	综艺	最新励志剧情《女飞人》	编辑 删除
38	综艺	最新励志剧情《女飞人》	编辑 删除
37	综艺	最新励志剧情《女飞人》	编辑 删除
36	综艺	最新励志剧情《女飞人》	编辑 删除
35	综艺	最新励志剧情《女飞人》	编辑 删除
34	综艺	最新励志剧情《女飞人》	编辑 删除
33	综艺	最新励志剧情《女飞人》	编辑 删除
32	综艺	最新励志剧情《女飞人》	编辑 删除
31	综艺	最新励志剧情《女飞人》	编辑 删除
			下一个 最后一页

第24章
制作团购类商业网站

本章导读

　　团购这一名词是最近几年才出现的，有关团购的网站也如雨后春笋般蓬勃发展。比较有名的团购网站有聚划算、窝窝团、拉手网、美团网等。本章就来制作一个典型的团购类商业网站。

思维导图

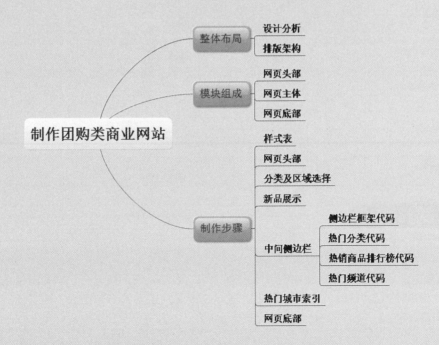

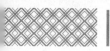

24.1 整体布局

团购网根据薄利多销、量大价优的原理，将大量的散户聚集起来共同购买一件或多件商品。对于商家来说可以很快地处理大批量商品，可以低价销售，以量牟利。对于购买者来说，可以以远远低于市场单品的价格购得满意的商品，有的甚至低于批发价格。

本实例就来制作一个典型的团购类网站。网页效果图如下所示。

24.1.1 设计分析

在设计这类网站时应当体现出以下几点。

① 涉及面广：团购网站本身面向的对象没有特殊的限制，任何具有一定消费群体的商品都可以出现在团购网站上。所以一个团购网站本身就应该涉及生活的方方面面，要方便浏览者找

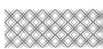

到所需要的类别。

② 考虑区域性：很多和生活较贴近的团购内容（如饮食），有明显的地区性限制，一般只能让当地人去团购，所以团购中应该有区域选择的模块。

③ 最新商品展示：团购网站贴近生活，每天都有可能有新的商家发布团购信息，而这些信息往往都是浏览者比较关注的内容。所以要在页面的主体位置使用大块区域显示最新的团购信息。

④ 数量登记：团购网站之所以能够成为团，并非随便几个人购买就可以。人数太少对商家来说低价有损失，因此团购商品一般都有人数限制，达到指定人数后才可成团。所以商品要有参团人数登记功能，并且将参团信息展示给新的浏览者。

⑤ 友情帮助：团购网站不是简单的浏览型网站，而是具有网络电子商务功能的网站。所有的浏览者都需要按照电子商务平台的流程和规范进行操作，因此对于一些操作事项要提供帮助连接。

⑥ 格调温馨：团购网站面向的对象是普通大众，要提供的应该是可靠、值得信赖的优质团购信息和服务，所以团购网站的风格要温馨、体贴。

每一家团购网站都有自己的特色。以上分析内容只是一般团购网站应当具备的基本功能。具体的个性化设计需要各自团购公司的创意。本实例就依照上述的基本分析来制作一个简单的团购类商业网站。

24.1.2 排版架构

本实例采用的是典型的上中下结构，中间又可以分为左右结构。整体的排版架构如下图所示。

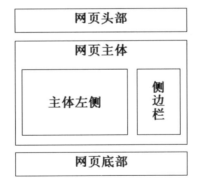

24.2 模块组成

网站属于电子商务类网站，要实现的功能较多，模块组成相对也比较多。依照网页的上中下结构，模块组成如下所示。

1. 网页头部

网页头部包括网页 logo 模块、信息搜索模块和导航菜单栏模块。

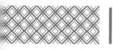
2. 网页主体

网页主体内容较多，主要包括：团购分类及区域选择模块、最新团购商品展示模块、热门分类模块、热销商品排行模块和热门城市索引模块等。

3. 网页底部

底部主要是客户服务和快捷链接模块，用于解决各种客户服务问题。

主要使用 DIV 来实现各个模块的分割。DIV 结构代码如下。

```
<DIV id=headMin> </DIV>
// 网页头部
<DIV id=headNav> </DIV>
// 导航菜单栏
<DIV class="dhnav_box dhnav_box_index clearfix "> </DIV>
// 网页主体——团购分类及区域选择
<DIV class=con_boxIndex> </DIV>
// 网页主体——最新团购商品展示及右侧边栏
<DIV class=hot_city> </DIV>
// 热门城市链接
<DIV id=footer> </DIV>
// 网页底部
```

24.3 制作步骤

本实例中网页制作主要包括 8 个部分，详细制作方法介绍如下。

24.3.1 样式表

为了更好地实现网页效果，需要为网页制作 CSS 样式表。制作样式表的实现代码如下。

```
HTML {
    FONT-FAMILY: Tahoma, Verdana, Arial, sans-serif, " 宋体 "; BACKGROUND: #f3eded; COLOR:
#000
}
BODY {
    BACKGROUND: #f3eded
}
BODY {
    PADDING-BOTTOM: 0px; MARGIN: 0px; PADDING-LEFT: 0px; PADDING-RIGHT: 0px;
PADDING-TOP: 0px
}
DIV {
    PADDING-BOTTOM: 0px; MARGIN: 0px; PADDING-LEFT: 0px; PADDING-RIGHT: 0px;
PADDING-TOP: 0px
}
```

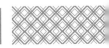

```
    DL {
        PADDING-BOTTOM: 0px; MARGIN: 0px; PADDING-LEFT: 0px; PADDING-RIGHT: 0px;
PADDING-TOP: 0px
    }
    DT {
        PADDING-BOTTOM: 0px; MARGIN: 0px; PADDING-LEFT: 0px; PADDING-RIGHT: 0px;
PADDING-TOP: 0px
    }
    DD {
        PADDING-BOTTOM: 0px; MARGIN: 0px; PADDING-LEFT: 0px; PADDING-RIGHT: 0px;
PADDING-TOP: 0px
    }
    UL {
        PADDING-BOTTOM: 0px; MARGIN: 0px; PADDING-LEFT: 0px; PADDING-RIGHT: 0px;
PADDING-TOP: 0px
    }
    OL {
        PADDING-BOTTOM: 0px; MARGIN: 0px; PADDING-LEFT: 0px; PADDING-RIGHT: 0px;
PADDING-TOP: 0px
    }
    LI {
        PADDING-BOTTOM: 0px; MARGIN: 0px; PADDING-LEFT: 0px; PADDING-RIGHT: 0px
; PADDING-TOP: 0px
    }
    H1 {
        PADDING-BOTTOM: 0px; MARGIN: 0px; PADDING-LEFT: 0px; PADDING-RIGHT: 0px;
PADDING-TOP: 0px
    }
    H2 {
        PADDING-BOTTOM: 0px; MARGIN: 0px; PADDING-LEFT: 0px; PADDING-RIGHT: 0px;
PADDING-TOP: 0px
    }
    H3 {
        PADDING-BOTTOM: 0px; MARGIN: 0px; PADDING-LEFT: 0px; PADDING-RIGHT: 0px;
PADDING-TOP: 0px
    }
    H4 {
        PADDING-BOTTOM: 0px; MARGIN: 0px; PADDING-LEFT: 0px; PADDING-RIGHT: 0px;
PADDING-TOP: 0px
    }
    H5 {
        PADDING-BOTTOM: 0px; MARGIN: 0px; PADDING-LEFT: 0px; PADDING-RIGHT: 0px;
PADDING-TOP: 0px
    }
    H6 {
        PADDING-BOTTOM: 0px; MARGIN: 0px; PADDING-LEFT: 0px; PADDING-RIGHT: 0px;
PADDING-TOP: 0px
```

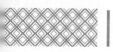

```
    }
    PRE {
        PADDING-BOTTOM: 0px; MARGIN: 0px; PADDING-LEFT: 0px; PADDING-RIGHT: 0px;
PADDING-TOP: 0px
    }
    CODE {
        PADDING-BOTTOM: 0px; MARGIN: 0px; PADDING-LEFT: 0px; PADDING-RIGHT: 0px;
PADDING-TOP: 0px
    }
    FORM {
        PADDING-BOTTOM: 0px; MARGIN: 0px; PADDING-LEFT: 0px; PADDING-RIGHT: 0px
; PADDING-TOP: 0px
    }
    FIELDSET {
        PADDING-BOTTOM: 0px; MARGIN: 0px; PADDING-LEFT: 0px; PADDING-RIGHT: 0px;
PADDING-TOP: 0px
    }
    ......
    ......
    #sp_nav_list .fenlei UL LI.on A {
        BACKGROUND: #ec9d04; COLOR: #ffffff; FONT-WEIGHT: bold
    }
    #sp_nav_list .fenlei UL LI.on A EM {
        COLOR: #ffffff; FONT-WEIGHT: bold
    }
    #sp_nav_list .fenlei .sec_ul {
        BORDER-BOTTOM: #eeeeee 1px solid; BORDER-LEFT: #eeeeee 1px solid; PADDING-
BOTTOM: 0px; MARGIN: 0px 0px 10px 44px; PADDING-LEFT: 0px; WIDTH: 880px; PADDING-RIGHT:
0px; BACKGROUND: #f8f8f8; BORDER-TOP: #eeeeee 1px solid; BORDER-RIGHT: #eeeeee 1px solid;
PADDING-TOP: 5px
    }
    #sp_nav_list .fenlei .sec_ul LI {
        PADDING-BOTTOM: 5px
    }
    #msglogin {
        DISPLAY: none
    }
```

说明：本实例中的样式表比较多，这里只展示一部分。随书配套资源中有完整的代码文件。
制作完成之后将样式表保存到网站根目录下的 css 文件夹下，文件名为 css1.css。

制作好的样式表需要应用到网站中，所以在网站主页中要建立到 CSS 的链接代码。链接代码需要添加在 <head> 标签中。具体代码如下。

```
<!DOCTYPE HTML>
<HTML>
<HEAD>
```

```
<TITLE> 阿里团 </TITLE>
<META name=Keywords content=" 阿里团 ">
<LINK rel=stylesheet type=text/css href="css/css.css">
<SCRIPT type=text/javascript src="js/user.js"></SCRIPT>
</HEAD>
```

24.3.2 网页头部

网页头部包括网页 logo 模块、信息搜索模块和导航菜单栏模块。

本实例中网页头部的效果如图所示。

实现网页头部的详细代码如下所示。

```
<UL>
 <LI class=seach>
 <DIV class=soso>
 <FORM id=soso_form method=post action=/g/search><INPUT id=queryString
 value= 搜商品、找商家、逛商圈 type=text name=queryString> <A id=soso_submit class=btu href="javascript;;">
搜索 </A> </FORM>
 <A href="#"> 帮助 </A> </DIV></LI>
 <LI><A href="#"><img src="images/logo.gif"></A></LI>
 <LI class=title>
 <H1> 精挑细选 </H1></LI>
 <LI class=city>
  <H2 id=cityname> 郑 州 </H2><SPAN>[<A href="#" data-prarm="city_list"> 切换城市 </A>]</
SPAN>    <DIV id=show_city class=bubble><B class=ico>ico</B>
  <B id=ipClose class=cloce>ico</B> 您是不是在 <EM id=ipcityname></EM>？点击可选择其他城市
</DIV></LI></UL></DIV>
  <!-- 头部导航 -->
  <DIV id=headNav>
  <UL id=nav>
   <LI class=phone date-nav="pinpaihui"><A href="#" data-prarm="click_mobile_
Nav"><B>ico</B><SPAN> 手机版 </SPAN> 手机版 </A></LI>
   <LI date-nav="shangcheng"><A href="#" data-prarm="click_ channel10"><B>ico</B> 阿 里
商城 </A> </LI>
   <LI date-nav="index"><A href="#" data-prarm="click_ channel1"><B>ico</B> 团 购 精 选 </
A> </LI>
   <LI date-nav="meishi"><A href="#" data-prarm="click_ channel2"><B>ico</B> 美 食 </A> </LI>
   <LI date-nav="yule"><A href="#" data-prarm="click_ channel3"><B>ico</B> 娱乐 </A> </LI>
   <LI date-nav="dianying"><A href="#" data-prarm="click_ channel4"><B>ico</B> 电影 </A> </LI>
   <LI date-nav="meirongbaojian"><A href="#" data-prarm="click_ channel5"><B>ico</B> 美
```

容保健 </A> </LI>

  <LI date-nav="shenghuofuwu"><A href="#" data-prarm="click_ channel6"><B>ico</B> 生活服务 </A> </LI>

  <LI date-nav="lvyou"><A href="#" data-prarm="click_ channel7"><B>ico</B> 旅行 </A> </LI>

  <LI date-nav="jiudian"><A href="#" data-prarm="click_ channel8"><B>ico</B> 酒店 </A> </LI>

  <LI date-nav="shangpin"><A href="#" data-prarm="click_ channel9"><B>ico</B> 网购 </A> </LI>

  <LI date-nav="shop"><A href="#" data-prarm="click_ channel9"><B>ico</B> 品　牌　汇 </A><EM class=new>new</EM>

  </LI></UL></DIV>

24.3.3 分类及区域选择

  团购分类及区域选择模块在团购网站中是最普遍的。本实例中该模块的效果如图所示。

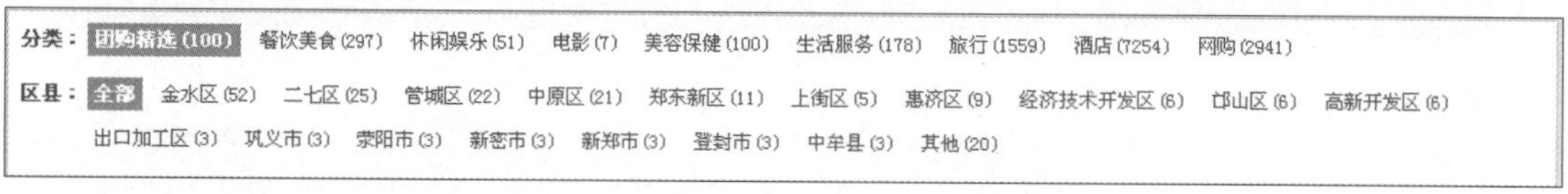

分类：	团购精选(100)	餐饮美食 (297)	休闲娱乐 (51)	电影 (7)	美容保健 (100)	生活服务 (178)	旅行 (1559)	酒店 (7254)	网购 (2941)
区县：	全部	金水区 (52)	二七区 (25)	管城区 (22)	中原区 (21)	郑东新区 (11)	上街区 (5)	惠济区 (9)	经济技术开发区 (6)	邙山区 (6)	高新开发区 (6)
	出口加工区 (3)	巩义市 (3)	荥阳市 (3)	新密市 (3)	新郑市 (3)	登封市 (3)	中牟县 (3)	其他 (20)

  该模块主要是文字和超链接，实现起来较简单。具体代码如下。

```
<DIV class="dhnav_box dhnav_box_index clearfix "><!-- 分类更多开始 -->
<DIV class="list_more_2 clearfix">
<UL class="pd_nav clearfix">
<LI class=lft> 分类： </LI>
<LI class=on date="all_btm"><A class="nav_lista1 clearfix" href="#" data-prarm="click_channel1_0"> 团购精选 (100)</A> </LI>
<LI date="all_btm"><A href="#" data-prarm="click_channel1_1"> 餐饮美食 (<EM>297</EM>)</A> </LI>
<LI date="all_btm"><A href="#" data-prarm="click_channel1_2"> 休闲娱乐 (<EM>51</EM>)</A> </LI>
<LI date="all_btm"><A href="#" data-prarm="click_channel1_3"> 电影 (<EM>7</EM>)</A> </LI>
<LI date="all_btm"><A href="#" data-prarm="click_channel1_4"> 美容保健 (<EM>100</EM>)</A> </LI>
<LI date="all_btm"><A href="#" data-prarm="click_channel1_5"> 生活服务 (<EM>178</EM>)</A> </LI>
<LI date="all_btm"><A href="#" data-prarm="click_channel1_6"> 旅行 (<EM>1559</EM>)</A> </LI>
<LI date="all_btm"><A href="#" data-prarm="click_channel1_7"> 酒店 (<EM>7254</EM>)</A> </LI>
<LI date="all_btm"><A href="#" data-prarm="click_channel1_8"> 网　购 (<EM>2941</EM>)</A> </LI></UL></DIV>
<!-- 区县更多开始 -->
<DIV class="list_more_2 no_bottom clearfix">
<UL class="pd_nav clearfix">
<LI class=lft> 区县： </LI>
<LI class=on><A class="nav_lista1 clearfix"#" data-prarm="click_channel1_"> 全部 </A> </LI>
<LI><A href="#" data-prarm="click_channel1_jinshui"> 金水区 (<EM>52</EM>)</A> </LI>
<LI><A href="#" data-prarm="click_channel1_erqi"> 二七区 (<EM>25</EM>)</A> </LI>
<LI><A href="#" data-prarm="click_channel1_guancheng"> 管城区 (<EM>22</EM>)</A> </LI>
<LI><A href="#" data-prarm="click_channel1_zhongyuan"> 中原区 (<EM>21</EM>)</A> </LI>
<LI><A href="#" data-prarm="click_channel1_zhengdongxinqu"> 郑东新区 (<EM>11</EM>)</A> </LI>
<LI><A href="#" data-prarm="click_channel1_shangjie"> 上街区 (<EM>5</EM>)</A> </LI>
```

```
    <LI><A href="#" data-prarm="click_channel1_huiji"> 惠济区 (<EM>9</EM>)</A> </LI>
    <LI><A href="#" data-prarm="click_channel1_jishujingjikaifa"> 经济技术开发区 (<EM>6<
/EM>)</A> </LI>
    <LI><A href="#" data-prarm="click_channel1_mangshan"> 邙山区 (<EM>6</EM>)</A> </LI>
    <LI><A href="#" data-prarm="click_channel1_gaoxinkaifa"> 高新开发区 (<EM>6</EM>)</A> </LI>
    <LI><A href="#" data-prarm="click_channel1_chukoujiagong"> 出口加工区 (<EM>3</EM>)</A> </LI>
    <LI><A href="#" data-prarm="click_channel1_gongyi"> 巩义市 (<EM>3</EM>)</A> </LI>
    <LI><A href="#" data-prarm="click_channel1_xingyang"> 荥阳市 (<EM>3</EM>)</A> </LI>
    <LI><A href="#" data-prarm="click_channel1_xinmi"> 新密市 (<EM>3</EM>)</A> </LI>
    <LI><A href="#" data-prarm="click_channel1_xinzheng"> 新郑市 (<EM>3</EM>)</A> </LI>
    <LI><A href="#" data-prarm="click_channel1_dengfeng"> 登封市 (<EM>3</EM>)</A> </LI>
    <LI><A href="#" data-prarm="click_channel1_zhongmu"> 中牟县 (<EM>3</EM>)</A> </LI>
    <LI><A href="#" data-prarm="click_channel1_other"> 其 他 (<EM>20</EM>)</A> </LI></UL></
DIV></DIV>
```

24.3.4 新品展示

网页主体左侧为整个网页的主要内容，是最新团购产品的展示模块。该模块中使用大量醒目的图文展示产品信息，并且有价格和团购数量统计功能。具体效果如下图所示。

上图中只列出了六项产品的信息，在运营中的团购网站首页新品展示可能多达几十上百个，但是每个产品的实现代码都相似。能将本实例中的代码掌握就完全可以实现显示需求。

实现本节模块的具体代码如下。

```
<UL class=goods_listInd>
<LI class=goods_listIndLi>
<H2><A class="spti_a yahei" title= 米 线 王 者 href="#" link=_blank data-prarm="click_channel1_all_title-0-d7fb83afb45efafb">【多店通用米线王者！仅39.9元！享原价82元金牌米线双人套 ...</A>
</H2><A class=picture href="#" link=_blank data-prarm="click_channel1_all_img-0-d7fb83afb45efafb">
<IMG class=sp_img src="images/goods_1345621705_2674_1.jpg" width=358 height=238> </A>
<DIV style="PADDING-BOTTOM: 0px; PADDING-LEFT: 15px; WIDTH: 268px; PADDING-RIGHT: 75px; PADDING-TOP: 0px" class="buy_boxInd clearfix">
<A class="bh buy_a" href="#" link=_blank data-prarm="click_channel1_all_button-0-d7fb83afb45efafb">
去看看 </A> <SPAN class=num>￥39.9</SPAN> <EM>4.9 折 </EM> </DIV>
<UL>
<LI class="left yahei">￥82</LI>
<LI class=center data-id="d7fb83afb45efafb">0 人已购买 </LI>
<LI class=right><SPAN> 多区县 </SPAN></LI></UL>
<DIV class=sp_yy>ico</DIV></LI>
<LI class=goods_listIndLi>
<H2><A class="spti_a yahei" title= 烤 肉 世 家 href="#" link=_blank data-prarm="click_channel1_all_title-1-0d20024fa823b3a8">仅 43 元，享原价 59 元『烤肉世家』多家店烤肉自助午晚餐通用券 1 人次！</A>
</H2><A class=picture href="#" link=_blank data-prarm="click_channel1_all_img-1-0d20024fa823b3a8"><IMG class=sp_img src="images/goods_1349943361_7356_1.jpg" width=358 height=238> </A>
<DIV style="PADDING-BOTTOM: 0px; PADDING-LEFT: 15px; WIDTH: 268px; PADDING-RIGHT: 75px; PADDING-TOP: 0px" class="buy_boxInd clearfix">
<A class="bh buy_a" href="#" link=_blank data-prarm="click_channel1_all_button-1-0d20024fa823b3a8"> 去看看 </A> <SPAN class=num>￥43</SPAN> <EM>7.3 折 </EM> </DIV>
<UL>
<LI class="left yahei">￥59</LI>
<LI class=center data-id="0d20024fa823b3a8">29 人已购买 </LI>
<LI class=right><SPAN> 百货世界 </SPAN></LI></UL>
<DIV class=sp_yy>ico</DIV></LI>
<LI class=goods_listIndLi>
<H2><A class="spti_a yahei" title= 酷 爽 火 锅！ href="#" link=_blank data-prarm="click_channel1_all_title-2-d4f6a300af785a9c">【3 店通用】仅 46 元！享原价 72 元的酷爽火锅双人套餐！ </A>
</H2><A class="li_indlogo bh" href="#" link=_blank> 专卖店 </A>
<A class=picture href="#" link=_blank data-prarm="click_channel1_all_img-2-d4f6a300af785a9c"><IMG class=sp_img src="images/goods_1349851399_5923_1.jpg" width=358 height=238> </A>
<DIV style="PADDING-BOTTOM: 0px; PADDING-LEFT: 15px; WIDTH: 268px; PADDING-RIGHT: 75px; PADDING-TOP: 0px" class="buy_boxInd clearfix">
<A class="bh buy_a" href="#" link=_blank data-prarm="click_channel1_all_button-2-
```

d4f6a300af785a9c"> 去看看 </A> <SPAN class=num>¥46</SPAN> <EM>6.4 折 </EM> </DIV>

    <UL>

     <LI class="left yahei">¥72</LI>

     <LI class=center data-id="d4f6a300af785a9c">1 人已购买 </LI>

     <LI class=right><SPAN> 多区县 </SPAN></LI></UL>

    <DIV class=sp_yy>ico</DIV></LI>

    <LI class=goods_listIndLi>

    <H2><A class="spti_a yahei" title= 小 岛 咖 啡 href="#" link=_blank data-prarm="click_channel1_all_title-3-561002cba5b24ac6"> 仅 85 元，享原价 376 小岛咖啡双人套餐！</A>

    </H2><A class=picture href="#" link=_blank data-prarm="click_channel1_all_img-3-561002cba5b24ac6">

    <IMG class=sp_img src="images/goods_1349926783_2203_1.jpg" width=358 height=238> </A>

    <DIV style="PADDING-BOTTOM: 0px; PADDING-LEFT: 15px; WIDTH: 268px; PADDING-RIGHT: 75px; PADDING-TOP: 0px" class="buy_boxInd clearfix">

    <A class="bh buy_a" href="#" link=_blank data-prarm="click_channel1_all_button-3-561002cba5b24ac6"> 去看看 </A> <SPAN class=num>¥85</SPAN> <EM>2.3 折 </EM> </DIV>

    <UL>

     <LI class="left yahei">¥376</LI>

     <LI class=center data-id="561002cba5b24ac6">0 人已购买 </LI>

     <LI class=right><SPAN> 其他 </SPAN></LI></UL>

    <DIV class=sp_yy>ico</DIV></LI>

    <LI class=goods_listIndLi>

    <H2><A class="spti_a yahei" title= 自助烤肉！ href="#" link=_blank data-prarm="click_channel1_all_title-4-6f344b02f069ebb8">【曼哈顿】仅 29.9 元，享最高原价 59 元『宫廷烤肉』自助午餐 1 人次！</A>

    </H2><A class=picture href="#" link=_blank data-prarm="click_channel1_all_img-4-6f344b02f069ebb8"><IMG class="sp_img lazyload" src="images/grey.gif" width=358 height=238 original="images/goods_1349852220_2880_1.jpg">

    </A>

    <DIV style="PADDING-BOTTOM: 0px; PADDING-LEFT: 15px; WIDTH: 268px; PADDING-RIGHT: 75px; PADDING-TOP: 0px" class="buy_boxInd clearfix"><A class="bh buy_a" href="#" link=_blank data-prarm="click_channel1_all_button-4-6f344b02f069ebb8"> 去看看 </A>

    <SPAN class=num>¥29.9</SPAN> <EM>5.1 折 </EM> </DIV>

    <UL>

     <LI class="left yahei">¥59</LI>

     <LI class=center data-id="6f344b02f069ebb8">35 人已购买 </LI>

     <LI class=right><SPAN> 财富广场 </SPAN></LI></UL>

    <DIV class=sp_yy>ico</DIV></LI>

    <LI class=goods_listIndLi>

    <H2><A class="spti_a yahei" title= 魔幻影城！ href="#" link=_blank data-prarm="click_channel1_all_title-5-46b628c4e80e6ea4">【财富广场】仅 20.5 元，享原价 50 元魔幻影城电影票 1 张！</A>

    </H2><A class="li_indlogo bh tc_index" href="#" link=_blank> 套餐 </A>

    <A class=picture href="#" link=_blank data-prarm="click_channel1_all_img-5-46b628c4e80e6ea4">

    <IMG class="sp_img lazyload" src="images/grey.gif" width=358 height=238 original="images/goods_1349853854_5414_1.jpg">

    </A>

```
    <DIV style="PADDING-BOTTOM: 0px; PADDING-LEFT: 15px; WIDTH: 268px; PADDING-
RIGHT: 75px; PADDING-TOP: 0px" class="buy_boxInd clearfix">
    <A class="bh buy_a" href="#" link=_blank data-prarm="click_channel1_all_button-5-
46b628c4e80e6ea4"> 去看看 </A><SPAN class=num>¥20.5</SPAN> <EM>4.1 折 </EM>
    </DIV>
    <UL>
    <LI class="left yahei">¥50</LI>
    <LI class=center data-id="46b628c4e80e6ea4">124 人已购买 </LI>
    <LI class=right><SPAN> 其他 </SPAN></LI></UL>
    <DIV class=sp_yy>ico</DIV></LI>
    </UL>
```

以上代码共展示了 6 种商品的信息。

24.3.5 中间侧边栏

网页主体右侧为侧边栏，主要包括：热门分类模块、热销商品排行模块和热门频道模块。
具体效果如下图所示。

以上模块的实现代码如下所示。

1. 侧边栏框架代码

```
<DIV class=con_boxrig>
```

2. 热门分类代码

```
<DIV id=all_seerig>
<H2 class=yahei> 热门分类 </H2>
<UL class=clearfix>
 <LI><A href="#"
data-prarm="click_channel1R_dianying"> 电影 </A> </LI>
 <LI><A href="#"
data-prarm="click_channel1R_17-0-0-0-0-1"> 自助餐 </A> </LI>
 <LI><A href="#"
data-prarm="click_channel1R_40-0-0-0-0-1"> 足疗按摩 </A> </LI>
 <LI><A href="#"
data-prarm="click_channel1R_57-0-0-0-0-1"> 食品保健 </A> </LI>
 <LI><A href="#"
data-prarm="click_channel1R_33-0-0-0-0-1"> 美发 </A> </LI>
 <LI><A href="#"
data-prarm="click_channel1R_44-0-0-0-0-1"> 汽车服务 </A> </LI>
 <LI><A href="#"
data-prarm="click_channel1R_25-0-0-0-0-1"> 运动健身 </A> </LI>
 <LI><A href="#"
data-prarm="click_channel1R_27-0-0-0-0-1"> 游乐游艺 </A> </LI>
 <LI><A href="#"
data-prarm="click_channel1R_35-0-0-0-0-1"> 美容塑形 </A> </LI></UL></DIV>
```
以上代码主要使用了 <ul> 标签构成文字序列，然后使用 <a> 标签为每一个分类做超链接。

3. 热销商品排行榜代码

```
<DIV id=rightRank>
<H2 class=yahei> 热销商品排行榜 </H2>
<UL>
 <LI class=on>
  <DIV class=tjshow><B class=one>ico</B> <A href="#" link=_blank data-prarm="click_
channelR1-hot-img-0-a3b5c0fb643f099d"><IMG class=pd_img alt=qq！ src="images/18goo
ds_1334053028_9657_3.jpg">
  </A>
  <DIV class=ritbox><EM class="one yahei">￥</EM><EM
  class="two yahei">99</EM><BR><EM class=three>1893</EM> 人购买 </DIV>
  <P><A href="#" link=_blank data-prarm="click_channelR1-hot-title-it_index-a3b5c0fb643f099d">LaKrina
春秋被 </A></P></DIV></LI>
 <LI class=on>
  <DIV class=tjshow><B class=two>ico</B> <A href="#" link=_blank data-prarm="click_channelR1-
```

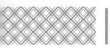

```
hot-img-1-48456be593e0dcba"><IMG class=pd_img alt=qq src="images/11goods_1334201980_7392_3.jpg">
    </A>
      <DIV class=ritbox><EM class="one yahei">¥</EM><EM class="two yahei">49</EM><BR><EM
 class=three>21193</EM> 人购买 </DIV>
      <P><A href="#" link=_blank data-prarm="click_channelR1-hot-title-it_index-48456be593e0dcba"> 时
尚男士拉链钱包 </A></P></DIV></LI>
      <LI class=on data="Recommend"><SPAN class=three> 瘦身纤体梅 </SPAN>
      <DIV class=tjshow><B class=three>ico</B> <A href="#" link=_blank data-prarm="click_channelR1-
hot-img-2-c0f41f265f1ebf80"><IMG class=pd_img alt=qq src="images/13goods_1334123797_4501_3.jpg">
    </A>
      <DIV class=ritbox><EM class="one yahei">¥</EM><EM class="two yahei">1</EM><EM
      class="one yahei">.99</EM><BR><EM class=three>270323</EM> 人购买 </DIV>
      <P><A href="#" link=_blank data-prarm="click_channelR1-hot-title-it_index-c0f41f265f1ebf80"> 瘦
身纤体梅 </A></P></DIV></LI>
      <LI data="Recommend"><SPAN class=four> 抛弃型过滤烟嘴 </SPAN>
      <DIV class=tjshow><B class=four>ico</B> <A href="#" link=_blank data-prarm="click_channelR1-
hot-img-3-eb81051c35f789bf"><IMG class=pd_img alt=qq！src="images/12goods_1333255335_3909_3.jpg">
    </A>
      <DIV class=ritbox><EM class="one yahei">¥</EM><EM class="two yahei">1</EM><EM class="one
 yahei">.9</EM><BR><EM class=three>39922</EM> 人购买 </DIV>
      <P><A href="#" link=_blank data-prarm="click_channelR1-hot-title-it_index-eb81051c35f789bf"> 抛
弃型过滤烟嘴 </A></P></DIV></LI>
      <LI data="Recommend"><SPAN class=five> 男士单肩斜挎包 </SPAN>
      <DIV class=tjshow><B class=five>ico</B>
      <A href="#" link=_blank data-prarm="click_channelR1-hot-img-4-48424ef428f34dd5"><IMG
class=pd_img alt=qq src="images/13goods_1333259469_7784_3.jpg">
    </A>
      <DIV class=ritbox><EM class="one yahei">¥</EM><EM class="two yahei">78</EM><BR><EM
 class=three>1256</EM> 人购买 </DIV>
      <P><A href="images" link=_blank data-prarm="click_channelR1-hot-title-it_index-48424ef428f34dd5">
男士单肩斜挎包 </A></P></DIV></LI>
      <LI data="Recommend"><SPAN class=six> 家纺保健枕 </SPAN>
      <DIV class=tjshow><B class=six>ico</B>
      <A href="#" link=_blank data-prarm="click_channelR1-hot-img-5-da9df721d6ff6d82">
      <IMG class=pd_img alt=qq！src="images/13goods_1333258035_7250_3.jpg">
    </A>
      <DIV class=ritbox><EM class="one yahei">¥</EM><EM class="two yahei">36</EM><BR><EM
 class=three>1864</EM> 人购买 </DIV>
      <P><A href="#" link=_blank data-prarm="click_channelR1-hot-title-it_index-da9df721d6ff6d82"> 家
纺保健枕 </A></P></DIV></LI>
      <LI data="Recommend"><SPAN class=seven> 超柔亲肤空调夏被 </SPAN>
      <DIV class=tjshow><B class=seven>ico</B>
      <A href="#" link=_blank data-prarm="click_channelR1-hot-img-6-b50c9aebc4ae727a">
```

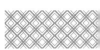

```
        <IMG class=pd_img alt=qq！ src="images/11goods_1333163649_1180_3.jpg">
        </A>
        <DIV class=ritbox><EM class="one yahei">¥</EM><EM class="two yahei">59</EM><BR><EM
class=three>640</EM> 人购买 </DIV>
        <P><A href="#" link=_blank data-prarm="click_channelR1-hot-title-it_index-b50c9aebc4ae727a">
超柔亲肤空调夏被 </A></P></DIV></LI>
        <LI data="Recommend"><SPAN class=eight> 环保印花活性四件套 </SPAN>
        <DIV class=tjshow><B class=eight>ico</B>
        <A href="#" link=_blank data-prarm="click_channelR1-hot-img-7-91be5abbb374b770">
        <IMG class=pd_img alt=qq！ src="images/18goods_1333017091_3843_3.jpg">
        </A>
        <DIV class=ritbox><EM class="one yahei">¥</EM><EM class="two yahei">95</EM><BR><EM
class=three>6577</EM> 人购买 </DIV>
        <P><A href="#" link=_blank data-prarm="click_channelR1-hot-title-it_index-91be5abbb374b770">
环保印花活性四件套 </A></P></DIV></LI>
        <LI data="Recommend"><SPAN class=nine> 加厚真空压缩袋套装 </SPAN>
        <DIV class=tjshow><B class=nine>ico</B>
        <A href="#" link=_blank data-prarm="click_channelR1-hot-img-8-2aa082206312b1a7">
        <IMG class=pd_img alt=qq src="images/goods_1335508647_4181_3.jpg">
        </A>
        <DIV class=ritbox><EM class="one yahei">¥</EM><EM class="two yahei">69</EM><BR><EM
class=three>5042</EM> 人购买 </DIV>
        <P><A href="#" link=_blank data-prarm="click_channelR1-hot-title-it_index-2aa082206312b1a7">
加厚真空压缩袋套装 </A></P></DIV></LI>
        <LI data="Recommend"><SPAN class=ten> 美佳 2 件套 </SPAN>
        <DIV class=tjshow><B class=ten>ico</B>
        <A href="#" link=_blank data-prarm="click_channelR1-hot-img-9-e685d369ba834f4a">
        <IMG class=pd_img alt=qq src="images/16goods_1333009457_2889_3.jpg">
        </A>
        <DIV class=ritbox><EM class="one yahei">¥</EM><EM class="two yahei">48</EM><BR><EM
class=three>10590</EM> 人购买 </DIV>
        <P><A href="#" link=_blank data-prarm="click_channelR1-hot-title-it_index-e685d369ba834f4a">
美佳 2 件套 </A></P></DIV></LI></UL></DIV>
```

4. 热门频道代码

```
        <DIV id=channelRirht class=yahei>
        <H2 class=hd> 热门频道 </H2>
        <UL>
        <LI><A class=meishi href="#" data-prarm="click_channelR1"><SPAN><STRONG> 美 食 </STRONG>
中餐 / 火锅 / 自助餐 <BR> 特色餐饮 / 蛋糕 ... </SPAN><EM> 美食 </EM> </A></LI>
        <LI><A class=yule href="#" data-prarm="click_channelR2"><SPAN><STRONG> 娱 乐 </STRONG>KTV/
游乐游艺 / 温泉 <BR> 运动健身 / 演出 ... </SPAN><EM> 娱乐 </EM> </A></LI>
        <LI><A class=dianying href="#" data-prarm="click_channelR3"><SPAN><STRONG> 电 影 </STRONG>
```

低价看大片，精彩
 别错过 </SPAN><EM> 电影 </EM> </A></LI>

    <LI><A class=meirong href="#" data-prarm="click_channelR4"><SPAN><STRONG> 美 容 保 健 </STRONG> 美发 / 足疗按摩 / 美甲
 美容塑性 / 养生 ... </SPAN><EM> 美容保健 </EM> </A></LI>

    <LI><A class=life href="#" data-prarm="click_channelR5"><SPAN><STRONG> 生 活 服 务 </STRONG> 摄影写生 / 母婴亲子
 汽车服务 / 教育 ... </SPAN><EM> 生活服务 </EM> </A></LI>

    <LI><A class=shop href="#" data-prarm="click_channelR8"><SPAN><STRONG> 网 购 </STRONG> 服装 / 日用家居 / 食品
 保健 / 个护化妆 ... </SPAN><EM> 网购 </EM> </A></LI></UL></DIV>

以上代码完成了热门频道模块的功能。

```
<DIV style="WIDTH: 222px" id=floatBox>
<DIV id=floatAD></DIV></DIV>
</DIV>
```

24.3.6 热门城市索引

每个城市都有自己的团购内容。为了方便浏览者跨区域查找团购信息，在主体下方设置了一个热门城市索引模块，该模块基本以文字和超链接实现。具体效果如下图所示。

热门城市：	北京团购	深圳团购	无锡团购	天津团购	沈阳团购	济南团购	郑州团购	石家庄团购	成都团购	上海团购	南京团购	长沙团购
	西安团购	广州团购	杭州团购	青岛团购	大连团购	宁波团购	苏州团购	重庆团购	武汉团购	厦门团购	哈尔滨团购	合肥团购

该模块结构简单，具体实现代码如下。

```
<DIV class=hot_city>
<DL class=city_dl>
<DD class="city_dd clearfix"><STRONG class=hot_citystr> 热门城市： </STRONG>
<A class=hot_citya href="#"> 北京团购 </A>
<A class=hot_citya href="#"> 深圳团购 </A>
<A class=hot_citya href="#"> 无锡团购 </A>
<A class=hot_citya href="#"> 天津团购 </A>
<A class=hot_citya href="#"> 沈阳团购 </A>
<A class=hot_citya href="#"> 济南团购 </A>
<A class=hot_citya href="#"> 郑州团购 </A>
<A class=hot_citya href="#"> 石家庄团购 </A>
<A class=hot_citya href="#"> 成都团购 </A>
<A class=hot_citya href="#"> 上海团购 </A>
<A class=hot_citya href="#"> 南京团购 </A>
<A class=hot_citya href="#"> 长沙团购 </A>
<A class=hot_citya href="#"> 西安团购 </A>
<A class=hot_citya href="#"> 广州团购 </A>
<A class=hot_citya href="#"> 杭州团购 </A>
<A class=hot_citya href="#"> 青岛团购 </A>
<A class=hot_citya href="#"> 大连团购 </A>
<A class=hot_citya href="#"> 宁波团购 </A>
<A class=hot_citya href="#"> 苏州团购 </A>
```

```
<A class=hot_citya href="#"> 重庆团购 </A>
<A class=hot_citya href="#"> 武汉团购 </A>
<A class=hot_citya href="#"> 厦门团购 </A>
<A class=hot_citya href="#"> 哈尔滨团购 </A>
<A class=hot_citya href="#"> 合肥团购 </A>
</DD></DL></DIV>
```

24.3.7 网页底部

底部主要是客户服务和快捷链接模块，用于解决各种客户服务问题。具体效果如下图所示。

用户帮助	获取更新	商务合作	公司信息	24小时服务热线
玩转阿里	阿里团新浪微博	商家入驻	关于我们	500-000-0000
常见问题	阿里团开心网主页	提供团购信息	媒体报道	500-000-0000
秒杀规则	阿里团豆瓣小组	友情链接	加入我们	
积分规则	RSS订阅	开放API	隐私声明	我要提问
消费者保障	手机版下载		用户协议	
网站地图				

该模块内容主要也是文字和超链接，实现较简单。具体代码如下。

```
<DIV id=footer><B class=top>ico</B>
<DIV class="bottom_box clearfix">
<UL class=boul_list>
  <LI class=li_x>
  <H2 class=yahei> 用户帮助 </H2></LI>
  <LI><A class=bolist_a href="#"> 玩转阿里 </A></LI>
  <LI><A class=bolist_a href="#"> 常见问题 </A></LI>
  <LI><A class=bolist_a href="#"> 秒杀规则 </A></LI>
  <LI><A class=bolist_a href="#"> 积分规则 </A></LI>
  <LI><A class=bolist_a href="#"> 消费者保障 </A></LI>
  <LI><A class=bolist_a href="#"> 网站地图 </A></LI></UL>
<UL class=boul_list>
  <LI class=li_x>
  <H2 class="h2_1 yahei"> 获取更新 </H2></LI>
  <LI><A class=bolist_a href="#" link=_blank data-prarm="weibo"> 阿里团新浪微博 </A></LI>
  <LI><A class=bolist_a href="#" link=_blank data-prarm="kaixin"> 阿里团开心网主页 </A></LI>
  <LI><A class=bolist_a href="#" link=_blank data-prarm="douban"> 阿里团豆瓣小组 </A></LI>
  <LI><A class=bolist_a href="#" data-prarm="rss">RSS 订阅 </A></LI>
  <LI><A class=bolist_a href="#" data-prarm="click_mobile_bottom"> 手机版下载 </A></LI></UL>
<UL class=boul_list>
  <LI class=li_x>
  <H2 class="h2_2 yahei"> 商务合作 </H2></LI>
  <LI><A class=bolist_a href="#"> 商家入驻 </A></LI>
  <LI><A class=bolist_a href="#"> 提供团购信息 </A></LI>
```

```
<LI><A class=bolist_a href="#"> 友情链接 </A></LI>
<LI><A class=bolist_a href="#"> 开放 API </A></LI></UL>
<UL class=boul_list>
<LI class=li_x>
<H2 class="h2_3 yahei"> 公司信息 </H2></LI>
<LI><A class=bolist_a href="#"> 关于我们 </A></LI>
<LI><A class=bolist_a href="#"> 媒体报道 </A></LI>
<LI><A class=bolist_a href="#"> 加入我们 </A></LI>
<LI><A class=bolist_a href="#"> 隐私声明 </A></LI>
<LI><A class=bolist_a href="#"> 用户协议 </A></LI></UL>
<DIV class=kefu_bottom><!--<h2 class="yahei"><a href="#"title=" 阿 里 团 在线客服 "> 阿 里 团
在线客服 </a></h2>
                        <span class="bh wan_x"> 横线 </span>-->
<H2 class="kh2_1 yahei">24 小时服务热线 </H2>
<H2 class="kh2_2 yahei">500-000-0000</H2>
<H2 class="kh2_2 yahei">500-000-0000</H2><!--<span class="bh wan_x"> 横线 </span>-->
<A class="bh kfwwweibo" href="#" link=_blank> 阿里团客服微博 </A>
<H2 class="kh2_3 yahei">
<A href="#" link=_blank> 我要提问 </A></H2></DIV></DIV></DIV>
```

24.3.8 JavaScript 脚本

要想实现网页功能，需要一些 JavaScript 脚本的支持，下面就来列举一下本实例中使用到的 JavaScript 脚本。

```
<script type="text/javascript">DD_belatedPNG.fix('.xq_qiang,.xq_zhekou,.dh_sptc,.zt_bg1,#zmshop
.bd .zmd_list ul li .hot,#zmshop .bd .menu li a,.con_box .con_left .sp_box .zm_index,.con_box .con_left .sp_box
.tc_index,.con_box .dh_spbox .zm_dh,.con_box .dh_spbox .tc_dh,#cn_Sortbtm dt span.ico,#bottom_cn .cn_Sort
li .top span.ico,.goods_listInd .goods_listIndLi .li_indlogo'); </script>
<SCRIPT type=text/javascript src="js/a.js"></SCRIPT>
<SCRIPT type=text/javascript src="js/b.js"></SCRIPT>
<SCRIPT type=text/javascript src="js/c.js"></SCRIPT>
<SCRIPT type=text/javascript src="js/d.js"></SCRIPT>
<SCRIPT type=text/javascript src="js/e.js"></SCRIPT>
```

本实例中 JavaScript 脚本只是辅助，主要内容还是 html 页面。有关 JavaScript 的内容读者可以参考其他书籍学习。

第 25 章
手机移动网站开发

本章导读

随着移动设备的发展，网站开发也进入了一个新的阶段。常见的移动设备有智能手机、平板电脑等。平板电脑与手机的差异在于设置网页的分辨率不同。下面就以制作一个适合智能手机浏览的网站为例，来介绍开发移动网站的方式。

思维导图

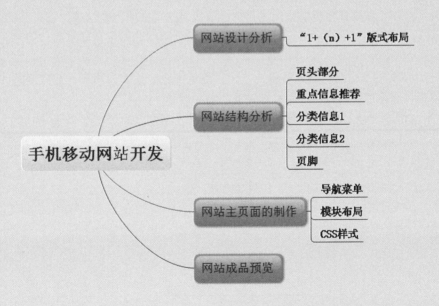

25.1 网站设计分析

由于手机和电脑相比屏幕小很多，所有手机网站制作在版式上相对比较固定，通常都是比较简单的布局方式。最终效果如下图所示。

25.2 网站结构分析

手机网站制作由于版面限制，不能把传统网站上的所有应用、链接都移植过来。这不是简单的技术问题，而是用户浏览习惯的问题。所以手机网站设计的时候首要考虑的问题是怎么精简传统网站上的应用，保留最主要的功能。

首先确定网站中最重要的部分。如果是新闻或博客等信息，那就让访问者最快地接触到信息；如果是更新信息等行为，那么就让他们快速地达到目的；如果功能繁多，要尽可能地删减。剔除一些额外的应用，仅保留重要的应用。用户也可以有选项去转用电脑版。

手机版网站不会具备全部的功能设置，虽然转回至全版网站的用户成本高，但是这个选项一定要有。

总地说来，成功的手机网站的设计秉承一个简明的原则：能够让用户快速地得到他们想知道的，最有效率地完成他们的行为，所有设置能让他们满意。

与传统网站比较起来，手机网站架构可选择性比较少。本例的排版架构如下图所示。

| 页头部分 |
| 重点信息推荐 |
| 分类信息1 |
| 分类信息2 |
| 页脚 |

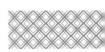

25.3 网站主页面的制作

由于手机浏览器支持的原因，手机的导航菜单也受到一定程度的限制，没有太多复杂生动的效果展现，一般都以水平菜单为主。代码如下。

```
<DIV class="w1 N1">
<P><A
href="#"> 导航 </A>
<A href="#"> 天气 </A>
 <A href="#"> 微博 </A>
 <A href="#"> 笑话 </A>
 <A href="#"> 星座 </A></P>
<P><A href="#"> 游戏 </A>
 <A href="#"> 阅读 </A> <A
href="#"> 音乐 </A> <A
href="#"> 动漫 </A>
 <A
href="#"> 视频 </A>
</P>
</DIV>
```

网页中菜单制作完毕后，下面还需要为菜单添加 CSS 样式，具体的代码如下。

```
.w1 {
PADDING-BOTTOM: 3px; PADDING-LEFT: 10px; PADDING-RIGHT: 10px; PADDING-TOP: 3px
}
.N1 A {
MARGIN-RIGHT: 4px
}
```

运行结果如下图所示。

导航　天气　微博　笑话　星座
游戏　阅读　音乐　动漫　视频

下面设置手机网页的模块内容。手机网页各个模块布局内容区别不大，基本上以 div、p、a 这三个标签为主，代码如下。

```
<DIV class=w1>
<P><A href="#"><SPAN
style="COLOR: rgb(51,51,51)"><STRONG> 淘宝砍价, 血拼到底 </STRONG></SPAN></A> </P>
<P><A href="#"><SPAN
style="COLOR: rgb(51,51,51)"> 不是 1 折 </SPAN></A><I class=s>|</I><A
href="#"><SPAN
```

```
style="COLOR: rgb(51,51,51)"> 不要钱 </SPAN></A> </P></DIV>
<DIV class="w a3">
<P class="hn hn1"><A
href="#"><IMG
alt=" 淘宝砍价，血拼到底 " src="images/1.jpg"></A> </P></DIV>
<DIV class="ls pb1">
<P><I class=s>.</I><A
href="#"><SPAN
style="COLOR: rgb(51,51,51)"> 信息内容标题信息内容标题 </SPAN></A></P>
<P><I class=s>.</I><A
href="#"><SPAN
style="COLOR: rgb(51,51,51)"> 信息内容标题信息内容标题 </SPAN></A></P>
<P><I class=s>.</I><A
href="#"><SPAN
style="COLOR: rgb(51,51,51)"> 信息内容标题信息内容标题 </SPAN></A></P>
<P><I class=s>.</I><A
href="#"><SPAN
style="COLOR: rgb(51,51,51)"> 信息内容标题信息内容标题 </SPAN></A></P></DIV>
```

下面为模块添加 CSS 样式，具体的代码如下。

```
.ls {
MARGIN: 5px 5px 0px; PADDING-TOP: 5px
}
.ls A:visited {
COLOR: #551a8b
}
.ls .s {
COLOR: #3a88c0
}
.a3 {
TEXT-ALIGN: center
}
.w {
PADDING-BOTTOM: 0px; PADDING-LEFT: 10px; PADDING-RIGHT: 10px; PADDING-TOP: 0px
}
.pb1 {
PADDING-BOTTOM: 10px
}
```

实现效果如下图所示。

25.4 网站成品预览

下面给出网站成品后的源代码，具体的代码如下。

```
<!DOCTYPE HTML PUBLIC "-//W3C//DTD HTML 4.0 Transitional//EN">
<!-- saved from url=(0018)http://m.sohu.com/ -->
<HTML xmlns="http://www.w3.org/1999/xhtml"><HEAD><TITLE> 手机网页 </TITLE>
<META content="text/html; charset=utf-8" http-equiv=Content-Type>
<META content=no-cache http-equiv=Cache-Control>
<META name=MobileOptimized content=240>
<META name=viewport
content=width=device-width,initial-scale=1.33,minimum-scale=1.0,maximum-scale=1.0>
<LINK rel=stylesheet
type=text/css href="images/css.css" media=all><!-- 开发过程中用外链样式，开发完成后可直接写入
页面的 style 块内 --><!-- 股票碎片 1 -->
<STYLE type=text/css>.stock_green {
    COLOR: #008000
}
.stock_red {
    COLOR: #f00
}
.stock_black {
    COLOR: #333
}
.stock_wrap {
    WIDTH: 240px
}
.stock_mod01 {
    PADDING-BOTTOM: 2px; LINE-HEIGHT: 18px; PADDING-LEFT: 10px; PADDING-RIGHT:
0px; FONT-SIZE: 12px; PADDING-TOP: 10px
    }
    .stock_mod01 .stock_s1 {
        PADDING-RIGHT: 3px
```

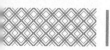
```
        }
    .stock_mod01 .stock_name {
        COLOR: #039; FONT-SIZE: 14px
    }
    .stock_seabox {
        PADDING-BOTTOM: 6px; PADDING-LEFT: 10px; PADDING-RIGHT: 0px; FONT-SIZE:
14px; PADDING-TOP: 0px
    }
    .stock_seabox .stock_kw {
        BORDER-BOTTOM: #3a88c0 1px solid; BORDER-LEFT: #3a88c0 1px solid; PADDING-BOTTOM:
2px; PADDING-LEFT: 0px; WIDTH: 130px; PADDING-RIGHT: 0px; HEIGHT: 16px; COLOR: #999; FONT-
SIZE: 14px; VERTICAL-ALIGN: -1px; BORDER-TOP: #3a88c0 1px solid; BORDER-RIGHT: #3a88c0
1px solid; PADDING-TOP: 2px
    }
    .stock_seabox .stock_btn {
        BORDER-BOTTOM: medium none; TEXT-ALIGN: center; BORDER-LEFT: medium none;
PADDING-BOTTOM: 0px; PADDING-LEFT: 4px; PADDING-RIGHT: 4px; BACKGROUND: #3a88c0;
HEIGHT: 22px; COLOR: #fff; FONT-SIZE: 14px; BORDER-TOP: medium none; CURSOR: pointer;
BORDER-RIGHT: medium none; PADDING-TOP: 0px
    }
    .stock_seabox SPAN {
        PADDING-BOTTOM: 0px; PADDING-LEFT: 4px; PADDING-RIGHT: 0px; PADDING-TOP: 4px
    }
    .stock_seabox A {
        COLOR: #039; TEXT-DECORATION: none
    }
</STYLE>
<!-- 股票碎片 1 -->
<META name=GENERATOR content="MSHTML 8.00.6001.19328"></HEAD>
<BODY>
<DIV class="w h Header">
<TABLE>
 <TBODY>
 <TR>
  <TD>
   <H1><IMG class=Logo alt=手机搜狐 src="images/logo.png"
   height=32></H1></TD>
  <TD>
   <DIV class="as a2">
   <DIV id=weather_tip class=weather_min><A
   href="#" name=top><IMG style="HEIGHT: 32px"
```

```
    id=weather_icon src="images/1-s.jpg"></IMG> 北京 <BR>6℃ ~19℃
      </A></DIV></DIV></TD></TR></TBODY></TABLE></DIV>
<DIV class="w1 N1">
<P><A
href="#"> 导航 </A>
<A href="#"> 天气 </A>
 <A href="#"> 微博 </A>
 <A href="#"> 笑话 </A>
 <A href="#"> 星座 </A></P>
<P><A href="#"> 游戏 </A>
 <A href="#"> 阅读 </A> <A
href="#"> 音乐 </A> <A
href="#"> 动漫 </A>
 <A
href="#"> 视频 </A>
</P></DIV>
<DIV class="w1 c1"></DIV>
<DIV class="w h">
<TABLE>
 <TBODY>
 <TR>
  <TD width="54%">
   <H3><IMG alt="" src="images/caibanlanmu.jpg" height=16><I
   class=s></I> 热点 </H3></TD>
  <TD width="46%">
   <DIV class="as a2"><A
   href="#"> 专题 </A><I
   class=s>•</I><A
   href="#"> 策划 </A></DIV></TD></TR></TBODY></TABLE></DIV>
<DIV class=w1>
<P><A href="#"><SPAN
style="COLOR: rgb(51,51,51)"><STRONG> 淘宝砍价, 血拼到底 </STRONG></SPAN></A> </P>
<P><A href="#"><SPAN
style="COLOR: rgb(51,51,51)"> 不是 1 折 </SPAN></A><I class=s>|</I><A
href="#"><SPAN
style="COLOR: rgb(51,51,51)"> 不要钱 </SPAN></A> </P></DIV>
<DIV class="w a3">
<P class="hn hn1"><A
href="#"><IMG
alt=" 淘宝砍价, 血拼到底 " src="images/1.jpg"></A> </P></DIV>
<DIV class="ls pb1">
```

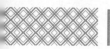
```
<P><I class=s>.</I><A
href="#"><SPAN
style="COLOR: rgb(51,51,51)"> 信息内容标题信息内容标题 </SPAN></A></P>
<P><I class=s>.</I><A
href="#"><SPAN
style="COLOR: rgb(51,51,51)"> 信息内容标题信息内容标题 </SPAN></A></P>
<P><I class=s>.</I><A
href="#"><SPAN
style="COLOR: rgb(51,51,51)"> 信息内容标题信息内容标题 </SPAN></A></P>
<P><I class=s>.</I><A
href="#"><SPAN
style="COLOR: rgb(51,51,51)"> 信息内容标题信息内容标题 </SPAN></A></P></DIV>
<DIV class="w h">
<TABLE>
  <TBODY>
  <TR>
   <TD width="55%">
    <H3><IMG alt="" src="images/caibanlanmu.jpg" height=16><I
    class=s></I><A
    href="#"> 新闻 </A></H3></TD>
   <TD width="45%">
    <DIV class="as a2"><A
    href="#"> 分类 </A><I
    class=s>•</I><A
    href="#"> 分类 </A></DIV></TD></TR></TBODY></TABLE></DIV>
<DIV class=ls>
<P><I class=s>.</I><A
href="#"> 信息内容标题信息内容标题 </A></P>
<P><I class=s>.</I><A
href="#"> 信息内容标题信息内容标题 </A></P>
<P><I class=s>.</I><A
href="#"><SPAN
style="COLOR: rgb(194,0,0)"> 微博 </SPAN></A><I class=v>|</I><A
href="#"><SPAN
style="COLOR: rgb(194,0,0)"> 信息内容 </SPAN></A></P>
<P><I class=s>.</I><A
href="#"> 信息内容标题信息内容标题 </A></P>
<P><I class=s>.</I><A
href="#"> 信息内容标题信息内容标题 </A></P>
<P><I class=s>.</I><A
href="#"> 信息内容标题信息内容标题 </A></P>
```

```
<P><I class=s>.</I><A
href="#"> 信息内容标题信息内容标题 </A></P>
<P><I class=s>.</I><A
href="#"> 信息内容标题信息内容标题 </A></P>
<P><I class=s>.</I><A
href="#"> 信息内容标题信息内容标题 </A></P>
<P><I class=s>.</I><A
href="#"> 信息内容标题信息内容标题 </A></P>
<P><I class=s>.</I><A
href="#"> 信息内容标题信息内容标题 </A></P>
<P><I class=s>.</I><A
href="#"> 信息内容标题信息内容标题 </A></P></DIV>
<P class="w f a2 pb1"><A href="#"> 更多 &gt;&gt;</A></P>
<DIV class="w h">
<TABLE>
  <TBODY>
  <TR>
    <TD width="55%">
      <H3><IMG alt="" src="images/caibanlanmu.jpg" height=16><I
      class=s></I><A
      href="#"> 分类 </A></H3></TD>
    <TD width="45%">
      <DIV class="as a2"><A
      href="#"> 分类 </A><I
      class=s>•</I><A
      href="#"> 分类 </A></DIV></TD></TR></TBODY></TABLE></DIV>
<DIV class="ls ls2">
  <P><I class=s>.</I><A
href="#"> 信息内容标题信息内容标题 </A></P>
<P><I class=s>.</I><A
href="#"> 信息内容标题信息内容标题 </A></P>
<P><I class=s>.</I><A
href="#"> 信息内容标题信息内容标题 </A></P>
<P><I class=s>.</I><A
href="#"> 信息内容标题信息内容标题 </A></P>
<P><I class=s>.</I><A
href="#"> 信息内容标题信息内容标题 </A></P>
<P><I class=s>.</I><A
href="#"> 信息内容标题信息内容标题 </A></P></DIV>
<P class="w f a2 pb1"><A href="#"> 更多 &gt;&gt;</A></P>
<DIV class="ls c1 pb1">•<A class=h6
```

```
href="#"> 信息内容标题信息内容标题 !</A><BR>•<A
class=h6
href="#"> 信息内容标题信息内容标题 </A><BR></DIV>

<DIV class=c1><!--UCAD[v=1;ad=1112]--></DIV>
<DIV class="w h">
<H3> 站内直通车 </H3></DIV>
<DIV class="w1 N1">
<P><A
href="#"> 导航 </A>
<A
href="#"> 新闻 </A>
<A href="#"> 娱乐 </A> <A
href="#"> 体育 </A> <A
href="#"> 女人 </A> </P>
<P><A href="#"> 财经 </A> <A
href="#"> 科技 </A> <A
href="#"> 军事 </A> <A
href="#"> 星座 </A> <A
href="#"> 图库 </A> </P></DIV>
<P class="w a3"><A class=Top href="#"> ↑回顶部 </A></P>
<DIV class="w a3 Ftr">
<P><A href="#"> 普版 </A><I
class=s>|</I><B class=c2> 彩版 </B><I class=s>|</I><A
href="#"> 触版 </A><I
class=s>|</I><A href="#">PC</A></P>
<P class=f12><A href="#"> 合作 </A><I class=s>-</I><A
href="#"> 留言 </A></P>
<P class=f12>Copyright © 2012 xfytabao.com</P></DIV></BODY></HTML>
```

最终成形后的网页预览效果如下图所示。